Laboratorio Integrado

Manuales Complutenses es un proyecto interfacultativo de la Universidad Complutense de Madrid para la publicación en acceso abierto de los contenidos docentes para la enseñanza y el aprendizaje del alumnado universitario.

Consejo Editorial

Laboratorio Integrado

Raúl Arrabal Durán

EDICIONES COMPLUTENSE

Primera edición: enero 2025

© 2025, Raúl Arrabal Durán
© 2025, Ediciones Complutense
Pabellón de Gobierno
Isaac Peral s/n
28015 Madrid
913 941127
info.ediciones@ucm.es
http://www.ucm.es/ediciones-complutense

ISBN: 978-84-669-3887-7
Depósito Legal: M-26514-2024
DOI: https://dx.doi.org/10.5209/docm.001

Diseño de cubiertas de la colección: Koln Studio

Impresión
Solana e Hijos Artes Gráficas
San Alfonso, 26. B° La Fortuna
28917 Leganés (Madrid)

Índice

Resumen y palabras clave

Resumen. El presente manual es una herramienta didáctica diseñada con el fin de facilitar la docencia de la asignatura Laboratorio Integrado, tal y como está actualmente concebida en el Plan de Estudios del Grado en Ingeniería de Materiales. Esta asignatura reúne un conjunto de prácticas experimentales que complementan la formación recibida en otras materias, como Materiales Metálicos, Corrosión, Degradación y Protección de Materiales, y Procesado de Materiales. Su objetivo principal es formar a los estudiantes en la caracterización de microestructuras, tratamientos térmicos, análisis de fallos, ensayos de corrosión, ensayos no destructivos y diseño, desarrollo y selección de materiales.

El propósito de este manual es proporcionar a los estudiantes, desde el comienzo del curso, un recurso único que contenga todas las prácticas de laboratorio de la asignatura, además de otros materiales que faciliten el aprendizaje autónomo y la elaboración de informes. De esta manera, los estudiantes tendrán más flexibilidad para estudiar los contenidos y podrán planificar sus actividades a su propio ritmo y con suficiente antelación.

La estructura del manual sigue la del programa de la asignatura, dividida en cuatro módulos o bloques: Módulo I. Materiales metálicos. Aleaciones férreas; Módulo II. Materiales metálicos. Aleaciones no férreas; Módulo III. Corrosión y degradación; Módulo IV. Procesado de materiales. Además, el documento incluye otras secciones que sirven como material de apoyo tanto para estudiantes como para profesorado.

Para su elaboración, se han utilizado diferentes recursos disponibles en el Campus Virtual de la asignatura, como guiones y tutoriales, así como un Atlas Metalográfico (https://www.ucm.es/atlasmetalografico/, Proyecto n.º21, Innova-Docencia UCM 2016/2017). Como novedades, se han actualizado las referencias bibliográficas, se ha mejorado la calidad de las figuras y tablas, y se han integrado otros recursos recomendados habitualmente en la asignatura. En este último apartado hay que destacar los proyectos de innovación 255 (Innova-Docencia UCM 2017/2018) y 250 (Innova-Docencia UCM 2021/2022), puesto que permiten a estudiantes y profesorado disponer de material docente directamente relacionado con la asignatura. Asimismo, resultan particularmente útiles las preguntas de repaso para cada módulo y que permiten a los estudiantes enfrentarse a cuestiones similares a las planteadas en los exámenes.

Aunque no es su objetivo principal, este manual, al estar organizado en prácticas independientes, puede ser aprovechado por terceros. Por tanto, puede resultar especialmente útil para titulaciones donde se requiera la formación de científicos, ingenieros y personal técnico en el ámbito de la Ingeniería de Materiales. Incluso tiene el potencial de ser un elemento de apoyo para experiencias divulgativas, puesto que algunas prácticas pueden realizarse de forma autónoma y sin necesidad de recursos costosos o de riesgo.

Este documento es fruto del trabajo previo de otros docentes y de la retroalimentación de los estudiantes, verdaderos protagonistas de esta asignatura eminentemente práctica. A todos ellos, les agradezco su apoyo.

Palabras clave: materiales metálicos, ingeniería de materiales, prácticas experimentales, microestructuras, caracterización, corrosión, ensayos, procesado, material docente, laboratorio.

Abstract and keywords

Abstract. The present manual serves as an educational tool crafted to facilitate the teaching of the Integrated Laboratory subject, as delineated within the current framework of the Degree in Materials Engineering. This course brings together an array of experiments intricately interwoven with the teaching of complementary subjects, such as Metallic Materials, Corrosion, Degradation and Materials Protection, and Materials Processing. Its main objective is to train students regarding characterization of microstructures, heat treatments, failure analysis, corrosion testing, non-destructive inspection, and material design, development, and selection.

The purpose of this manual is to provide students, from the beginning of the course, with a unique resource containing all the laboratory experiments of the subject, as well as other materials that facilitate self-learning and report writing. In this way, students will have more flexibility to study the contents and will be able to plan their activities at their own pace and with ample lead time.

The structure of the manual follows that of the course program, divided into four modules or blocks: Module I. Metallic Materials. Ferrous Alloys; Module II. Metallic materials. Non-ferrous Alloys; Module III. Corrosion and Degradation; Module IV. Materials Processing. Additionally, the document includes other sections that serve as support material for both students and teachers.

For its elaboration, different resources available in the Virtual Campus of the course have been used, such as guides and tutorials, as well as a Metallographic Atlas (https://www.ucm.es/atlasmetalografico/, Project No.21, Innova-Docencia UCM 2016/2017). As novelties, bibliographic references have been updated, the quality of figures and tables has been improved, and other resources commonly recommended in the course have been integrated. In this latter section, it is worth highlighting the innovation projects 255 (Innova-Docencia UCM 2017/2018) and 250 (Innova-Docencia UCM 2021/2022), as they allow students and teachers to have teaching material directly related to the course. Likewise, review questions for each module are particularly useful as they allow students to face questions similar to those posed in exams.

The modular design of the course lends itself as a versatile resource for third parties. Therefore, it can be especially useful for degrees where the training of scientists, engineers, and technical personnel in the field of Materials

Engineering is required. It even has the potential to be a support element for outreach experiences, as some practices can be carried out autonomously and without the need of expensive or risky materials.

This document is the result of the previous work of other teachers and the feedback from students, the true protagonists of this eminently practical course. To all of them, I thank you for your support.

Keywords: metallic materials, materials engineering, experimental practices, microstructures, characterization, corrosion, tests, processing, teaching material, laboratory.

Introducción

Tal y como se indica en la Estructura del Plan de Estudios del Grado en Ingeniería de Materiales, la asignatura Laboratorio Integrado (6 ECTS) pertenece al Módulo de «Ciencia y Tecnología de los Materiales», el cual a su vez se incluye en la Materia «Materiales Estructurales». Esta asignatura se imparte durante el primer y segundo semestre del tercer curso y tiene carácter obligatorio.

Los contenidos del Laboratorio Integrado incluyen caracterización microestructural y mecánica; tratamientos térmicos, mecánicos y termomecánicos; procesado de materiales; análisis de fallos; ensayos de corrosión; ensayos no destructivos; nanotecnología estructural; y metodologías específicas de diseño, desarrollo y selección de materiales.

Los conocimientos previos necesarios más relevantes incluyen materiales metálicos, cerámicos, poliméricos y compuestos, procesamiento de materiales, comportamiento a la corrosión y conocimientos básicos de propiedades mecánicas. Por este motivo, se recomienda estar cursando o haber cursado las asignaturas Corrosión, degradación y protección de materiales, Materiales Metálicos y Procesado de Materiales.

Según Documentación de verificación de la titulación, los resultados del aprendizaje son:

- Aprender el funcionamiento y manejo del instrumental y de las normas de seguridad de los laboratorios de materiales.
- Aprender a caracterizar los materiales, determinar las propiedades que agregan valor tecnológico y a establecer relaciones entre la microestructura, el procesado y las propiedades.
- Adquirir habilidades en la interpretación, discusión de resultados y elaboración de informes científico/técnicos.
- Diseño, desarrollo y selección de materiales metálicos para aplicaciones específicas.
- Conocer las posibilidades y aplicaciones de los materiales estructurales.
- Aprender metodologías específicas de diseño, desarrollo y selección de materiales.

https://dx.doi.org/10.5209/docm.001.00
Laboratorio Integrado. Raúl Arrabal Durán. © Ediciones Complutense, 2025.

El programa de la asignatura, bibliografía, recursos en internet, metodología y criterios de evaluación se actualizan cada año en la correspondiente guía docente, publicada en https://fisicas.ucm.es/guias-examen.

La presente obra está estructurada en cuatro módulos, cada uno de ellos con un compendio de prácticas representativas. En cada práctica se incluyen las siguientes secciones:

- Introducción: proporciona los fundamentos teóricos necesarios para comprender la práctica y tener una visión global de su relevancia en el mundo profesional.
- Objetivos: en esta sección se enumeran de manera breve los objetivos de cada práctica.
- Parte experimental: se proporcionan con suficiente detalle los pasos a realizar en cada actividad y los datos a anotar para la posterior presentación de resultados.
- Información a incluir en el informe: lista con los elementos a incluir en el informe y su ponderación en la calificación.
- Anexo: en algunas prácticas se ha considerado necesario incluir esta sección para introducir procedimientos estandarizados (ej. medida de tamaño de grano, medida de adherencia, etc.).

A modo de resumen, se describen brevemente cada uno de los módulos y prácticas.

Módulo I (6 días). Materiales metálicos. Aleaciones férreas

Las aleaciones férreas, entre los que se incluyen aceros al carbono y fundiciones, constituyen los materiales metálicos estructurales por excelencia. En este módulo los estudiantes se familiarizan con los fundamentos de los tratamientos térmicos y cómo estos influyen en la microestructura y propiedades de estas aleaciones. También se presta atención a los efectos de la composición del material de partida y otros aspectos relevantes (ej. procesos de deformación, agrietamiento, mecanizado, etc.). Para comprender el origen de las diferentes microestructuras se hace uso de diagramas de fases y diagramas de enfriamiento continuo. Durante el desarrollo de las prácticas los estudiantes hacen uso de hornos, material de preparación metalográfica y microscopios ópticos.

Práctica 1. Tratamientos térmicos de aceros.

En esta práctica los estudiantes llevan a cabo tratamientos como normalizado, recocido, temple y revenido. Evalúan la dureza mediante ensayos normalizados y correlacionan los valores obtenidos con las microestructuras observadas.

Práctica 2. Caracterización de aceros y fundiciones de hierro.

Esta experiencia está dividida en dos partes. En la primera de ellas, los estudiantes observan una colección de probetas de aceros que presentan motivos microestructurales no observados en la Práctica 1. Asimismo, se familiarizan con microestructuras que presentan algunos aceros especiales (ej. acero Hadfield). En la segunda parte, se observa una colección de fundiciones con los tipos más comunes (grises, dúctiles, blancas y maleables).

Módulo II (6 días). Materiales metálicos. Aleaciones no férreas

Las aleaciones de Cu, Al, Ti y Mg constituyen, tras las aleaciones férreas, el segundo grupo más importante de materiales metálicos estructurales. En el conjunto de prácticas que constituyen el Módulo II los estudiantes se familiarizan con sus microestructuras. Asimismo, observan el efecto de fenómenos como la recristalización y el envejecimiento. El equipamiento utilizado se asemeja al del Módulo I. Las prácticas de este módulo, junto con las del anterior, completan la formación de los estudiantes que han cursado la asignatura Materiales Metálicos.

Práctica 3. Acritud y recristalización.

La deformación y recristalización de materiales metálicos son dos fenómenos que afectan notablemente a las propiedades y microestructura de materiales metálicos. En esta experiencia los estudiantes parten de probetas de cobre deformadas y observan su evolución tras procesos de recristalización a diferentes temperaturas y tiempos. La práctica incluye medidas de dureza y observación mediante microscopía óptica.

Práctica 4. Endurecimiento por precipitación.

Las aleaciones de aluminio de forja tratables térmicamente son uno de los subconjuntos más importantes en ingeniería, ya que ofrecen una elevada resistencia específica. En el desarrollo de esta práctica los alumnos llevan a cabo las tres etapas fundamentales del proceso de endurecimiento por precipitación (solubilización, temple y envejecimiento). Además de seguir la evolución de las propiedades mecánicas, en esta práctica los estudiantes observan en el microscopio óptico probetas Al-Cu con diferentes tratamientos térmicos.

Práctica 5. Caracterización de aleaciones base Al.

Existen multitud de aleaciones de aluminio en el mercado. Por este motivo, en la práctica se incluyen una gran variedad de aleaciones comerciales (2024, 7075,

A356, etc.). Esto permite a los estudiantes distinguir los aspectos más diferenciadores de cada una de ellas, como son dendritas, granos equiaxiales, subgranos, dispersoides, compuestos intermetálicos, zonas libres de precipitado, etc.

Práctica 6. Caracterización de aleaciones base Cu.

En esta práctica se observan cobres y aleaciones de cobre no observadas previamente por los estudiantes. Destaca la inclusión de tres cobres «puros» aleados con As, Te y P, así como aleaciones representativas de los grupos de latones, bronces y cuproaluminios. La preparación superficial de estas probetas es más exigente que las observadas previamente, pero gracias a las habilidades adquiridas los estudiantes ya reúnen suficiente experiencia para afrontar satisfactoriamente la caracterización de estas aleaciones.

Práctica 7. Caracterización de aleaciones base Mg y base Ti.

Aunque su cuota de mercado es inferior a la de aceros, aluminios y cobres, las aleaciones de Mg y Ti cobran cada vez más importancia, especialmente en el sector transporte y en biomedicina. Es por este motivo que los estudiantes caracterizan durante esta práctica las aleaciones más relevantes de estos sistemas (ej. AZ91 y Ti6Al4V).

Módulo III (6 días). Corrosión y degradación

Los fenómenos de corrosión acarrean importantes pérdidas económicas, siendo fundamental dar la formación adecuada a los ingenieros e ingenieras de materiales. Por este motivo y con objeto de asentar los conocimientos adquiridos en la asignatura de Corrosión, Degradación y Protección de Materiales, el Módulo III está constituido por un conjunto de prácticas sencillas en las que los estudiantes ven en primera persona cómo se desarrollan los procesos de corrosión más comunes y cuáles son algunas de sus consecuencias.

Práctica 8. Fundamentos de corrosión.

En esta práctica los estudiantes realizan un conjunto de experiencias breves pero muy ilustrativas sobre aspectos termodinámicos de la corrosión. Conceptos como potencial de corrosión, corrosión galvánica, pilas de aireación diferencial y pilas de concentración son asimilados gracias al empleo de diferentes materiales metálicos (cobre, aluminio, acero, magnesio, etc.) y equipamiento sencillo (ej. material de vidrio, voltímetro).

Práctica 9. Ensayos electroquímicos: resistencia de polarización y método Tafel.

Una vez vistos los aspectos termodinámicos en la práctica anterior, los estudiantes adquieren habilidades en el contexto de ensayos electroquímicos para familiarizarse con los aspectos cinéticos de la corrosión. Se hace uso en este caso de *software* comúnmente utilizado con potenciostatos y se llevan a cabo una serie de actividades de simulación siguiendo las instrucciones recogidas en un tutorial.

Práctica 10. Oxidación directa.

La corrosión electroquímica habitualmente ocurre a temperatura ambiente o por debajo del punto de ebullición del agua, pero igualmente importante es la corrosión a alta temperatura y que afecta de manera significativa en los sectores industrial y energético. Durante esta práctica los estudiantes observan la influencia notable de la temperatura en la oxidación de aceros al carbono y aprenden a llevar a cabo un proceso de decapado para obtener la cinética de corrosión.

Práctica 11. Corrosión por picadura.

Los fenómenos de corrosión localizada son comunes en materiales pasivables como los aceros inoxidables. En esta práctica sencilla, los estudiantes se familiarizan con el protocolo de normativa establecida para evaluar la susceptibilidad a este tipo de ataque.

Práctica 12. Corrosión en resquicio.

Esta práctica sigue una metodología similar a la de la Práctica 11, pero en este caso se introduce un resquicio artificial en la muestra. Esta práctica permite evidenciar de forma muy sencilla la severidad del ataque por corrosión en resquicio.

Práctica 13. Ensayos electroquímicos: polarización cíclica.

Esta práctica complementa a las prácticas 9 y 11. Los alumnos se enfrentan en esta práctica a la representación e interpretación de curvas de polarización cíclica de distintos materiales pasivables.

Práctica 14. Corrosión intergranular.

En aceros inoxidables es posible observar en ocasiones corrosión a lo largo de los límites de grano. En este caso es frecuente recurrir a la norma ASTM A262 para evaluar la susceptibilidad a este tipo de fallo. Es precisamente esta norma la que consultan y siguen los estudiantes para evaluar el efecto de tratamientos térmicos en la corrosión intergranular de un acero inoxidable. Entre los objetivos de la práctica se encuentra la construcción de un diagrama Temperatura-Tiempo-Solubilización.

Práctica 15. Protección catódica.

En estructuras metálicas enterradas y sumergidas, así como aquellas integradas en hormigón, es común recurrir a los sistemas de protección catódica.

En esta práctica se realizan un conjunto de tres experimentos que permiten evaluar en un grado de complejidad creciente los efectos de la protección catódica y de la presencia de corrientes vagabundas.

Práctica 16. Análisis de fallos.

Es una de las prácticas donde la creatividad y análisis crítico de los estudiantes alcanza su mayor expresión. Asimismo, permite a los docentes plantear innumerables opciones de resolución de casos. Para llevar a cabo esta práctica, los estudiantes se enfrentan a distintas piezas o casos prácticos procedentes de aplicaciones reales. La elaboración de preguntas y la búsqueda bibliográfica son de los aspectos más relevantes de esta actividad.

Módulo IV (6 días). Procesamiento de materiales

El procesamiento de materiales suele consistir en múltiples etapas, siendo necesario el empleo de maquinaria compleja y frecuentemente bajo condiciones extremas (ej. alta temperatura, medios agresivos, etc.). Con objeto de minimizar la inversión de capital y riesgos innecesarios, en este módulo se han seleccionado prácticas de fácil realización, pero que al mismo tiempo representan muy bien ejemplos de procesos comunes en la industria.

Práctica 17. Introducción a ensayos no destructivos.

Los ensayos no destructivos son muy variados y están presentes en muchos sectores productivos. En esta práctica los alumnos se familiarizan con tres técnicas: radiografías, líquidos penetrantes y partículas magnéticas. Las muestras a observar forman parte de una colección de soldaduras con defectos perfectamente clasificados, lo que permite a los estudiantes reconocer los distintos tipos con facilidad.

Práctica 18. Inspección por ultrasonidos.

La inspección por ultrasonidos abarca gran variedad de metodologías. En esta práctica los estudiantes trabajan con aquellas más extendidas y que son la medición de espesores y el empleo de un equipo con barrido tipo A. Durante la práctica comienzan con muestras sencillas y defectología conocida para posteriormente inspeccionar piezas con defectos ocultos a simple vista.

Práctica 19. Cementación del acero.

La carburación es una de las formas más sencillas de obtener aceros con excelentes propiedades superficiales. En esta práctica, los estudiantes llevan a cabo un procedimiento de cementación sólida para posteriormente evaluar su microestructura y dureza. La experiencia adquirida en módulos previos permite a los estudiantes trabajar prácticamente de manera autónoma durante el desarrollo de esta práctica.

Práctica 20. Ensayo Jominy.

La templabilidad de aceros es uno de los parámetros más utilizados en el diseño de piezas sometidas a desgaste. Mediante este sencillo ensayo los estudiantes aprenden a correlacionar muchos de los conceptos vistos previamente en otras prácticas con aceros. Entre las actividades de esta práctica se encuentra la determinación del diámetro crítico y el análisis microestructural en función de la velocidad de enfriamiento.

Práctica 21. Moldeo en arena y coquilla de aleaciones Al-Si.

Se trata de una las prácticas más interesantes. Se realiza el moldeo de una aleación Al-Si, lo que permite visualizar las etapas del moldeo y la importancia del correcto diseño del molde. La práctica se complementa con la caracterización de defectos típicos de moldeo. En el desarrollo de esta práctica se ha contado con la colaboración de la Prof.ª Belén Torres de la Universidad Rey Juan Carlos.

Práctica 22. Niquelado y cobreado.

Los recubrimientos metálicos por electrodeposición tienen múltiples aplicaciones y generalmente consisten en la combinación de capas de cobre, níquel y cromo. En este caso, los estudiantes evalúan tanto el niquelado y cobreado en términos de rendimiento, porosidad y adherencia.

Práctica 23. Anodizado y coloreado.

El anodizado del aluminio representa uno de los tratamientos superficiales más extendidos. En esta experiencia los estudiantes comparan distintas piezas de aluminio que han sido anodizadas, selladas y/o coloreadas. La práctica incluye ensayos de corrosión y cálculos para determinar la eficiencia del proceso.

Finalmente, y con objeto de ayudar tanto a estudiantes como a los profesores, el manual incluye varias secciones con material adicional:

- Colecciones de aleaciones: se trata de micrografías, descripciones y diagramas de fases necesarios para entender más fácilmente la mayoría de probetas que los estudiantes observan durante el desarrollo de los Módulos I y II. Se trata de aceros, fundiciones y aleaciones de aluminio, magnesio y titanio. En todos los casos las muestras han sido seleccionadas por presentar microestructuras características de aleaciones comerciales. La información recogida en este apartado procede del Proyecto de Innovación Docente recogido en la página https://www.ucm.es/atlasmetalografico/ (Proyecto n.º 21, Innova-Docencia UCM 2016/2017).

– Preguntas de repaso: se trata de cuestiones para que los estudiantes evalúen de forma autónoma su proceso de aprendizaje, enfrentándose a preguntas similares a las que se realizan en los exámenes de la asignatura. Estas preguntas sirven también para que los profesores identifiquen los contenidos más relevantes en cada una de las prácticas.

– Bibliografía: listado de referencias bibliográficas incluidas en las diferentes prácticas de la asignatura. Son en su mayoría artículos científicos recientes y de acceso abierto. También se encuentran ejemplos de normas y *handbooks* relevantes.

– Otros recursos: listado de recursos para profundizar en algunos aspectos de la asignatura. En esta lista se proporciona una breve descripción del recurso y su ubicación. Este material puede ser relevante tanto para estudiantes como profesorado.

– Glosario: listado de términos más relevantes de la asignatura y página en la que tienen una mayor importancia.

I. Materiales metálicos. Aleaciones férreas

Fuente: Arrabal 2017.

https://dx.doi.org/10.5209/docm.001.01
Laboratorio Integrado. Raúl Arrabal Durán. © Ediciones Complutense, 2025.

Práctica 1. Tratamientos térmicos de aceros

Introducción

Variedades alotrópicas del hierro y diagrama Fe-Fe$_3$C

Al enfriar Fe puro desde el estado líquido se producen una serie de transformaciones. Idénticas transformaciones ocurren durante el calentamiento, aunque a temperaturas superiores (histéresis térmica). La Figura 1 muestra las transformaciones alotrópicas del Fe que afectan a características tan importantes como solubilidad de aleantes y capacidad de deformación plástica, entre otras. Por ejemplo, cuando se calienta Fe a temperaturas superiores a 770 °C (temperatura de Curie) deja de ser ferromagnético. En el caso de aceros, las transformaciones son más complejas, pero pueden predecirse mediante el diagrama Fe-Fe$_3$C (Figura 2).

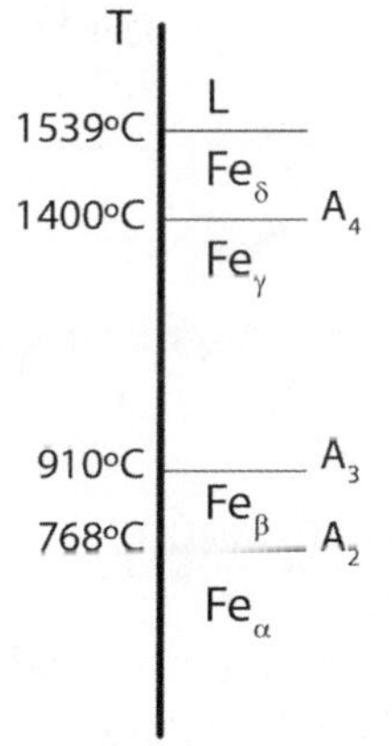

Figura 1. Transformaciones alotrópicas del hierro puro al enfriar desde el estado líquido. Fuente: elaboración propia.

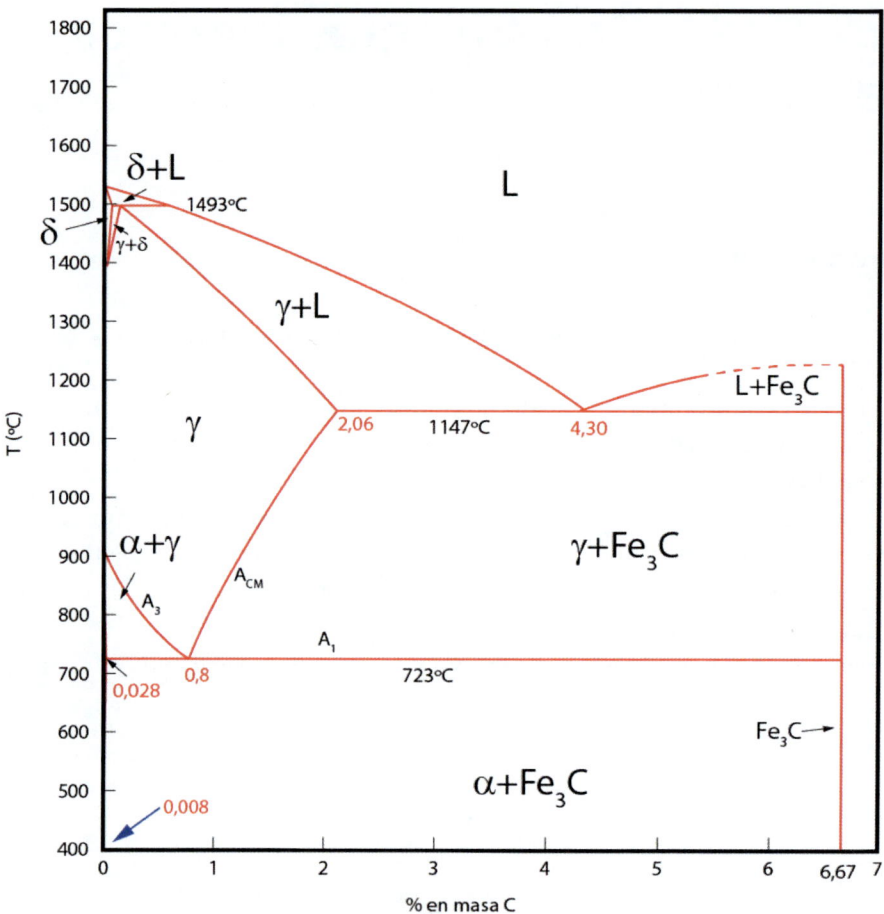

Figura 2. Diagrama del sistema Fe-Fe$_3$C (Arrabal 2017).

Diagramas de enfriamiento continuo

En aquellos casos donde el enfriamiento y calentamiento se produzcan de manera relativamente lenta se cumple el diagrama Fe-Fe$_3$C, lo que hace posible predecir las fases que se forman. Sin embargo, en procesos industriales, rara vez se cumple el diagrama debido a las rápidas velocidades de enfriamiento, siendo más común el empleo de diagramas de enfriamiento continuo (Figura 3). Un parámetro relevante en estos diagramas es la velocidad crítica de temple (mínima velocidad de enfriamiento que permite obtener una estructura 100% martensítica).

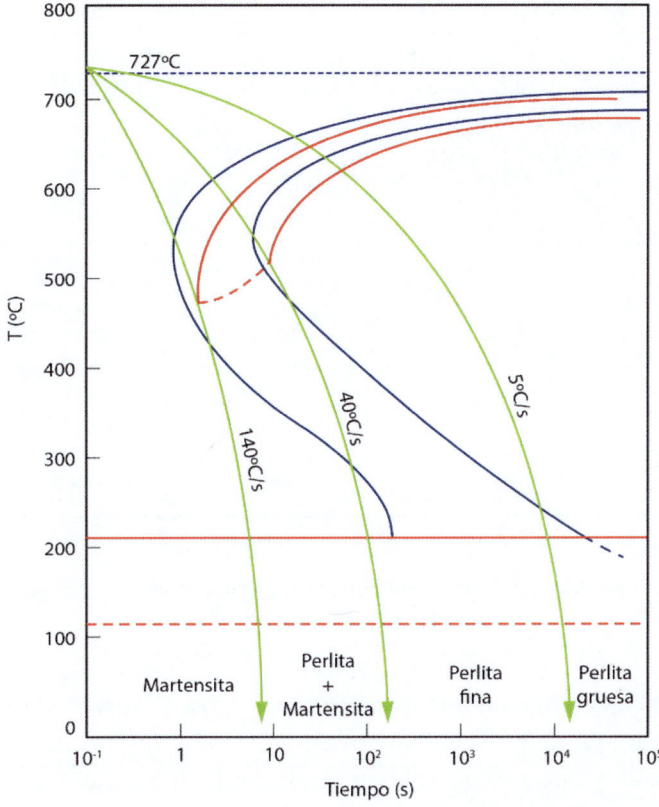

Figura 3. Diagramas de transformación isotérmica (azul) y de enfriamiento continuo (rojo y verde) para un acero de composición eutectoide. Fuente: adaptado de W.D. Callister 2016.

Tratamientos térmicos convencionales

Los aceros pueden tratarse térmicamente, obteniéndose así una gran variedad de microestructuras y propiedades. Existen también los denominados tratamientos termomecánicos y termoquímicos, que modifican la forma y composición de la pieza tratada, respectivamente. En cualquiera de los casos, los cambios pueden ocurrir en todo el material o solo en superficie en función del tratamiento aplicado.

Los tratamientos convencionales suelen constar de 2 o 3 etapas (Figura 4). La primera de ellas suele ser la *austenización*, siendo su principal objetivo alcanzar el equilibrio y una microestructura homogénea. Cuando se calienta por encima de la temperatura crítica superior (A_3 o A_{cm} para aceros hipo- e hipereutectoides, respectivamente) se habla de *austenización completa*, mientras que, por debajo de dichas temperaturas, pero superiores a A_1, se denomina *austenización incompleta*.

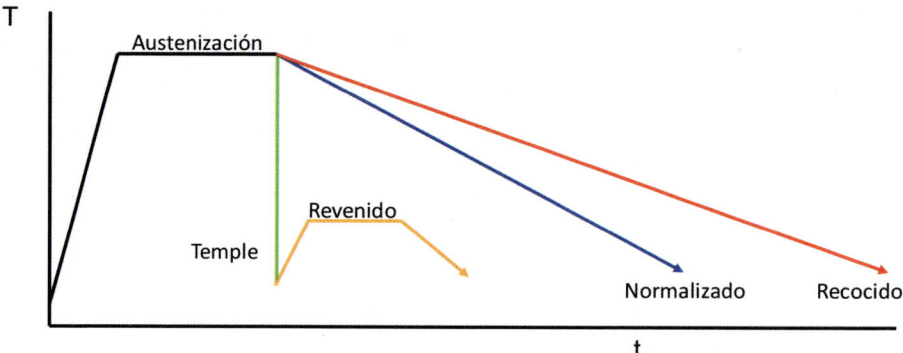

**Figura 4. Perfiles temperatura-tiempo para los tratamientos convencionales.
Fuente: elaboración propia.**

Recocido: calentamiento a elevadas temperaturas y enfriamiento lento. Se cumple el diagrama Fe-Fe$_3$C en todo momento, por lo que se pueden predecir los microconstituyentes. El objetivo es aumentar la ductilidad y tenacidad. Es necesario evitar temperaturas excesivamente altas que den lugar a crecimiento anormal de grano y oxidación superficial.

Normalizado: calentamiento a elevadas temperaturas y enfriamiento al aire. El diagrama Fe-Fe$_3$C sigue siendo válido, aunque los ligeros desplazamientos que se producen en las temperaturas de transformación alteran las proporciones de las diferentes fases. El objetivo es afinar el tamaño de grano y obtener una microestructura uniforme, lo que da lugar a una resistencia mecánica superior al recocido.

Temple: enfriamiento brusco, típicamente en agua o aceite, desde temperaturas elevadas. Debido al enfriamiento rápido, se impiden los mecanismos difusivos y no se producen las transformaciones que predice el diagrama Fe-Fe$_3$C. En su lugar ocurre la transformación martensítica (adifusional), consiguiéndose durezas muy elevadas.

Revenido: etapa posterior al temple. Consiste en el calentamiento a temperaturas moderadas y enfriamiento hasta temperatura ambiente. El acero se sitúa en la región α+Fe$_3$C del diagrama, por lo que la martensita descompone parcialmente. El objetivo es aumentar la ductilidad y tenacidad de aceros templados a costa de perder algo de resistencia.

Temple por inducción

El calentamiento por inducción es un tratamiento termofísico sin contacto, rápido, barato y efectivo, y que, seguido de un temple adecuado, permite endurecer de forma superficial y localizada piezas de acero de geometría variable.

A diferencia de los tratamientos termoquímicos, como la carburación o la nitruración, no intervienen elementos ajenos al material. Por este motivo, se utilizan aceros de medio o alto contenido en carbono que permiten obtener microestructuras martensíticas de elevada dureza y resistencia mecánica sin necesidad de recurrir a otros aleantes.

a) Fundamento

Una bobina o inductor genera un campo electromagnético alterno en la proximidad de la pieza a tratar y que debe ser conductora. Este campo variable da lugar a corrientes alternas inducidas (corrientes de eddy o de Foucault) que calientan la pieza por efecto Joule (Figura 5). De forma adicional, la histéresis asociada a la alternancia del campo magnético acelera el calentamiento para temperaturas inferiores a la T_{Curie}. Con estos sistemas se consiguen velocidades de calentamiento del orden de 100-1000°C/s.

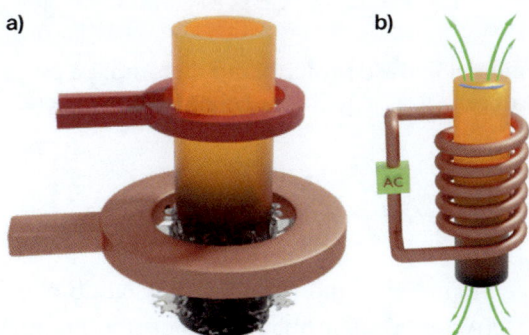

Figura 5. Esquemas del temple por inducción. a) Bobina inductora y temple en agua, b) líneas de campo magnético (verde) y corrientes inducidas (azul). Fuente: elaboración propia.

b) Profundidad de temple

La profundidad del temple depende de la frecuencia, distancia bobina-muestra y propiedades térmicas y eléctricas del material. Los procesos se suelen clasificar en media frecuencia (MF, 10-25 kHz) y alta frecuencia (HF, 200-900 kHz), alcanzándose mayores profundidades de calentamiento cuanto más baja sea la frecuencia (<1 mm → HF, >2 mm → MF). En piezas de geometría compleja es posible combinar sistemas de MF y HF para conseguir una profundidad de temple homogénea.

El procedimiento más habitual para determinar la profundidad de temple, x_{capa}, suele ser la obtención de un perfil de dureza y la definición de una dureza criterio, $H_{criterio}$ (Figura 6). En operaciones de control de calidad se suele realizar esta operación para 1 o 3 piezas por cada lote de 200-300.

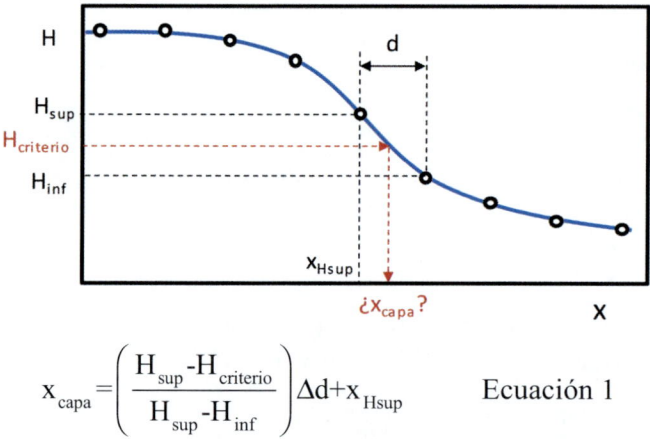

$$x_{capa} = \left(\frac{H_{sup} - H_{criterio}}{H_{sup} - H_{inf}} \right) \Delta d + x_{Hsup} \qquad \text{Ecuación 1}$$

Figura 6. Determinación de la profundidad de temple a partir de un perfil de dureza y $H_{criterio}$. Fuente: elaboración propia.

c) Efecto sobre el material

Durante el proceso de temple por inducción no hay cambio en la composición del material. El objetivo es transformar la superficie en austenita y, tras el temple, obtener una superficie martensítica, quedando un corazón típicamente constituido por ferrita y perlita. Con objeto de evitar fragilidad superficial, se suele recurrir a un revenido posterior y que se puede conseguir de manera natural si durante el temple no se enfría por completo el interior de la pieza. El resultado es una superficie que otorga dureza, resistencia al desgaste y a fatiga y un núcleo que aporta tenacidad.

d) Temperaturas de transformación, microestructuras de partida y dureza obtenida

En condiciones de equilibrio, las temperaturas de transformación deberían ser aproximadamente las mismas durante el calentamiento, A_c, y el enfriamiento, A_r (del francés; *A-arret, c-chauffage y r-refroidissement*). Sin embargo, estas condiciones rara vez se dan, siendo las temperaturas A_c superiores a A_r. El calentamiento por inducción es extremadamente rápido. Como resultado, y para que se completen los procesos de difusión asociados a la transformación austenítica, la temperatura crítica A_{c3} presenta valores más altos (Figura 7).

La microestructura de partida también afecta a la temperatura A_{c3} y a la calidad del producto final. Una microestructura de temple y revenido es preferible a las que se obtienen tras normalizado o recocido, puesto que se requieren temperaturas de trabajo más bajas y se obtienen piezas más homogéneas y reproducibles (se evitan o minimizan defectos asociados a crecimiento de grano excesivo, distorsión de la pieza y oxidación superficial). Las piezas recocidas y que presentan cantidades significativas de ferrita son poco recomendadas. La ferrita es prácticamente hierro puro (<0.028%C), por lo que los clústeres o bandas de ferrita requieren de temperaturas altas y tiempos prolongados para homogeneizar la distribución de carbono. Si esto no se consigue, se corre el riesgo de obtener una microestructura heterogénea de martensita y ferrita retenida con malas propiedades mecánicas.

Otro factor importante a tener en cuenta es que es posible obtener durezas superiores a las obtenidas en tratamientos convencionales (Figura 7). Las causas de este comportamiento son tres: tensiones residuales (debido a diferentes microestructuras y velocidades de enfriamiento entre superficie e interior, el núcleo se contrae más que la superficie → tensiones de compresión en superficie), menores cantidades de austenita retenida (debido a una martensita más fina y homogénea procedente de un tamaño de grano austenítico más pequeño del habitual) y segregación del carbono (asociado a la rapidez del tratamiento y falta de difusión del C). Este último efecto es menos notable en aceros con mayor contenido en C.

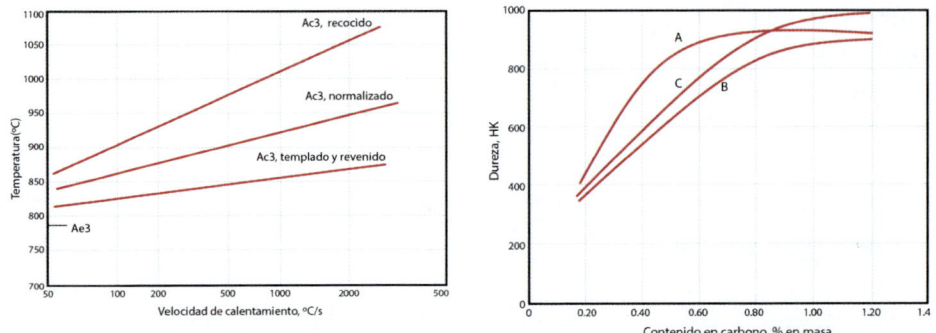

Figura 7. Efecto de la microestructura de partida y velocidad de calentamiento en la temperatura A$_{c3}$ del acero 1042. Efecto del contenido en C en la dureza. Curva A: temple por inducción. Curva B: tratamiento convencional en horno y temple en agua. Curva C: tratamiento convencional en horno, temple en agua, enfriamiento en nitrógeno líquido y revenido a 100 °C - 2h. Fuente: adaptado de ASM vol. 4 1996.

Objetivos

Determinar la influencia de tratamientos térmicos en la microestructura y propiedades mecánicas (dureza) del acero F114. Es un acero semiduro para usos generales (Rm 580-1050 N/mm^2, R$_{0.2}$ >310 N/mm^2, 175/220 HB). Muy recomendado para temple y revenido.

Parte experimental

Paso 1. Tratamientos térmicos

Estado de recepción: material suministrado por el fabricante y cuyo tratamiento térmico se desconoce.

Recocido: austenización* a 845 °C durante 20 minutos y enfriamiento en el horno (registrar la variación de temperatura durante el enfriamiento en el horno).

Normalizado: austenización a 845 °C durante 20 minutos y enfriamiento al aire.

Temple: austenización a 845 °C durante 20 minutos y temple en agua.

Revenido a 400 °C: austenización a 845 °C durante 20 minutos y temple en agua, seguido de calentamiento a 400 °C durante 2 horas y enfriamiento al aire.

Revenido a 500 °C: austenización a 845 °C durante 20 minutos y temple en agua seguido de calentamiento a 500 °C durante 2 horas y enfriamiento al aire.

Revenido a 600 °C: austenización a 845 °C durante 20 minutos y temple en agua, seguido de calentamiento a 600 °C durante 2 horas y enfriamiento al aire.

* En la industria se emplean fuentes de C a fin de evitar la descarburación. En este caso no es necesario, debido a que las muestras de pequeñas dimensiones requieren tiempos cortos de tratamiento.

Paso 2. Medidas de dureza

- 5 medidas de dureza Rockwell (HR) según norma ASTM E18 (E18-22 2022) (Escala B para los tratamientos 1, 2 y 3. Escala C para el resto de tratamientos, Tabla 1).
- Cálculo del valor medio y equivalencia en dureza Vickers (HV) según ASTM E140 (E140-12B 2019).

Paso 3. Caracterización microestructural

- Desbaste hasta acabado P1200, pulido con suspensión de polvo de α-alúmina y ataque con nital al 1-3% (15-30 s).
- Los estudiantes tomarán las micrografías ópticas que consideren oportunas a fin de confeccionar su cuaderno de laboratorio.

Tabla 1. Valores de dureza en función del tratamiento térmico

Tratamiento	HR1	HR2	HR3	HR4	HR5	HR	HV
Recepción							
Recocido							
Normalizado							
Temple							
Revenido a 400 °C							
Revenido a 500 °C							
Revenido a 600 °C							

Fuente: elaboración propia.

Paso 4. Temple por inducción

Los estudiantes recibirán una muestra de acero F114 de un eje de transmisión que ha sido sometido a un temple por inducción MF. En caso de ser necesario, la muestra se preparará metalográficamente mediante pulido con α-alúmina y posterior ataque con nital al 1-3% (15-30 s). Los estudiantes tomarán las micrografías que consideren oportunas a fin de confeccionar su cuaderno de laboratorio.

Informe

El informe final deberá incluir los siguientes apartados. El porcentaje indica el peso en la calificación de la práctica (la calidad del informe tiene un peso de 10%).

Introducción (10%), Objetivos (5%) y Parte experimental (5%)

–   Descripción del acero F114, objetivos y metodología de la práctica.

Resultados y discusión. Tratamientos térmicos de aceros

–   Tabla con valores de dureza (media y desviación estándar) y justificación razonada de los valores obtenidos (10%).
–   Micrografías a distintos aumentos donde se señalen los distintos micro-constituyentes. Descripción y justificación de cada microestructura haciendo uso del diagrama Fe-Fe_3C y/o del diagrama de enfriamiento continuo del acero F114 (15%).
–   Diagrama de enfriamiento continuo donde se representen las curvas correspondientes a recocido, normalizado y temple (se deberá usar el diagrama de la Figura 8) (5%).

Resultados y discusión. Temple por inducción

–   Micrografías a distintos aumentos donde se señalen los distintos micro-constituyentes. Descripción y justificación de cada microestructura haciendo uso del diagrama de enfriamiento continuo del acero F114 (se deberá usar el diagrama de la Figura 8 correspondiente a un acero similar) (15%).

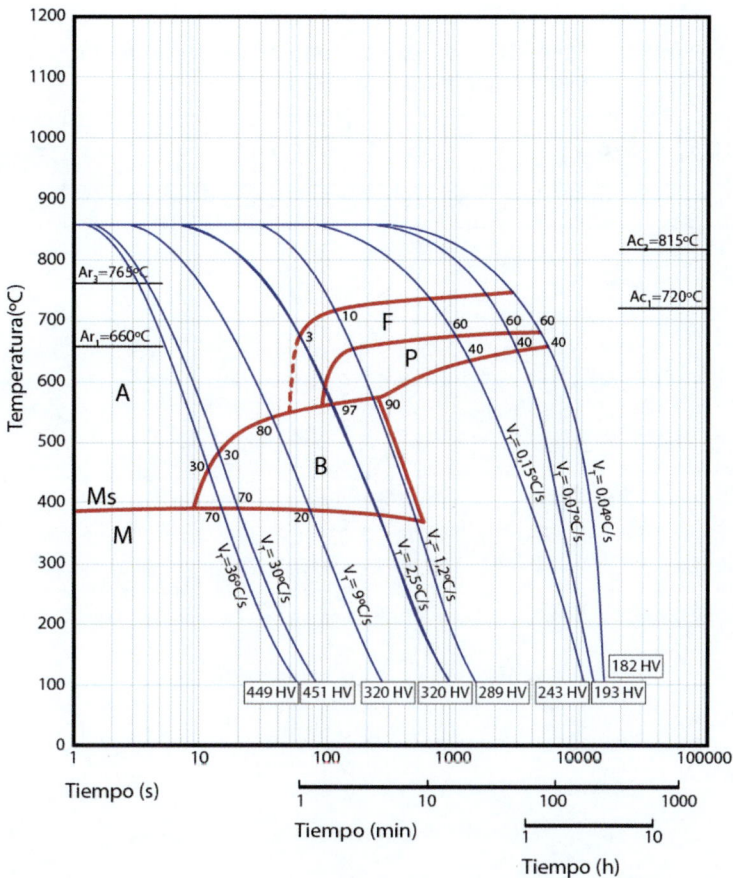

Figura 8. Diagrama de enfriamiento continuo para el acero 4130. Fuente: adaptado de SIJ group 2023.

Conclusiones/Bibliografía (10%)

Cuestiones (15%)

1. A partir de los datos de la Tabla 2, represente el perfil de dureza y determine la profundidad de capa ($H_{criterio}$ = 425 HV) para un eje de

transmisión de acero F114 templado por inducción. ¿Cumpliría las especificaciones del cliente? En caso negativo, que soluciones plantearía. Requisitos del cliente: valor máximo de la capa endurecida entre 56 y 58 HRC. Profundidad de capa 3,5-4,5 mm.

Tabla 2. Valores de dureza en función de la distancia a superficie para una pieza templada

Distancia (mm)	0,5	1	1,5	2	2,5	3	3,5	4	4,5	5	5,5	6	7	8	9	10	11,5
HV_{10kg}	624	649	648	635	627	615	610	605	550	454	390	336	320	310	305	300	289

Fuente: elaboración propia.

Práctica 2. Caracterización de aceros y fundiciones de hierro

Caracterización de aceros

Introducción

Las aleaciones férreas son los materiales metálicos que más se usan en la actualidad y se clasifican en tres categorías en función de su contenido en carbono (elemento intersticial):

- 0,008 % C ----- 0,028 % C → Hierro dulce
- 0,028 % C ----- 2,06 % C → Aceros
- 2,06 % C ----- 6,67 % C → Fundiciones

A continuación, se describen las morfologías de las fases y microconstituyentes más importantes en aceros. Conviene mencionar que, debido a la importancia histórica de estos materiales, existen muchos otros términos y que algunos de ellos han quedado en desuso (ej. *sorbita*, *troostita* o *hardenita*).

Ferrita

La ferrita, α, es una solución sólida de C en Fe-α. El término procede del latín (*ferrum*). A temperatura ambiente solo puede contener hasta un 0,008% C. En aceros aleados puede contener cantidades importantes de aleantes alfágenos (Cr, Mo, W, Si, Al, V, etc.). Fase magnética y constituyente más blando en aceros. La ferrita puede aparecer de forma individual o combinada con otras fases para formar perlita, bainita, etc. En el primer caso, adopta múltiples formas (Figura 9):

- *Ferrita equiaxial*: típica de aceros con muy bajo contenido en carbono.
- *Ferrita Widmanstätten* (en honor a Aloys Joseph Franz Xavier Beck von Widmanstätten): en forma de placas (3D) o agujas (2D) nucleadas en límites de grano de la austenita o a partir de la ferrita alotriomófica, formada previamente en límite de grano. En el caso de agujas de menor tamaño es más común utilizar el término de *ferrita acicular*.

– *Ferrita alotriomórfica*: habitualmente en límite de grano y con una forma que no reproduce la simetría de la estructura cristalina de la fase.

– *Ferrita idiomórfica*: reproduce la simetría interna de la fase. Suelen ser cristales equiaxiales nucleados en inclusiones en el interior de los granos de austenita.

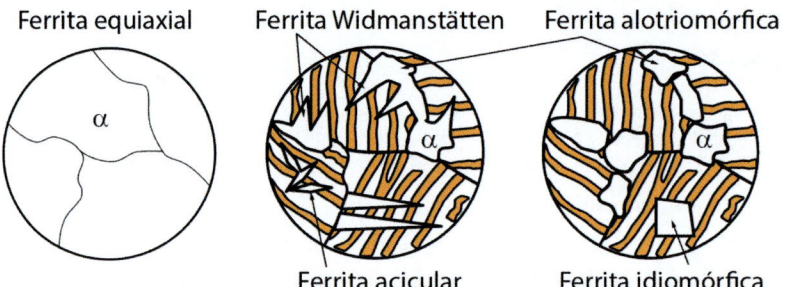

Figura 9. Morfologías típicas de la ferrita. Fuente: elaboración propia.

Cementita

Carburo de hierro, Fe_3C. Fase metaestable de composición fija (6,67%C) de elevada dureza y fragilidad. Magnética hasta los 210 °C. El nombre procede del proceso de cementación sólida (obtención de acero de alto contenido en C). En aceros, nunca se presenta como 100% de la microestructura. Puede combinarse con otras fases para formar microconstituyentes como la perlita y la bainita o estar presente de forma individual. En este último caso, las dos morfologías más comunes son una red continua en límites de grano para aceros hipereutectoides y esferoides en aceros sometidos a recocidos de globulización. En este caso se conoce como *esferoidita* (Figura 10).

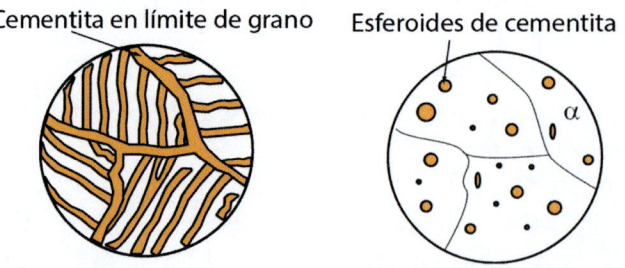

Figura 10. Morfologías de la cementita. Fuente: elaboración propia.

Perlita

Agregado laminar de ferrita y cementita formado por transformación eutectoide de la austenita. Contiene un 88% de ferrita y un 12% de cementita. Su nombre procede porque, observada en el microscopio óptico, produce una irisación de la luz de forma semejante a las perlas. El espaciado interlaminar depende de la velocidad de enfriamiento, distinguiéndose entre *perlita fina* (200-400 nm), *perlita grosera* (>400 nm) y *perlita globulizada*. Esta última se forma para velocidades de enfriamiento extremadamente lentas o en procesos de recocido. Las regiones de perlita que presentan láminas paralelas se conocen como colonias perlíticas, existiendo múltiples colonias en el interior de cada grano austenítico de partida (Figura 11).

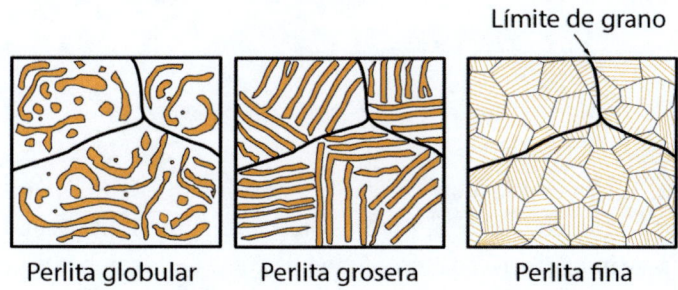

Límite de grano

Perlita globular   Perlita grosera   Perlita fina

Figura 11. Morfologías de la perlita. Fuente: elaboración propia.

Bainita

Agregado no laminar de ferrita y carburos de Fe (pueden ser distintos a la cementita). Su nombre procede de Edgard G. Bain y se forma en tratamientos isotérmicos de aceros entre 250 y 550 °C o en enfriamientos intermedios entre el enfriamiento al aire y el temple. La bainita que se forma entre 400 y 550 °C recibe el nombre de *bainita superior*, mientras que entre 250 y 400 °C se conoce como *bainita inferior*. La bainita superior nuclea en límites de grano y está constituida por listones o placas de ferrita rodeadas de carburos alineados. Presenta un aspecto arborescente. La bainita inferior también consiste en listones o placas de ferrita y carburos de Fe, pero estos últimos también se forman en el interior de la ferrita. Existe una tercera forma de bainita, la *bainita granular*, constituida por ferrita irregular e islas discretas de regiones con

austenita retenida y martensita (*constituyente M-A*). Esta es más común en
aceros donde los aleantes estabilizan la austenita (Figura 12).

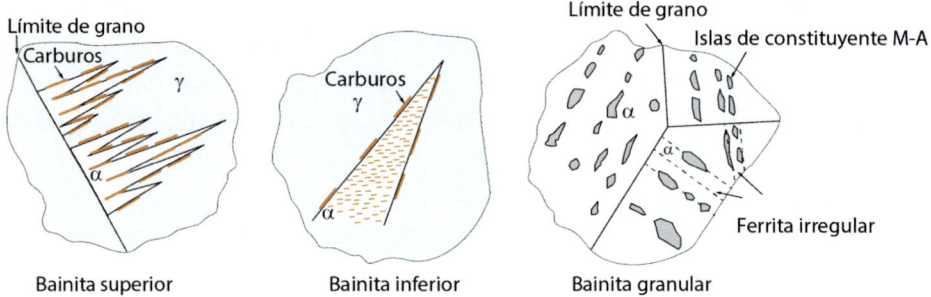

Figura 12. **Morfologías de la bainita. Fuente: elaboración propia.**

Martensita

La martensita, α', es una fase metaestable y ferromagnética. Es una solución
sólida sobresaturada de C en Fe-α, con sistema cristalino tetragonal en lugar
de cúbico. Fase típica de aceros templados. Es uno de los constituyentes más
duros. Su nombre fue establecido en honor a Adolf Martens. En aceros con
<0,6%C tiene forma de listones agrupados en paquetes, mientras que en aceros
con >1%C forma agujas o placas lenticulares (Figura 13). Es frecuente encontrar trazas de *austenita retenida* en aceros altos en C y aleados. En el caso de
llevar a cabo un revenido, la martensita descompone en ferrita y carburos,
conociéndose como *martensita revenida*.

Austenita

La austenita, γ, es una solución sólida de C en Fe-γ. El nombre procede de
William C. Roberts-Austen. Fase no magnética. Puede contener hasta un
2,06% C a 1147 °C. Fase poco común en aceros al carbono. Se observa como
austenita retenida en algunos aceros templados y en aceros con aleantes gam-
mágenos (ej. Mn, Ni, N, etc.). Cuando se forma en elevada proporción se
dispone en forma de granos equiaxiales decorados con maclas típicas de estructuras FCC con baja energía de faltas de apilamiento. A diferencia de los

granos ferríticos, los austeníticos presentan contornos más rectilíneos y ángulos vivos (Figura 14).

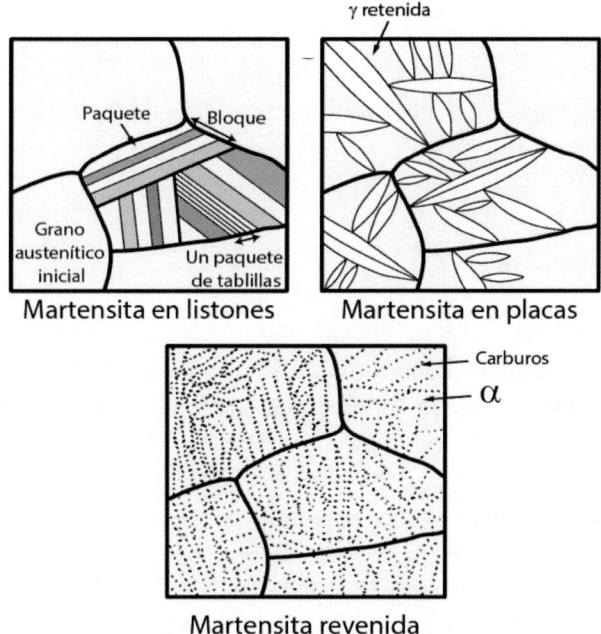

Figura 13. Morfologías de la martensita. Fuente: elaboración propia.

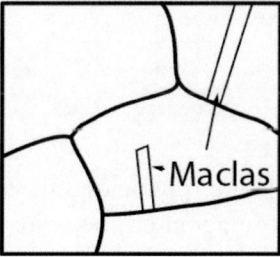

Figura 14. Morfología de la austenita. Fuente: elaboración propia.

Otros microconstituyentes

Adicionalmente a los anteriores, se encuentran también en aceros otros microconstituyentes que se forman como resultado de tratamientos térmicos y/o por presencia de determinados elementos aleantes. De esta manera es frecuente encontrar *carburos* e *inclusiones* (ej. TiC, MnS, óxidos, silicatos, etc.).

Objetivos

Observar e interpretar microestructuras de aceros de la colección del laboratorio.

Parte experimental

La colección de aceros a utilizar en esta práctica complementa a la incluida en la asignatura Diagramas y Transformaciones de Fase y tiene como propósito mostrar los microconstituyentes más típicos de los aceros y algunos defectos resultados de un procesado incorrecto (Tabla 3).

Tabla 3. Colección de probetas de acero al carbono

AC1. F114 (Bruto de colada)	AC7. F114 (Globulizado)
AC2. F212 (Bruto de laminación)	AC8. F521 (Carburos heterogéneos)
AC3. F513 (Martensita y Troostita)	AC9. F522 (Carburos homogéneos)
AC4. F513 (Grieta de temple)	AC10 (macro) y AC11. Acero corrugado
AC5. F513 o F115 (AC5') (Descarburización)	Probetas seleccionadas por profesorado.
AC6. F513 (Grieta y descarburización)	

Fuente: elaboración propia.

Para facilitar el estudio y la interpretación microscópica de esta colección, los alumnos disponen de información en la página web https://www.ucm.es/atlasmetalografico, donde se indica en cada caso la composición del material y otras características de interés. Asimismo, en esta práctica se incluyen otras probetas adicionales seleccionadas por el profesorado.

Las muestras se prepararán metalográficamente mediante pulido con α-alúmina y posterior ataque con nital al 1-3% (15-30 s). Los estudiantes tomarán fotografías de todas las muestras y las incluirán en su cuaderno de laboratorio junto con todas las explicaciones necesarias, para lo cual se deberá consultar bibliografía especializada en aceros.

Informe

El informe final deberá incluir los siguientes apartados. El porcentaje indica el peso en la calificación de la práctica (la calidad del informe tiene un peso de 10%).

Introducción (10%), Objetivos (5%) y Parte experimental (5%)

– Introducción centrada en defectos en aceros (grietas, descarburación, inclusiones, etc.). Descripción breve de objetivos y metodología de la práctica.

Resultados y discusión (45%)

– Micrografías a distintos aumentos donde se señalen los distintos micro-constituyentes. Descripción y justificación de cada microestructura.

Conclusiones/Bibliografía (10%)

Cuestiones (15%)

1. Calcule el tamaño de grano de la probeta AC2 según las indicaciones siguientes.

El tamaño de grano determina en gran medida las propiedades del material, siendo habitual especificar su magnitud en términos cuantitativos. Los granos son motivos tridimensionales, pero en la mayoría de las ocasiones se observan en secciones planas pulidas y atacadas convenientemente. Es por ello que la mayoría de los métodos desarrollados hasta la fecha son bidimensionales. La norma ASTM E112 (E112-21 2013) describe una serie de métodos en los que el tamaño de grano puede expresarse como el «tamaño de grano ASTM» o «G» (Tabla 4), el cual se obtiene a partir de la siguiente expresión.

$$N_A = 2^{G-1} \qquad \text{Ecuación 2}$$

Siendo N_A el número de granos por pulgada cuadrada en una micrografía obtenida a 100 aumentos. De acuerdo con esto, un material con grano grueso presenta un valor de G bajo y un material de grano fino muestra un valor de G elevado. Los métodos descritos en la norma ASTM E112 se clasifican en las siguientes categorías:

– *Comparativo*: se emplean cartas graduadas o plantillas de tamaño de grano conocido.
– *Planimétrico o de Jeffries*: se contabiliza el número de granos en un área definida.
– *Intersección*: consiste en el conteo de granos o intersecciones con límites de grano a lo largo de líneas guía. Se distinguen a su vez varios métodos.

- Lineal (Método Heyn) (Figura 15).
- Circular (1 Círculo o Método Hilliard o 3 Círculos o Método Abrams).

De todos ellos, los métodos de intersección son los más comunes debido a su eficiencia. En la presente práctica se empleará el Método de Intersección Lineal según los siguientes pasos:

– Adquisición de 3 micrografías en diversas zonas del material. Seleccionar el objetivo que permita observar entre 50 y 100 granos por micrografía.
– Trazar una serie de líneas guías como las que se muestran a modo de ejemplo en la Figura 15. (Si el material presenta granos equiaxiales es más sencillo trabajar con líneas paralelas).
– Contabilizar el número total de intersecciones (P_i) entre líneas guía y límites de grano para cada micrografía. Reglas de conteo:

- Una intersección corresponde a cada punto donde la línea corta un límite de grano.
- Los límites de grano tangenciales a la línea contabilizan como media intersección.
- Si el extremo de la línea termina en un límite de grano contabiliza como media intersección.
- Una intersección en la unión de tres granos cuenta como intersección y media.

– Calcular el número total de intersecciones por unidad de longitud de línea guía, $\overline{P}_L$, según la siguiente expresión.

$$\overline{P}_L = \frac{P_i}{L/M} \qquad \text{Ecuación 3}$$

P_i = número total de intersecciones.

L= longitud total de las líneas guía en mm.

M= aumentos utilizados. Ej. En una fotografía impresa con barra de escala de 2 cm (20000 μm) y que indique un valor de 100 μm correspondería a M = 20000/100=200 aumentos.

- Calcular el valor promedio de $\overline{P}_L$ y su correspondiente desviación estándar a partir del valor obtenido en cada micrografía.
- Calcular el tamaño de grano ASTM o G en base a la siguiente expresión (redondear al tamaño de grano más cercano según los datos de la Tabla 4):

$$G = \left(6{,}643856 \cdot \log \overline{P}_L\right) - 3{,}288 \qquad \text{Ecuación 4}$$

Tabla 4. Relaciones entre tamaños de grano para granos equiaxiales uniformes orientados de forma aleatoria

Grain size No. G	$\overline{N}_A$ Grains / Unit Area No./mm² at 1X	$\overline{A}$ Average Grain Area μm²	$\overline{d}$ Average Diameter μm	$\overline{l}$ Mean Intercept μm	$\overline{N}_L$ No./mm
00	3.88	258064	508.0	452.5	2.21
0	7.75	129032	359.2	320.0	3.12
0.5	10.96	91239	302.1	269.1	3.72
1.0	15.50	64516	254.0	226.3	4.42
1.5	21.92	45620	213.6	190.3	5.26
2.0	31.00	32258	179.6	160.0	6.25
2.5	43.84	22810	151.0	134.5	7.43
3.0	62.00	16129	127.0	113.1	8.84
3.5	87.68	11405	106.8	95.1	10.51
4.0	124.00	8065	89.8	80.0	12.50
4.5	175.36	5703	75.5	67.3	14.87
5.0	248.00	4032	63.5	56.6	17.68

Grain size No. G	$\bar{N}_A$ Grains / Unit Area No./mm² at 1X	$\bar{A}$ Average Grain Area µm²	$\bar{d}$ Average Diameter µm	$\bar{l}$ Mean Intercept µm	$\bar{N}_L$ No./mm
5.5	350.73	2851	53.4	47.6	21.02
6.0	496.00	2016	44.9	40.0	25.00
6.5	701.45	1426	37.8	33.6	29.73
7.0	992.00	1008	31.8	28.3	35.36
7.5	1402.9	713	26.7	23.8	42.04
8.0	1984.0	504	22.5	20.0	50.00
8.5	2805.8	356	18.9	16.8	59.46
9.0	3968.0	252	15.9	14.1	70.71
9.5	5611.6	178	13.3	11.9	84.09
10.0	7936.0	126	11.2	10.0	100.0
10.5	11223.2	89.1	9.4	8.4	118.9
11.0	15872.0	63.0	7.9	7.1	141.4
11.5	22446.4	44.6	6.7	5.9	168.2
12.0	31744.1	31.5	5.6	5.0	200.0
12.5	44892.9	22.3	4.7	4.2	237.8
13.0	63488.1	15.8	4.0	3.5	282.8
13.5	89785.8	11.1	3.3	3.0	336.4
14.0	126976.3	7.9	2.8	2.5	400.0

Fuente: adaptado de E112-21 2013.

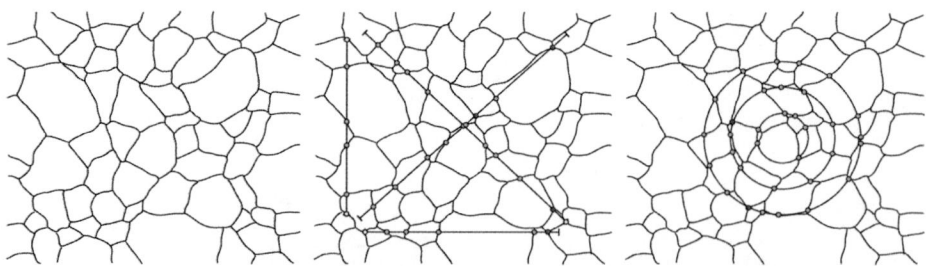

Figura 15. Ejemplos de líneas guía utilizadas en la medición de tamaño de grano según el Método de Intersección Lineal o Método de Heyn y circular o de Abrams. Fuente: adaptado de Li 2022.

Caracterización de fundiciones de hierro

Introducción

Las fundiciones son aleaciones Fe-C con una amplia variedad de propiedades y que, como su nombre indica, adquieren su forma definitiva directamente por colada y no por deformación, aunque en algunos casos pueden ser forjables.

El contenido en carbono, habitualmente entre 3 y 4,5% C, sitúa a las fundiciones en la región eutéctica del diagrama Fe-C y, por tanto, con puntos de fusión considerablemente más bajos que los aceros. Además de C, las fundiciones contienen Si (0,5-3,0%), Mn (0,1-1,2%) y pequeñas cantidades de S (0,01-0,2%) y P (0,002-1,0%). En ocasiones se fabrican fundiciones aleadas con características especiales que contienen porcentajes variables de Ni, Si, Cr, Mo, etc. En comparación con los aceros, las fundiciones destacan por las siguientes características:

- Fabricación más fácil y menos costosa debido al bajo coste de la materia prima (chatarra y arrabio del horno alto) y menores temperaturas de operación.
- Permiten obtener piezas con gran variedad de tamaños y geometrías y que además son fácilmente mecanizables.
- Tienen buena resistencia al desgaste y a la corrosión (por su contenido en Si).
- Absorben muy bien las vibraciones de máquinas y motores.

Por contrapartida, las fundiciones suelen presentar baja ductilidad y tenacidad.

La clasificación más simple de las fundiciones se basa en el aspecto de la superficie de fractura, distinguiéndose entre *grises*, *blancas* y *atruchadas* o, lo que es lo mismo, entre las que contienen grafito, carburos de Fe o una combinación de ambos, respectivamente. A su vez, en las fundiciones grises se hace una segunda clasificación en función de la morfología del grafito. La matriz puede ser tan variada como en los aceros, aunque predominan las matrices perlíticas y ferríticas. Los elementos grafitizantes como el C y el Si dan lugar a fundiciones grises, mientras que los carburígenos como el S permiten obtener fundiciones blancas (Figura 16).

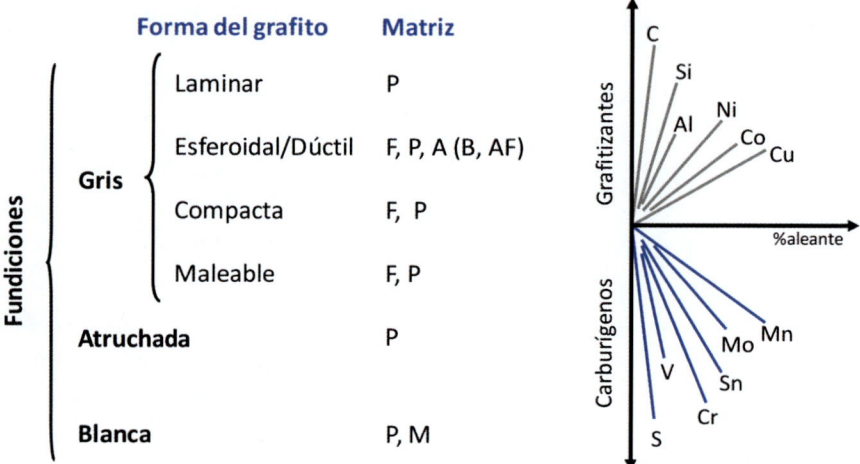

Figura 16. Clasificación de fundiciones (F ferrita, P perlita, A austenita, B bainita, AF ausferrita = ferrita acicular + austenita, M martensita) y efecto de distintos elementos aleantes. Fuente: elaboración propia.

A parte de la composición química, el otro factor clave que determina el tipo de fundición es la velocidad de enfriamiento, puesto que dictamina si las transformaciones ocurren según el diagrama Fe-C metaestable (enfriamiento rápido) o según el diagrama Fe-C estable (enfriamiento moderado-lento) (Figura 17). Los rangos de composición química de los distintos tipos de fundiciones se recogen en la Tabla 5.

Tabla 5. Rangos de composición habituales de las fundiciones

Tipo de fundición	Elementos % en masa				
	C	Si	Mn	P	S
Gris laminar	2.5-4.0	1.0-3.0	0.2-1.0	0.002-1.0	0.02-0.025
Gris dúctil	3.0-4.0	1.8-2.8	0.1-1.0	0.01-0.1	0.01-0.03
Blanca	1.8-3.6	0.5-1.9	0.25-0.8	0.06-0.2	0.06-0.2
Maleable	2.2-2.9	0.9-1.9	0.15-1.2	0.02-0.2	0.02-0.2
Gris compacta	2.5-4.0	1.0-3.0	0.2-1.0	0.01-0.1	0.01-0.03

Fuente: elaboración propia.

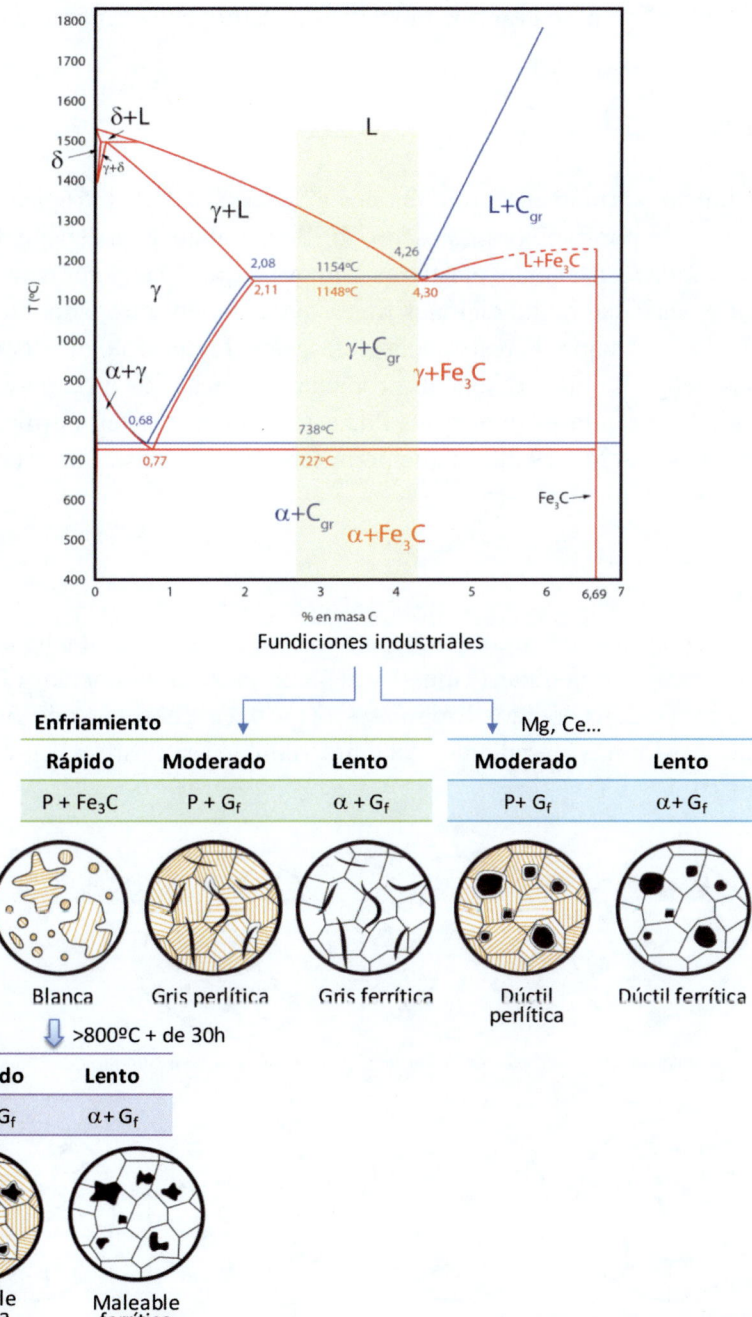

**Figura 17. Microestructuras de fundiciones hipoeutécticas.
Fuente: adaptado de W.D. Callister 2016.**

A continuación, se describen los microconstituyentes en fundiciones.

Grafito

Constituyente principal de fundiciones grises. Variedad alotrópica del C que se caracteriza por su color gris oscuro, brillo metálico, baja densidad ($\rho = 2{,}25$ g/cm³) y nula resistencia y plasticidad, lo que explica la menor densidad, ductilidad y tenacidad de fundiciones frente a aceros. Por otro lado, otorga lubricación, lo que mejora la resistencia al desgaste. La morfología, distribución y tamaño del grafito determinan las propiedades mecánicas de la mayoría de las fundiciones de interés industrial. Por este motivo, existen normas como la ASTM A247 (A247-19 2019) que permiten evaluar estas características.

a) Forma

Las formas básicas del grafito son cuatro (Figura 18). Laminar u hojuelas (Tipo VII), esferoidal o nodular (Tipos I y II), compacto o vermicular (Tipo IV) y grafito revenido o nódulos irregulares (Tipo III). En el caso de fundiciones dúctiles, las formas inaceptables del grafito también se clasifican en varios tipos (Tipos IV, V y VI).

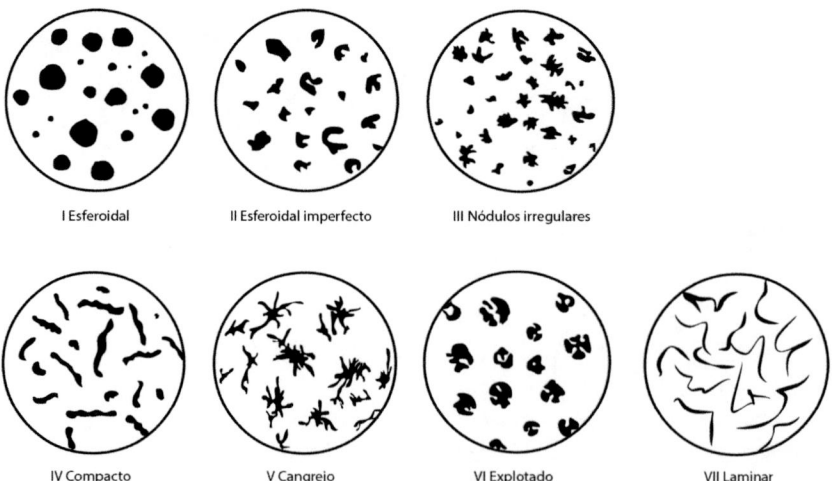

I Esferoidal   II Esferoidal imperfecto   III Nódulos irregulares

IV Compacto   V Cangrejo   VI Explotado   VII Laminar

Figura 18. Formas del grafito según norma ASTM A247.
Fuente: adaptado de A247-19 2019.

Tanto en fundiciones dúctiles como maleables suele observarse la estructura tipo «ojo de buey», consistente en una matriz perlítica y nódulos de grafito rodeados de halos de ferrita (Figura 19).

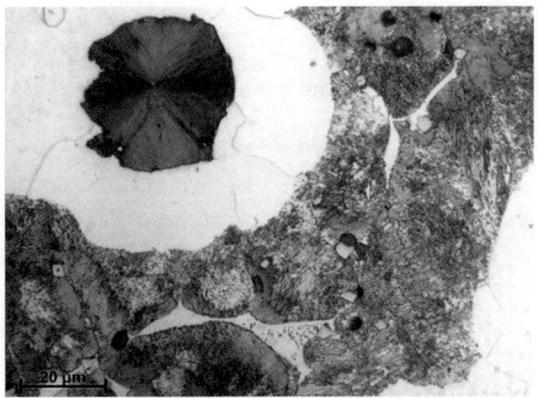

Figura 19. Ejemplo típico de estructura «ojo de buey» en fundiciones dúctiles (Arrabal 2017).

b) *Distribución*

El grafito Tipo A, con una distribución uniforme y aleatoria, es el idóneo en fundiciones grises laminares, debido a que se consiguen las mejores propiedades mecánicas (Figura 20). El Tipo B se da cuando la nucleación no está favorecida en fundiciones con composición próxima al eutéctico. El Tipo C ocurre en fundiciones hipereutécticas y se caracteriza por la presencia de grafito primario o tipo *kish*. Los Tipos D y E se forman cuando la velocidad de enfriamiento es elevada y la nucleación no está favorecida. El Tipo E es más común en fundiciones muy hipoeutécticas. Aunque esta clasificación se usa principalmente para fundiciones grises laminares, puede usarse también para describir fundiciones dúctiles y maleables.

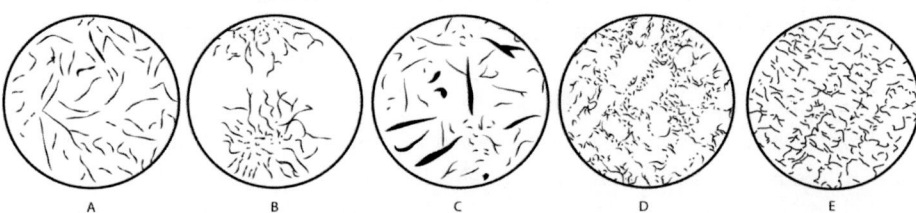

Figura 20. Tipos de distribución del grafito. Fuente: adaptado de A247-19 2019.

c) Tamaño

Este criterio de clasificación se utiliza tanto para grafito laminar como nodular y se realiza en base al tamaño de la lámina o nódulo de grafito de mayor tamaño cuando se trabaja a x100 aumentos (Tabla 6).

Tabla 6. Clases de grafito según (A247-19 2019)

Clase	Máxima dimensión (mm)
1	128
2	64
3	32
4	16
5	8
6	4
7	2
8	1

Fuente: elaboración propia.

En caso de que existan varios tipos de grafito es posible indicarlo con sus correspondientes porcentajes, ej. 70% VII A4, 30% VII D7.

Cementita

En las fundiciones se pueden llegar a distinguir hasta cinco tipos de cementita o carburo de hierro (Fe_3C) en base a su morfología y temperatura de formación. En el caso de fundiciones blancas hipereutécticas los distintos tipos de cementita que se forman durante el enfriamiento son los siguientes:

– *Cementita primaria*: primera fase en cristalizar desde el estado líquido. Los cristales de cementita primaria se caracterizan por sus grandes dimensiones, entre 100 y 1000 µm, debido a la difusión favorecida en el seno del líquido a altas temperaturas.
– *Cementita eutéctica*: se forma por reacción eutéctica del líquido. Constituye la fase continua del agregado ledeburita.
– *Cementita secundaria*: también conocida como cementita proeutectoide. Se forma en el intervalo de temperaturas comprendido entre las isotermas

eutéctica y eutectoide como consecuencia de la disminución de la solubilidad del carbono en austenita. Su identificación con el microscopio no es sencilla puesto que pasa a engrosar la cementita formada en etapas previas.

– *Cementita eutectoide*: se forma por reacción eutectoide de la austenita. Constituye la fase discontinua del agregado perlítico.

– *Cementita terciaria*: se forma a temperaturas inferiores a la isoterma eutectoide debido a la disminución de la solubilidad de carbono en la ferrita. Su proporción es despreciable y no se suele considerar importante.

Ledeburita

Denominada así en honor a Adolf von Ledebur (1837-1906). Es un agregado eutéctico constituido por cementita y austenita. En las fundiciones ordinarias no existe la austenita a temperatura ambiente, puesto que transforma a perlita cuando se enfría por debajo de los 723 °C. Sin embargo, es fácil identificar las zonas donde existe *ledeburita transformada* por su característica forma de *nido de abeja* con una matriz de cementita y bastones o glóbulos alternados de austenita transformada a perlita (Figura 21).

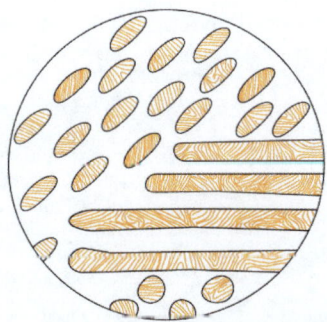

Figura 21. Representación esquemática de la ledeburita transformada con fondo blanco de cementita e islas de austenita transformada a perlita. Fuente: elaboración propia.

Esteadita

Denominada así en honor a John E. Stead (1851-1923). Agregado eutéctico pseudobinario o ternario que suele estar presente en fundiciones grises y atruchadas con P > 0,06%. Debido a su bajo punto de fusión (~960 °C), mejora notablemente la colabilidad, siendo el último constituyente en solidificar en espacios interdendríticos. Cuando P > 0,3%, la esteadita forma una red continua que mejora la resistencia a la corrosión. Por su elevada dureza (300-600 HV), duplica o triplica la resistencia al desgaste frente a fundiciones sin P, pero también aumenta su fragilidad. El P necesario para formar esteadita puede proceder del mineral de Fe o adicionarse a como aleante. El ejemplo clásico son las zapatas de freno en trenes (2,5-3,5%P), donde también se aprovecha la baja tendencia a la formación de chispas.

El eutéctico pseudobinario (ferrita + fosfuro de hierro, Fe_3P) presenta una morfología de «espina de pez» y se forma preferentemente en fundiciones grises con elevados contenidos de Mn, Si y P y ausencia de elementos carburígenos como Cr, S y V, particularmente cuando la velocidad de enfriamiento es lenta. El eutéctico ternario consiste en ferrita + fosfuro de hierro + austenita (ferrita y cementita a temperatura ambiente). Este eutéctico adopta una morfología de grano fino en fundiciones grises que presentan tendencia media a la grafitización y un contenido en P de hasta el 0,4% (Figura 22). Contenidos de P más elevados pueden dar lugar a morfologías aciculares y en el caso de fundiciones que contienen elementos carburígenos, el eutéctico muestra también grandes precipitados columnares de cementita.

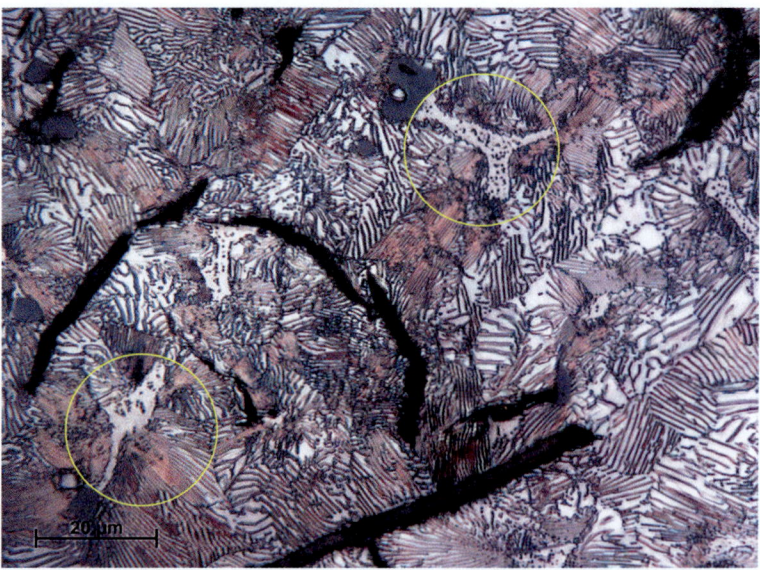

Figura 22. Esteadita con morfología de grano fino (Arrabal 2017).

Objetivos

Caracterizar distintas microestructuras de fundiciones de hierro de la colección del laboratorio.

Parte experimental

Se prepararán distintas probetas de fundiciones de hierro no aleadas (gris, blanca, maleable y dúctil), estudiando su microestructura con un microscopio óptico de reflexión (microscopio metalográfico) y evaluando su procesado para conseguir tales microestructuras (Tabla 7).

En aquellas probetas que se considere necesario, también se adquirirán micrografías antes del ataque metalográfico.

Tabla 7. Colección de probetas de fundiciones

Probeta	Composición (C.E. carbono equivalente)	Tipo de fundición
F1	C.E.: 3,75%	Gris (grafito lamina)
F2	C.E.: 3,75%	Gris (Grafitos tipo A y D)
F3	C.E.: 3,0%	Blanca
F7	C.E.: 3,2%	Maleable (corazón negro)
F8	C.E.: 4,36%	Dúctil (matriz ferrítica)
F9	C.E.: 4,36%	Dúctil (matriz perlítica)

Ataque: 1-3% nital durante 15-30 s.
Fuente: elaboración propia.

Informe

El informe final deberá incluir los siguientes apartados. El porcentaje indica el peso en la calificación de la práctica (la calidad del informe tiene un peso de 10%).

Introducción (10%), Objetivos (5%) y Parte experimental (5%)

- Introducción centrada en transformaciones de fases que ocurren en la solidificación de fundiciones. Descripción breve de objetivos y metodología de la práctica.

Resultados y discusión (45%)

– Micrografías a distintos aumentos donde se señalen los distintos microconstituyentes. Descripción y justificación de cada microestructura ayudándose de los diagramas Fe-C estable y metaestable (45%).

Conclusiones/Bibliografía (10%)

Cuestiones (15%)

1. Incluya una microestructura de una fundición aleada media/alta en Si
(ej. Silal) e indique sus microconstituyentes. Cite la fuente bibliográfica.

II. Materiales metálicos. Aleaciones no férreas

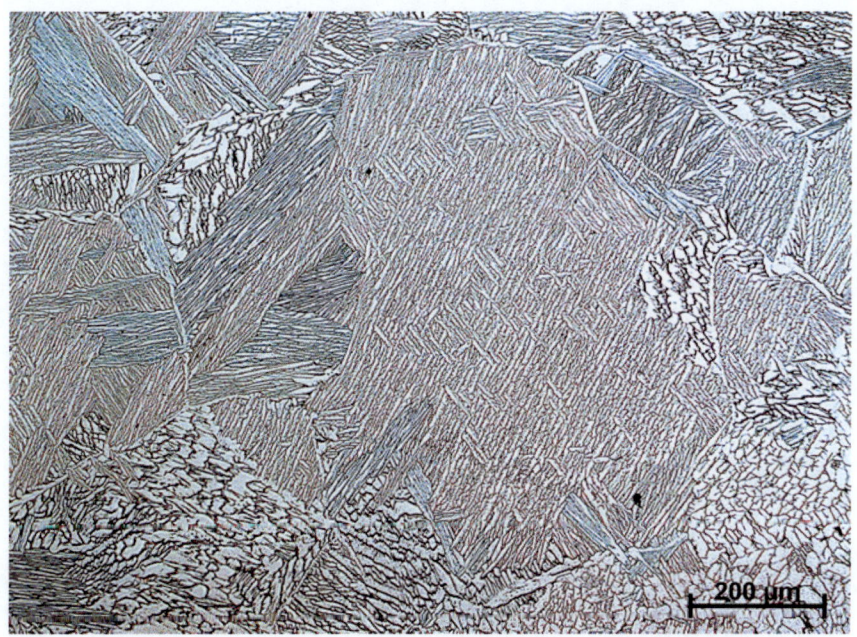

Fuente: Arrabal 2017.

https://dx.doi.org/10.5209/docm.001.02
Laboratorio Integrado. Raúl Arrabal Durán. © Ediciones Complutense, 2025.

Práctica 3. Acritud y recristalización

Introducción

Cuando un material se deforma plásticamente, además de cambiar su forma macroscópica, se produce un cambio en su estructura tanto a nivel microscópico (ej. alargamiento de granos en un proceso de extrusión, etc.) como atómico (ej. aumenta número de dislocaciones y/o maclas) (Figura 23a). El resultado es un endurecimiento por deformación que puede llegar a fragilizar en exceso al material y cambiar otras propiedades como la conductividad eléctrica y resistencia a corrosión. En estas situaciones, se suele recurrir a un *recocido de recristalización* con objeto de recuperar total o parcialmente las propiedades del material, aumentando su ductilidad y disminuyendo su dureza y resistencia mecánica. Adicionalmente, la recristalización permite homogeneizar y controlar el tamaño de grano.

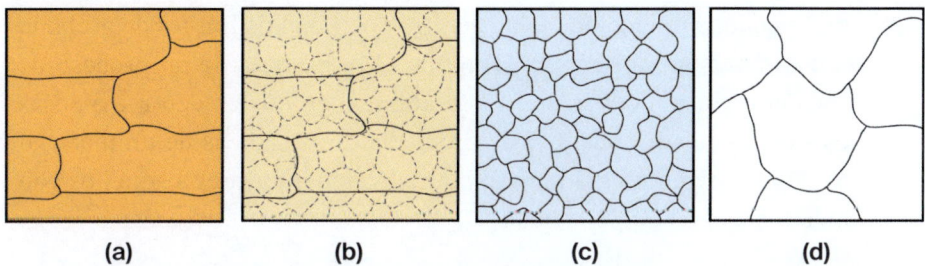

(a)   (b)   (c)   (d)

Figura 23. Etapas del recocido de recristalización: (a) estado deformado, (b) recuperación, (c) recristalización y (d) crecimiento de grano. Fuente: adaptado de Askeland 2011.

La recristalización es una transformación difusional sin cambio de fase y se define como un proceso de nucleación y crecimiento de nuevos granos cristalinos libres de deformación. Típicamente se distinguen tres etapas en un recocido de recristalización:

a) *Recuperación*: parte de la energía interna almacenada por el material como energía de deformación –asociada a zonas de tracción, compresión y cizalla alrededor de las dislocaciones– se libera mediante fenómenos de difusión atómica. Disminuyen las tensiones residuales debido al reordenamiento de las dislocaciones, adoptándose configuraciones de menor energía de deformación de la red (Figura 23b). La dureza del material apenas cambia, pero la conductividad eléctrica se recupera hasta valores similares al estado predeformado.

b) *Recristalización*: después de la recuperación, los granos todavía presentan un estado de alta energía de deformación. Es en esta fase cuando, por un mecanismo de difusión de corto alcance, se produce la nucleación de un nuevo conjunto de pequeños granos libres de deformación, caracterizados por su baja densidad de dislocaciones, y que llegan a reemplazar por completo a los granos deformados. La fuerza impulsora para este fenómeno, al igual que en la recuperación, es la diferencia de energía interna entre el material deformado y el no deformado (Figura 23c). Después de esta etapa, el material recupera sus propiedades mecánicas previas a la deformación y, por tanto, se hace menos resistente y más dúctil.

c) *Crecimiento de grano*: si el tiempo de tratamiento es suficientemente prolongado, se produce el crecimiento de los granos libres de deformación, siendo la reducción de la energía superficial de límites de grano la fuerza impulsora del proceso (Figura 23d). Se trata de un proceso de difusión a corto alcance en el que algunos granos crecen a expensas de otros de menor tamaño. Las propiedades mecánicas de un material con tamaño de grano grande son normalmente inferiores a aquellos con tamaño pequeño (ej. tenacidad).

En la Figura 24 se muestra la evolución microestructural típica que presenta un material cuando se lleva a cabo un *recocido de recristalización*.

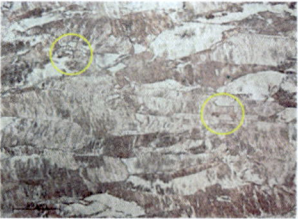

Figura 24. Evolución microestructural del cobre durante el proceso de recristalización. Fuente: elaboración propia.

Además de la *recristalización estática* que se produce a elevadas temperaturas en materiales previamente trabajados en frío (T<0.5T$_{fusión}$), también existe la *recristalización dinámica*; ocurre de forma instantánea tras la deformación en caliente. Si se controla correctamente la temperatura del proceso, es posible obtener estructuras con tamaño de grano fino (Figura 25).

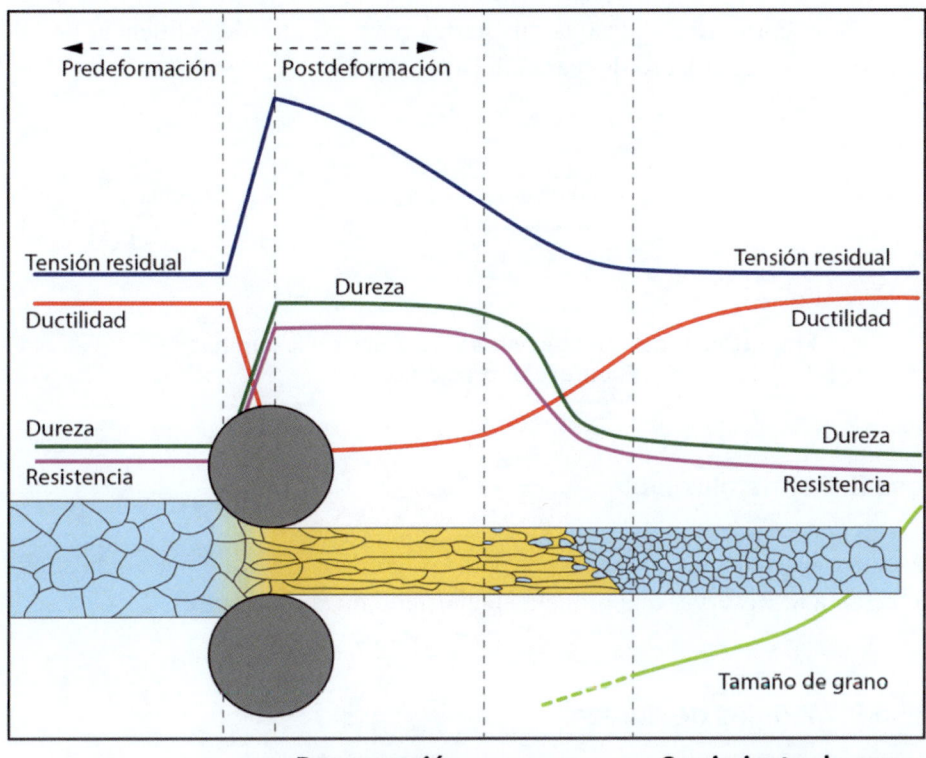

Figura 25. Esquema con los efectos de la recuperación, recristalización y crecimiento de grano sobre las propiedades de un material que experimenta recristalización dinámica. Fuente: elaboración propia.

Objetivos

Evaluar el proceso de recristalización de un cobre comercialmente puro laminado en frío.

Caracterizar las microestructuras resultantes tras el proceso de laminación y recristalización.

Parte experimental

Paso 1. Laminación en frío

Laminar una barra de cobre, previamente recocida a 500 °C durante 2 h, con una reducción de espesor de aproximadamente un 70% (Figura 26). La chapa obtenida se cortará en muestras cuadradas para estudiar la influencia de la temperatura en el proceso de recristalización.

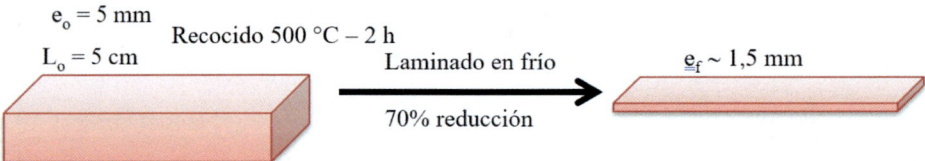

Figura 26. Dimensiones antes y después de la laminación.
Fuente: elaboración propia.

Paso 2. Recristalización

Introducir las muestras en los hornos para las temperaturas y tiempos indicados en la Tabla 8. Reservar una probeta en el estado de acritud (t= 0).

Paso 3. Medidas de dureza

- 4 medidas de dureza Rockwell por muestra, según norma ASTM E18 (escala F), para cada tiempo y temperatura. (Realizar las medidas en una de las dos superficies). Anotarlas en la Tabla 8.

Paso 4. Caracterización microestructural

- Siguiendo las instrucciones del profesorado, preparar metalográficamente una selección de muestras representativas mediante las siguientes condiciones de electropulido (atacar la superficie opuesta a la utilizada en el apartado anterior).

- Electrolito: 230 mL H_3PO_4 conc. + 280 mL etanol + 40 mL propanol + 470 mL agua destilada.
- *Polishing*: 25 V, 30 s.
- *Etching*: 5 V, 30 s.

Nota: los tiempos de pulido y ataque pueden ajustarse para optimizar los resultados.
- Adquirir las micrografías necesarias para el informe de laboratorio.

**Tabla 8. Valores de dureza (escala Rockwell F)
de las muestras de cobre ensayadas**

t (min)	220 °C	240 °C	260 °C	280 °C
0				
5				
10				
15				
20				
30				
60				

Fuente: elaboración propia.

Informe

El informe final deberá incluir los siguientes apartados. El porcentaje indica el peso en la calificación de la práctica (la calidad del informe tiene un peso de 10%).

Introducción (10%), Objetivos (5%) y Parte experimental (5%)

- Descripción breve de fundamentos teóricos, objetivos y metodología de la práctica.

Resultados y discusión

- Discusión razonada de los resultados obtenidos de dureza-tiempo para distintas temperaturas (25%).

— Micrografías representativas donde se señalen los aspectos más relevantes de los procesos de deformación y recristalización. Justificación de las microestructuras observadas (25%).

Conclusiones/Bibliografía (10%)

Cuestiones (10%)

1. Sabiendo que la velocidad de recristalización puede expresarse con la siguiente expresión:

$$v = \frac{1}{t_{50}} = Ae^{-\frac{B}{T}} \qquad \text{Ecuación 5}$$

calcule las constantes A (min^{-1}) y B a partir de los resultados obtenidos para las dos temperaturas más altas. Asuma que el 50% de recristalización se alcanza cuando la dureza adquiere un valor de 60 HRF.

Práctica 4. Endurecimiento por precipitación

Introducción

El endurecimiento por precipitación consiste en la precipitación controlada de partículas submicroscópicas, dispersas en la matriz, que actúan como obstáculos al movimiento de dislocaciones. Es un proceso de alta relevancia en las aleaciones de aluminio de forja tratables térmicamente (2XXX, 6XXX, 7XXX), puesto que se consigue una mejora notable en sus propiedades mecánicas. Este conjunto de aleaciones cumple los dos requisitos necesarios para el endurecimiento por precipitación:

a) Diagrama de fases con línea de *solvus* (s-m) que muestre una clara reducción de la solubilidad al descender la temperatura (Figura 27a).
b) Formación de precipitados pequeños, bien distribuidos y con capacidad para dificultar el movimiento de dislocaciones (Figura 27b).

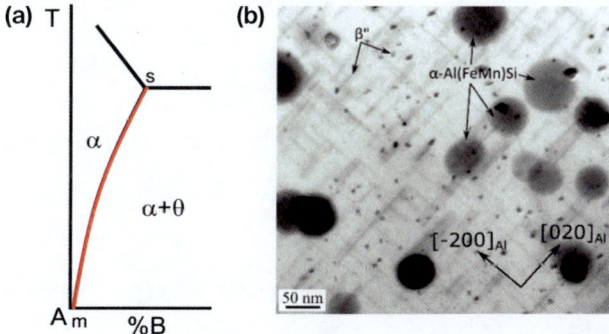

Figura 27. (a) Línea solvus de una aleación endurecible por precipitación y **(b)** ejemplo de partículas endurecedoras en aleación de Al 6082 (Rakhmonov 2020).

La secuencia para llevar a cabo este proceso en aleaciones de aluminio consta de tres etapas: *solubilización, temple* y *envejecimiento* (Figura 28). La última de ellas puede llevarse a cabo a temperatura ambiente (envejecimiento natural) o en horno (envejecimiento artificial).

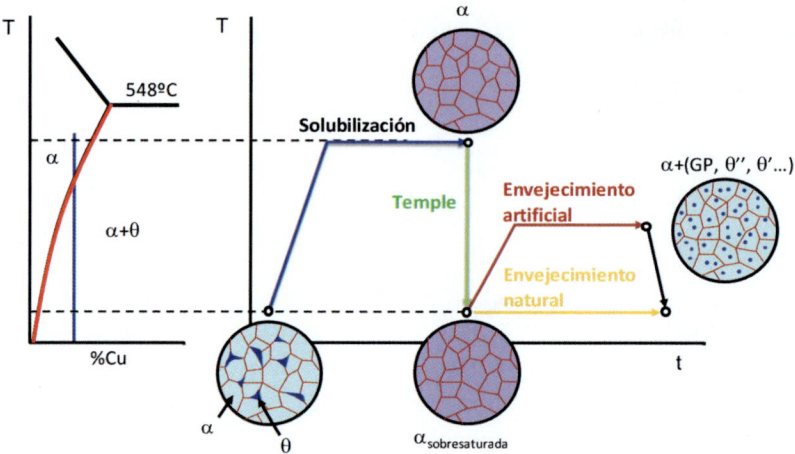

Figura 28. Tratamiento térmico de endurecimiento por precipitación en aleaciones Al-Cu. Fuente: elaboración propia.

Los precipitados responsables del endurecimiento no tienen por qué coincidir con los que predicen los diagramas de equilibrio. Lo más común es que se produzca una secuencia de precipitación compleja con fases intermedias metaestables que, por su coherencia con la matriz, nuclean con más facilidad que los precipitados incoherentes de equilibrio. En sistemas Al-Cu, la secuencia de precipitación incluye zonas GP y otras dos fases metaestables:

$$\alpha_0 \rightarrow \alpha_1 + GP \rightarrow \alpha_2 + \theta'' \rightarrow \alpha_3 + \theta' \rightarrow \alpha + \theta$$

En general, se distinguen dos tipos de precipitados en función de su tamaño y coherencia.

Precipitados coherentes de pequeño tamaño (permeables al paso de dislocaciones)

En este caso, actúan simultáneamente diversos mecanismos de endurecimiento:

- *Endurecimiento por coherencia*: asociado a las tensiones introducidas para mantener la coherencia matriz-precipitado (Figura 29a).
- *Endurecimiento por módulo*: asociado a que los precipitados presentan un módulo de cizalla distinto al de la matriz. Aunque el efecto

colectivo de los precipitados es endurecedor, estos se cortan con facilidad debido a su pequeño tamaño (permeables al paso de dislocaciones). Por este motivo, cuando el material se deforma, se activan planos específicos de deslizamiento y el endurecimiento por deformación no es homogéneo, disminuyendo la tenacidad del material (Figura 29b).

— *Endurecimiento químico o de superficie* y otros mecanismos: el corte de los precipitados aumenta el área de la interfase matriz/precipitado. Adicionalmente, pueden introducirse faltas de apilamiento y otros defectos que ejercen un efecto endurecedor.

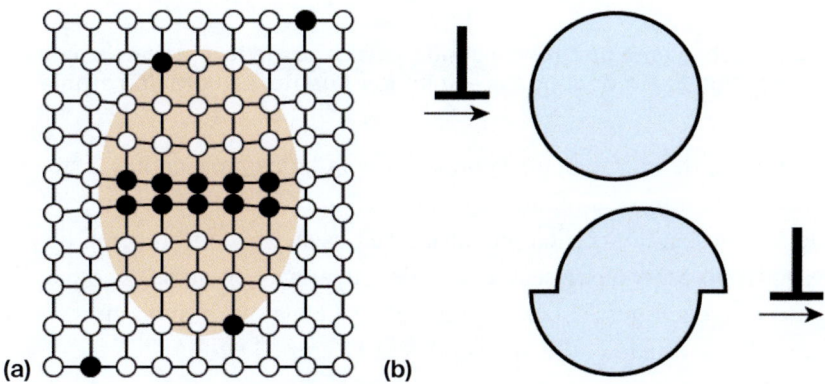

Figura 29. (a) Endurecimiento por coherencia y (b) corte de partículas permeables. Fuente: elaboración propia.

Precipitados incoherentes de mayor tamaño y separados (no permeables)

Cuando las partículas crecen en tamaño también lo hace su resistencia mecánica. Sin embargo, también aumenta su espaciado y se pierde coherencia con la matriz. Esto se traduce en que el paso de las dislocaciones no corta a los precipitados (no permeables). En su lugar, se crean anillos de dislocaciones alrededor de las partículas. El resultado es una menor distancia efectiva entre partículas y un endurecimiento progresivo y uniforme cuando el material se somete a deformación (Figura 30). Este proceso de endurecimiento se conoce como mecanismo de Orowan.

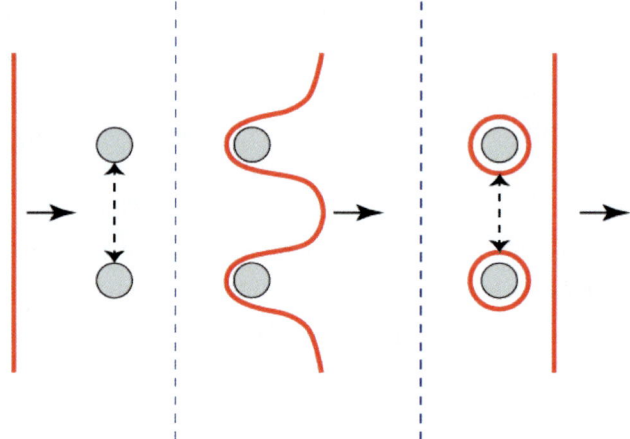

Figura 30. Mecanismo de Orowan donde se muestra la formación de anillos de dislocaciones alrededor de precipitados. Fuente: elaboración propia.

A diferencia de lo que ocurre con los precipitados permeables, este efecto endurecedor disminuye a medida que aumenta el tamaño de los precipitados. Por este motivo, en la práctica industrial, se busca una combinación de precipitados permeables y no permeables que den lugar a un endurecimiento óptimo. En el caso de aleaciones Al-Cu comúnmente se consigue con precipitados θ' y θ'' o con una combinación de zonas GP y θ' (Figura 31).

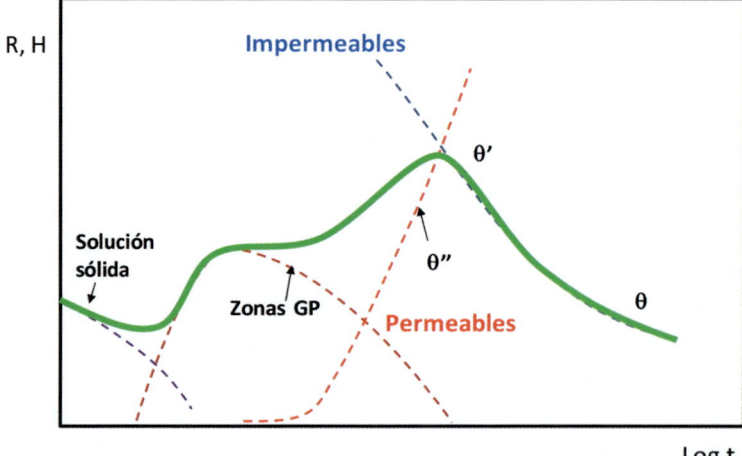

Figura 31. Evolución de la resistencia mecánica o dureza en función del tiempo de envejecimiento en una aleación Al-Cu. Fuente: elaboración propia.

Objetivos

Realizar tratamientos térmicos de endurecimiento por precipitación a diferentes temperaturas para una aleación de aluminio 2XXX.

Evaluar las formas de las curvas de precipitación dureza-tiempo con objeto de optimizar el tratamiento térmico.

Caracterizar microestructuras de una aleación Al-Cu de la colección del laboratorio.

Parte experimental

Paso 1. Preparación de muestras

Desbastar las superficies de las probetas de aluminio hasta grado P120.

Paso 2. Endurecimiento por precipitación

Introducir las muestras en el horno a 535 °C durante 30 minutos y templar en agua. Envejecer o madurar las muestras a las temperaturas y tiempos indicados en la Tabla 9 (las muestras se enfrían en agua después de sacarlas del horno). Nota: el fenómeno de envejecimiento natural afecta notablemente a los valores de dureza, por lo que se deben evitar esperas innecesarias en el desarrollo de la práctica. Asimismo, una vez tratadas las muestras, no se deben desbastar de nuevo, puesto que se aceleraría el proceso de envejecimiento.

**Tabla 9. Valores de dureza (escala Rockwell B)
de las muestras de aluminio ensayadas**

t(min)	Envejecimiento natural	250 °C	300 °C	350 °C
2				
6				
10				
20				
30				
40				
60				

Fuente: elaboración propia.

Paso 3. Medidas de dureza

2 medidas de dureza Rockwell por muestra, según norma ASTM E18 (escala B), para cada tiempo de tratamiento.

Paso 4. Caracterización microestructural

En caso de ser necesario, preparar metalográficamente mediante pulido con α-alúmina y posterior ataque con mezcla de ácidos (reactivo 5, 10-20 s) las siguientes probetas Al-4Cu de la colección del laboratorio (Tabla 10). Adquirir las micrografías necesarias para el informe de laboratorio.

**Tabla 10. Probetas Al-Cu obtenidas por moldeo
y con varios tratamientos térmicos**

X16	Moldeo en arena
X14	Moldeo + TT solubilización + temple
X15	Moldeo + TT solubilización + temple + envejecimiento

Fuente: elaboración propia.

Informe

El informe final deberá incluir los siguientes apartados. El porcentaje indica el peso en la calificación de la práctica (la calidad del informe tiene un peso de 10%).

Introducción (10%), Objetivos (5%) y Parte experimental (5%)

— Descripción breve de fundamentos teóricos, objetivos y metodología de la práctica.

Resultados y discusión

— Discusión razonada de los resultados obtenidos de dureza-tiempo para distintas temperaturas (25%).

– Micrografías de las probetas X14, X15 y X16 donde se señalen los distintos microconstituyentes. Justificación de las microestructuras observadas (25%).

Conclusiones/Bibliografía (10%)

Cuestiones (10%)

1. ¿Cuál es la secuencia de precipitación en la aleación 7075-T6? ¿Qué ventaja ofrece el tratamiento térmico T77 frente al T6? Cite las fuentes consultadas.

Práctica 5. Caracterización de aleaciones base Al

Introducción

El Al destaca por su baja densidad, elevada conductividad eléctrica/térmica, fácil procesado y buen acabado superficial. La incorporación de aleantes, los procesos de forja y los tratamientos térmicos mejoran considerablemente su resistencia específica. Estas características explican su ubicuidad en sectores tan variados como transporte, construcción, envasado y consumibles. El sistema de designación se basa en los elementos aleantes principales y el proceso de fabricación (Tabla 11).

Tabla 11. Sistema de designación de aleaciones de aluminio según (H35.1/H35.1M 2017)

Aleaciones de forja		Aleaciones de moldeo	
1XXX	Al 99,00% min	1XX.X	Al 99,00% min
2XXX	Cu	2XX.X	Cu
3XXX	Mn	3XX.X	Si con Cu y/o Mg
4XXX	Si	4XX.X	Si
5XXX	Mg	5XX.X	Mg
6XXX	Mg y Si	7XX.X	Zn
7XXX	7n	8XX.X	Sn
8XXX	Fe, Li, Ni, etc.	9XX.X	Otros elementos
9XXX	Sin asignar	6XX.X	No usadas

Fuente: elaboración propia.

Adicionalmente, se distingue entre aleaciones no tratables térmicamente (ej. 1XXX, 3XXX, 5XXX, 4XX.X) y tratables térmicamente (ej. 2XXX, 6XXX, 7XXX, 3XX.X). La nomenclatura de las aleaciones de aluminio se completa con varios dígitos (Tabla 12). Por ejemplo, 2024-T3 indica que se trata de una aleación de forja, con Cu como aleante principal y que ha recibido un tratamiento que incluye solubilización, trabajo en frío y envejecimiento natural.

Tabla 12. Designación de tratamientos en aleaciones de Al (H35.1/H35.1M 2017)

Consultar la norma correspondiente para ver la versión más actualizada	
F De fábrica *O Recocido* (solo forja) O1 – Elevada T y enfriamiento lento *W Solubilización* Para aleaciones con envejecimiento espontáneo después de tratamiento de solubilización. Se debe indicar el tiempo de envejecimiento natural. Ej. W ½hr	*T Tratamiento térmico* T1 – Enfriar desde Tconformado y envejecimiento natural T2 – Enfriar desde Tconformado, trab. en frío y envejecimiento natural T3 – Solubilización, trabajo en frío y envejecimiento natural T4 – Solubilización y envejecimiento natural T5 – Temple desde Tconformado y envejecimiento artificial T6 – Solubilización y envejecimiento artificial T7 – Solubilización y estabilizado/sobreenvejecido T8 – Solubilización, trabajo en frío y envejecimiento artificial T9 – Solubilización, envejecimiento artificial y trabajo en frío T10 – Temple desde Tconformado, trab. en frío y envejecimiento artificial TXXX – Variaciones
H Trabajado en frío H1 – Trabajo en frío H2 – Trabajo en frío y recocido parcial H3 – Trabajo en frío y estabilizado H4 – Trabajo en frío y lacado o pintado	HX2 – 25% endurecido HX4 – 50% endurecido HX6 – 75% endurecido HX8 – >75% endurecido HX9 – UTS>HX8 (>14 MPa) X1, X3, X5, X7 – situaciones intermedias HXXX – variaciones

Fuente: elaboración propia.

Las microestructuras de las aleaciones de aluminio varían considerablemente en función del procesado e historia térmica. De forma resumida, se describen a continuación las características microestructurales de las aleaciones de forja y de moldeo.

Aleaciones de forja

a) Matriz de Al

Los granos pueden ser equiaxiales o alargados dependiendo del grado de deformación y de la extensión de procesos posteriores de recuperación, recristalización y crecimiento de grano:

– Granos alargados con una alta densidad de dislocaciones: típico de aleaciones deformadas sin tratamiento térmico posterior.
– Granos alargados con subgranos: se observan en aleaciones deformadas en caliente cuando ocurre el fenómeno de *recuperación dinámica* y que,

en el caso de aleaciones con alta energía de falta de apilamiento como el aluminio, se caracteriza por la formación de subgranos (ángulo de desorientación <15°). Los subgranos también suelen ser visibles después del tratamiento de solubilización en aleaciones con dispersoides, puesto que estos obstaculizan el movimiento de dislocaciones.

- Granos equiaxiales: típicos de aleaciones donde se ha completado la recristalización. Conviene mencionar que los granos resultantes del proceso de recristalización pueden ser también alargados en aquellos casos donde la cantidad de dispersoides es elevada.

b) Compuestos intermetálicos de gran tamaño (0.5-10 µm)

Suelen formarse por reacción eutéctica durante la solidificación del lingote y se localizan en espacios interdendríticos en la estructura de moldeo. Se diferencian dos tipos: (i) insolubles con impurezas como Fe y Si. Los ejemplos más comunes son Al_3Fe, $Al_6(Fe,Mn)$, $Al(Fe,Mn,Si)$ y Al_7Cu_2Fe, y (ii) solubles con elementos aleantes principales. Ejemplos típicos son Al_2Cu, Al_2CuMg, Mg_2Si, $MgZn_2$ y Mg_2Al_3. Procesos posteriores al moldeo como homogeneización, deformación y solubilización dan lugar a la fragmentación y alineación de estos compuestos intermetálicos, y una disminución de la proporción de los de tipo soluble. Su importancia en las propiedades mecánicas es menor en comparación con otros tipos de precipitados más finos.

c) Partículas submicrométricas o dispersoides (0.05-0.5 µm)

Precipitan durante la etapa de homogeneización de los lingotes. Contienen metales de transición con solubilidad moderada y escasa capacidad de difusión en Al (ej. $Al_{20}Mn_3Cu_2$, $Al_{12}Mg_2Cr$, Al_3Zr). Retrasan la recristalización y crecimiento de grano durante tratamientos térmicos posteriores, siendo difícil que se solubilicen o que aumenten de tamaño. Como resultado de su presencia se obtienen aleaciones con mejores propiedades mecánicas.

d) Precipitados finos o endurecedores (<0.1 µm)

Se forman durante la etapa de envejecimiento natural o artificial. Debido a su pequeño tamaño son difícilmente observables mediante microscopía óptica.

Son los precipitados que mayor efecto ejercen en las propiedades mecánicas. En ocasiones, se observan *zonas libres de precipitados* en la proximidad de límites de grano debido a la nucleación heterogénea y crecimiento de precipitados de mayor tamaño en dichos límites. En la Figura 32 se esquematizan las microestructuras más habituales de aleaciones de aluminio de forja.

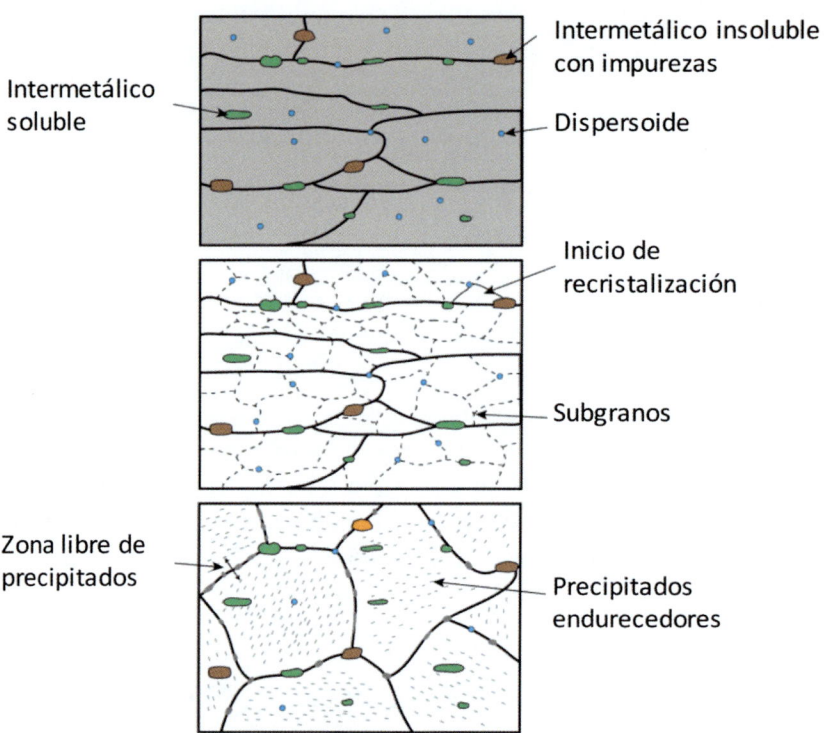

Figura 32. Esquemas de las microestructuras típicas de aleaciones de Al de forja. El fondo grisáceo del primer esquema representa un elevado número de dislocaciones y que no son visibles por microscopía óptica. Los precipitados endurecedores pueden estar también presentes en los dos primeros esquemas. Fuente: elaboración propia.

Aleaciones de moldeo

Las aleaciones de las series 4XX.X y 3XX.X son con diferencia las aleaciones de moldeo más utilizadas. Los motivos son su excelente fluidez en estado fundido, baja contracción durante la solidificación y buena resistencia a la corrosión.

La mayoría son de tipo hipoeutéctico, aunque las hipereutécticas son especialmente interesantes cuando se requiere un buen comportamiento a desgaste. A nivel microestructural se distinguen los siguientes microconstituyentes:

a) Fase primaria

En aleaciones hipoeutécticas se forman dendritas de α-Al con sus característicos brazos primarios, secundarios y en ocasiones terciarios. El espaciado entre brazos secundarios afecta directamente a las propiedades mecánicas, obteniéndose mejores prestaciones para espaciados pequeños. En procesos de moldeo por vía semisólida las dendritas evolucionan a formas globulares.

En aleaciones hipereutécticas se forman cristales de Si de tamaño relativamente grande y que con frecuencia están rodeados de fase α-Al debido a un empobrecimiento en Si en el líquido circundante. Es posible obtener Si primario de menor tamaño y distribución más uniforme mediante la adición de P.

b) Eutéctico Al-Si

Para velocidades de enfriamiento lentas o moderadas, el Si del agregado eutéctico adopta una forma acicular y, por tanto, indeseable desde el punto de vista del comportamiento mecánico. Es posible obtener aleaciones más resistentes y dúctiles cuando el Si adquiere morfología fibrosa. Para ello se recurre a enfriamiento rápido y/o adición de modificadores químicos como Na o Sr.

c) Compuestos intermetálicos

En aleaciones Al-Si, los compuestos intermetálicos más comunes son las fases β-AlFeSi y α-AlFeSi. El primero presenta una morfología de agujas (2D) o placas (3D), mientras que el segundo suele presentar morfología de escritura china o ligeramente globular. Conviene minimizar la formación de β-AlFeSi debido a que las agujas que se forman actúan como concentradores de tensiones disminuyendo la ductilidad de estas aleaciones. En la Figura 33 se muestran los esquemas de las microestructuras típicas de aleaciones Al-Si.

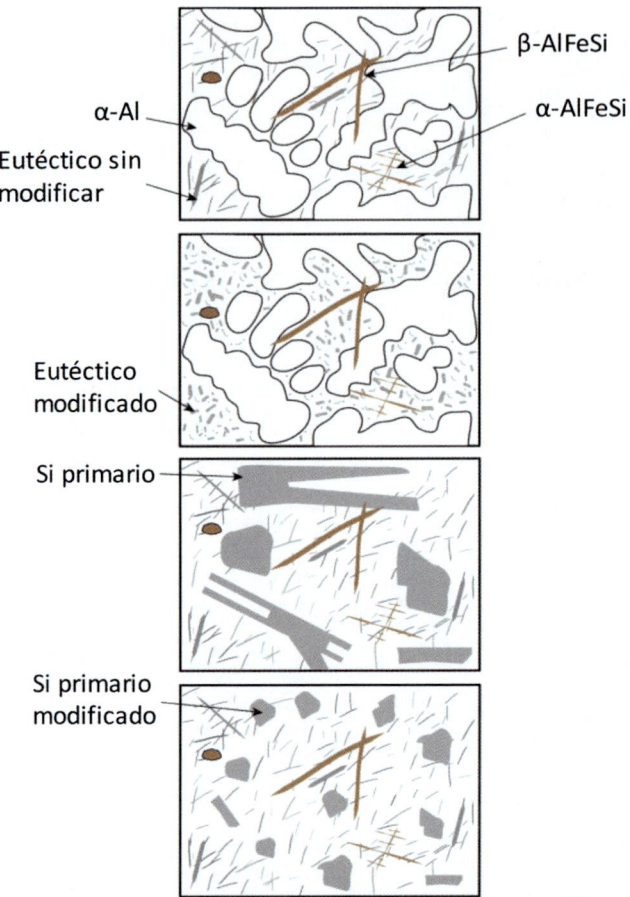

Figura 33. Esquemas de las microestructuras típicas de aleaciones de moldeo (en las aleaciones de la serie 3XX.X también pueden formarse precipitados endurecedores de pequeño tamaño). Fuente: elaboración propia.

Objetivos

Caracterizar distintas microestructuras de aleaciones base aluminio.

Parte experimental

Se prepararán distintas probetas de aleaciones de aluminio de forja y moldeo, estudiando su microestructura con un microscopio óptico de reflexión (microscopio metalográfico) y evaluando su procesado para conseguir tales microestructuras (Tabla 13). Se pulirán y atacarán las superficies de las probetas para su caracterización metalográfica. En el pulido final de las probetas deberá utilizarse sílice coloidal.

En aquellas probetas que se considere necesario, también se adquirirán micrografías antes del ataque metalográfico.

Tabla 13. Colección probetas de aleaciones de aluminio

Sistema	Aleación	Composición	Tratamiento
Al-Si	A361	10,5% Si; 0,53% Fe; 0,35% Mg; 0,12% Mn; 0,10% Cu	Moldeo a presión
	A356-M	6,8% Si; 0,153% Fe; 0,37% Mg; 0,0006% Mn; 0,14% Ti; 0,0004% Sr	Molde metálico
	A356-RC	6,7% Si; 0,15% Fe; 0,37% Mg; 0,15% Ti	Rheocasting
	Al-14Si	14% Si; 0,5% Fe; 0,10% Mn	Molde de arena
Al-Mg	5086-ST	4,1% Mg, 0,45% Mn; 0,1% Cr; 0,34% Fe; 0,24% Si; 0,03% Cu	Solubilización y temple
	5086-SE		Sobrenvejecimiento
Al-Cu	2024	4,54% Cu; 1,51% Mg; 0,63% Mn; 0,17% Fe; 0,08% Zn; 0,06% Si; 0,03% Ti; 0,01% Cr	Forja
Al-Zn-Mg-Cu	7075	5,6% Zn; 2,5% Mg; 1,6% Cu; 0,2% Fe; 0,2% Si; 0,05% Ti; 0,02%Mn; 0,2%Cr	Forja

Ataque: 0,5 mL HF + 1,5 mL HCl + 2,5 mL HNO_3 + 95 mL H_2O durante 15-30 s.
Fuente: elaboración propia.

Informe

El informe final deberá incluir los siguientes apartados. El porcentaje indica el peso en la calificación de la práctica (la calidad del informe tiene un peso de 10%).

Introducción (10%), Objetivos (5%) y Parte experimental (5%)

- Descripción breve de fundamentos teóricos, objetivos y metodología de la práctica.

Resultados y discusión (45%)

– Micrografías a distintos aumentos donde se señalen los distintos
  microconstituyentes. Descripción y justificación de cada microestructura ayudándose de los diagramas de equilibrio correspondientes
  (Figura 34).

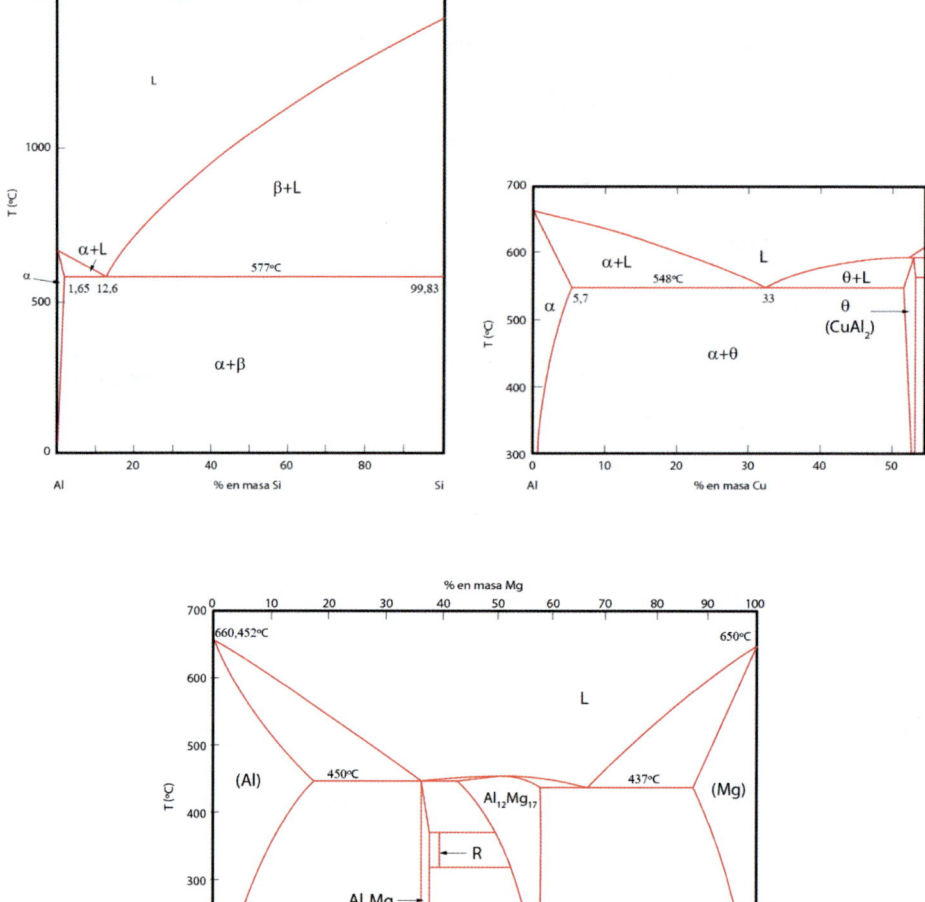

Figura 34. Diagramas Al-Si, Al-Cu y Al-Mg (Arrabal 2017).

Conclusiones/Bibliografía (10%)

Cuestiones (15%)

1. Incluya y describa una micrografía de la aleación AlSi10Mg obtenida por manufactura aditiva.

Práctica 6. Caracterización de aleaciones base Cu

Introducción

El cobre y sus aleaciones destacan por su excelente conductividad eléctrica y térmica, facilidad de fabricación, resistencia mecánica razonable, ductilidad, soldabilidad y elevada resistencia a la corrosión y al bioensuciamiento. Por tanto, son capaces de satisfacer un gran número de necesidades a nivel tecnológico. Adicionalmente, por su buena apariencia, se utilizan frecuentemente con fines decorativos y arquitectónicos. Existen más de 400 tipos materiales base cobre e históricamente han ido surgiendo numerosos términos, lo que ha dado lugar a cierta confusión en su clasificación. En la Tabla 14 se muestra uno de los sistemas de clasificación y designación más conocidos.

Tabla 14. Clasificación y designación de materiales base cobre según UNS

UNS	Familia	Aleantes
Forja		
C10100-C15999	Cobres	-
C16000-C19999	Aleaciones con alto contenido en Cu	-
C20000-C49999	Latones	Zn
C50000-C69999	Bronces	Sn
C70000-C73499	Cuproníqueles	Ni
C73500-C79999	Plata alemana	Ni+otros
Moldeo		
C80000-C81399	Cobres	-
C81400-C83299	Aleaciones con alto contenido en Cu	-
C83300-C89999	Latones	Zn
C90000-C95999	Bronces	Sn
C96000-C96999	Cuproníqueles	Ni
C97000-C97999	Plata alemana	Ni+otros
C98000-C98999	Cobres al plomo	Pb

Fuente: elaboración propia.

Cobres

El cobre puro es el metal comercial que presenta la mayor conductividad eléctrica y térmica, lo que justifica su elevada importancia como material ingenieril. En función de su contenido en oxígeno, fósforo e impurezas se distinguen múltiples tipos de cobre puro. El cobre C11000 (99,90%Cu) o Cu ETP (Electrolytic tough pitch) es el más común en aplicaciones eléctricas. Debido a su composición, suelen presentar microestructuras monofásicas con las típicas maclas procedentes del proceso de deformación y recocido.

Latones

Aleaciones Cu-Zn con un contenido en Zn que no suele superar el 40% en masa. Presentan excelente conductividad térmica, siendo muy común su uso en intercambiadores de calor. En base al diagrama de fases Cu-Zn (Figura 35), los latones se clasifican en dos grupos de importancia tecnológica: latones α y latones α + β.

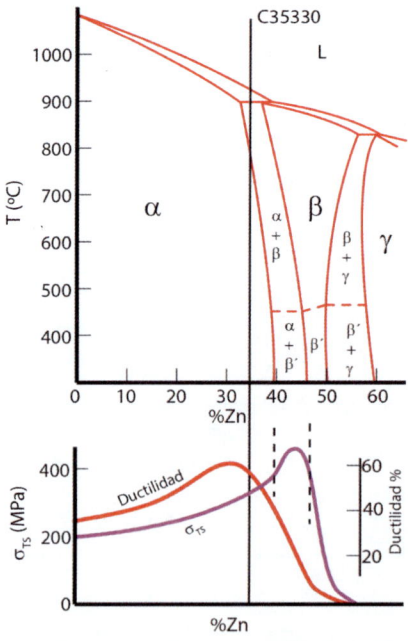

Figura 35. Diagrama Cu-Zn y evolución de la resistencia a tracción y ductilidad en función del contenido en Zn. Fuente: adaptado de Austral Wright Metals - AZoM 2008.

Latones α (0-39%Zn)

La elevada ductilidad de este tipo de latones se asocia a la estructura FCC del Cu-α. La mejor combinación de resistencia y ductilidad se consigue para un 30%Zn, siendo un sistema muy común en procesos de embutición. Esto explica que este sistema también se conozca como *latón de cartuchería*. La microestructura de estos latones es eminentemente monofásica.

Latones α+β (39-46,6%Zn)

Cuando el contenido en Zn es próximo al 40%, los latones adquieren una estructura dúplex con presencia de las fases α y β. El *metal Muntz* (C28000) es quizás el ejemplo más representativo. La presencia de fase β, con estructura cúbica centrada en el cuerpo, disminuye la ductilidad. Esto justifica que, para estos latones, se prefiera el conformado en caliente. Asimismo, la presencia de fase β abre la posibilidad de llevar a cabo tratamientos térmicos, lo que permite un rango más amplio de propiedades.

En los latones, a parte del Zn, otros aleantes como Sn, Al, Si, Mn, Ni y Pb pueden estar también presentes (<4%), lo que da lugar a los denominados *latones aleados*. Los latones al Pb (2-3%Pb) presentan microestructuras con inclusiones de Pb prácticamente puro, debido a su baja solubilidad en Cu. Los latones al Sn destacan por su excelente resistencia a la corrosión en agua de mar (ej. *latón de almirantazgo*/C44300/71Cu28Zn1Sn y *latón naval*/C46400/60Cu39.25Zn0.75Sn), aunque se han ido reemplazando por *latones al Al*. En ambos casos y en otros latones (al Mn, al Ni, etc.) no se observan cambios significativos a nivel estructural, puesto que los aleantes están en solución sólida.

Bronces

Las aleaciones Cu-Sn (2-25%Sn) se conocen tradicionalmente como bronces o bronces al Sn. Destacan por su elevada resistencia mecánica y buen comportamiento a desgaste y corrosión. El P se suele utilizar como desoxidante durante la operación de moldeo, quedando algo de P residual (~0,1%P). Por este motivo, a veces también se denominan *bronces fosforosos*. En función del nivel de P, a veces es posible observar el compuesto intermetálico Cu_3P, el cual aporta dureza y resistencia.

En el caso de bronces que contienen Zn y Pb y más de 90%Cu se utiliza el término de *bronces rojos*, muy comunes en rodamientos. Su principal característica a nivel microestructural es la presencia de inclusiones de Pb.

La solubilidad del Sn en Cu es relativamente baja. A pesar de ello, los bronces de forja suelen presentar una estructura monofásica, debido a la lentitud de las transformaciones que predice el diagrama Cu-Sn (Figura 36). En el caso de bronces de moldeo es común observar fases α y δ debido a una marcada segregación del Sn.

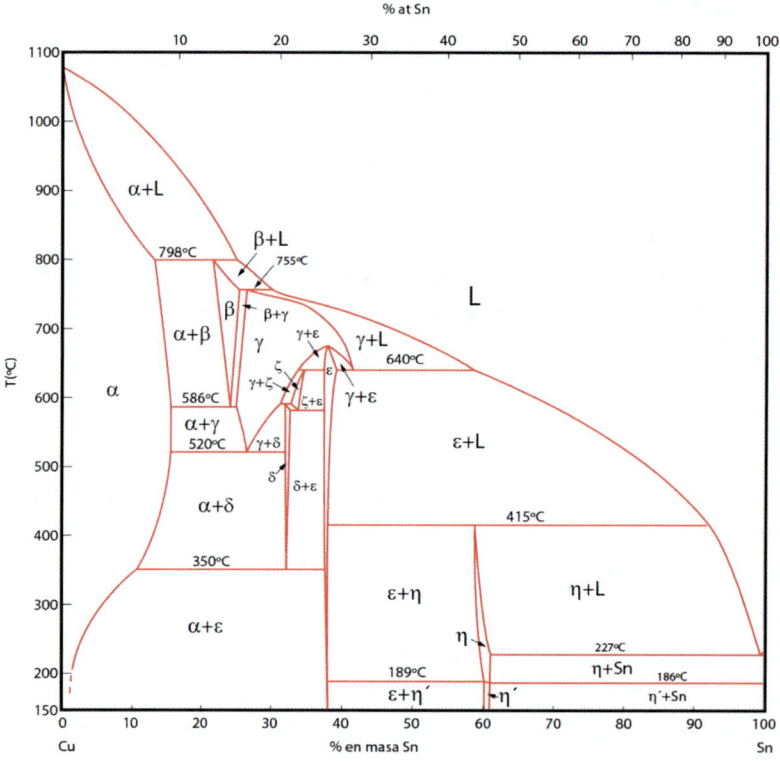

Figura 36. Diagrama Cu-Sn (Arrabal 2017).

Bronces de Al o cuproaluminios

Estas aleaciones presentan una atractiva combinación de propiedades mecánicas y comportamiento a corrosión (forman una fina capa de Al_2O_3 en su superficie). Su contenido en Al oscila entre un 5 y 11%, siendo monofásicas cuando

<8%Al. Para contenidos superiores, se forman las fases β y γ_2 (Figura 37). En condiciones de enfriamiento rápido o temple, β transforma a β' (martensita) por transformación adifusional.

A nivel industrial se prefieren estructuras de tipo martensítico sin formación de γ_2, debido a que esta última aporta excesiva fragilidad y reduce la resistencia a la corrosión. La incorporación de aleantes como Fe y Ni, típicamente en cantidades combinadas inferiores al 5%, inhibe la formación de γ_2, formando fase κ en su lugar. Esta fase κ, rica en Al, Fe y Ni, mejora las propiedades mecánicas y no afecta significativamente al comportamiento a corrosión.

Otras aleaciones base cobre relevantes a nivel comercial incluyen los sistemas Cu-Si, Cu-Be, Cu-Ni, Cu-Te y Cu-Ni-Zn (plata alemana). La mayoría de ellas presentan microestructuras monofásicas y ocasionalmente inclusiones ricas en el aleante correspondiente. Destacan las aleaciones Cu-Be, por ser las aleaciones de cobre más resistentes y por su capacidad para endurecer por precipitación.

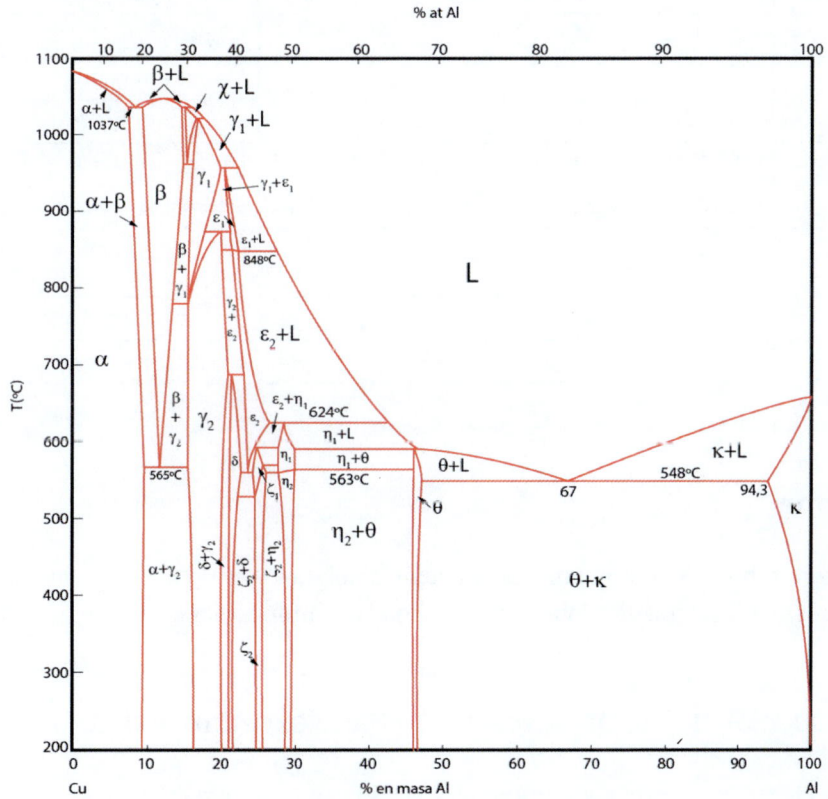

Figura 37. Diagrama Cu-Al (Arrabal 2017).

Objetivos

Caracterizar distintas microestructuras de aleaciones base cobre.

Parte experimental

Se prepararán distintas probetas de aleaciones base cobre (latones y bronces) obtenidas por forja y moldeo, estudiando su microestructura con un microscopio óptico de reflexión (microscopio metalográfico) y evaluando su procesado para conseguir tales microestructuras (Tabla 15). En aquellas probetas que se considere necesario, también se adquirirán micrografías antes del ataque metalográfico.

Tabla 15. Colección probetas de cobres y aleaciones de cobre

Aleación	Composición	Tratamiento
C-3	99,2%Cu; 0,3-0,5%As; 0,1% <O	Moldeo
C-4	<0,08%P	Moldeo en coquilla
C-6	99,5% Cu; 0,5% Te	Extrusión
D-6	90% Cu; 10% Sn; 0,79% Fe; 0,43% Mg; 0,09% Ti	Moldeo en coquilla
B-11	60% Cu; 40% Zn; 0,5%max Pb	Extrusión + trefilado
V-1	80% Cu; 20% Zn	Extrusión + trefilado en frío hasta condición semiduro
E-1	98,2% Cu; 11,8% Al	Moldeo en coquilla
E-5	89,9% Cu; 10% Al; 0,15%max Pb	Extrusión + temple

Ataque: solución alcohólica $FeCl_3$ durante 30-60 s.
Fuente: elaboración propia.

Informe

El informe final deberá incluir los siguientes apartados. El porcentaje indica el peso en la calificación de la práctica (la calidad del informe tiene un peso de 10%).

Introducción (10%), Objetivos (5%) y Parte experimental (5%)

- Descripción breve de fundamentos teóricos, objetivos y metodología de la práctica.

Resultados y discusión (45%)

− Micrografías a distintos aumentos donde se señalen los distintos micro-constituyentes. Descripción y justificación de cada microestructura ayudándose de los diagramas de equilibrio correspondientes (Figura 35, Figura 36, Figura 37, Figura 38, Figura 39).

Conclusiones/Bibliografía (10%)

Cuestiones (15%)

1. Incluya la micrografía de un bronce de aluminio y níquel (NAB) y señale sus microconstituyentes. Cite la fuente consultada.

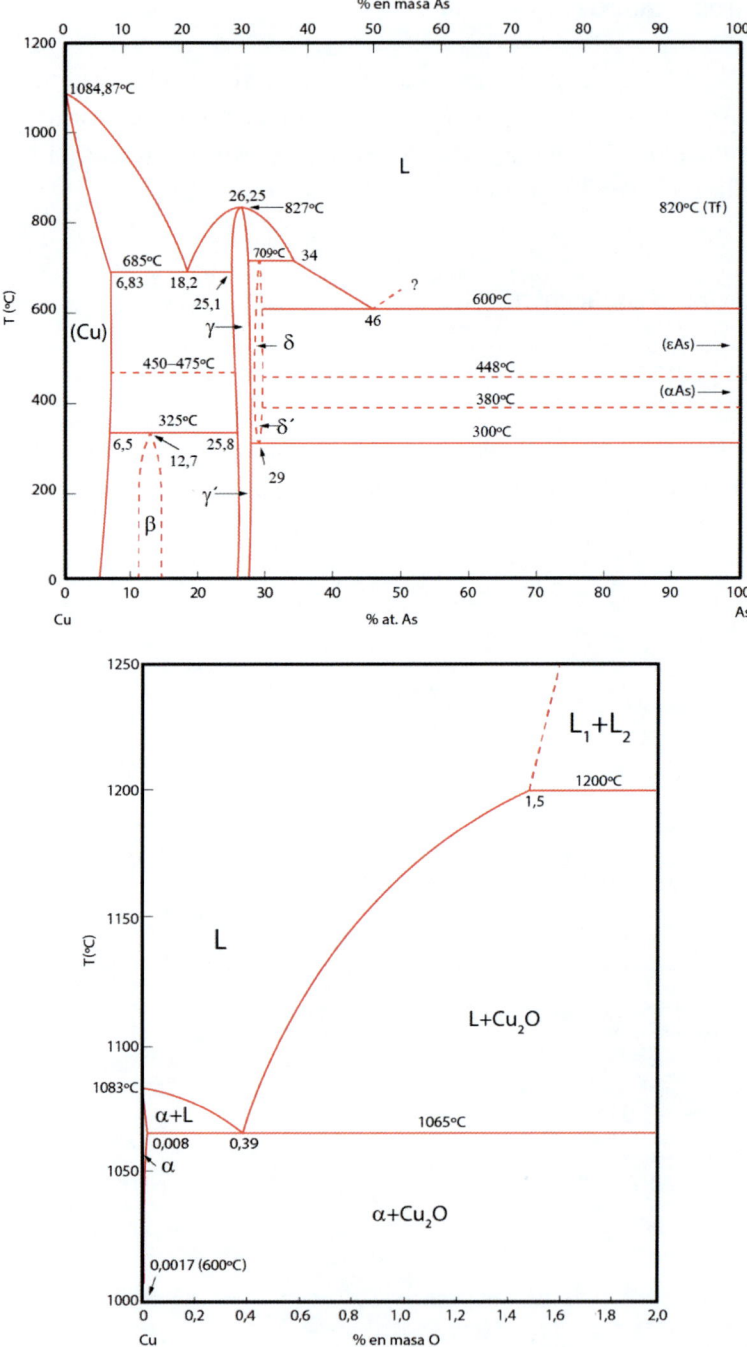

Figura 38. Diagramas Cu-As y Cu-O (Arrabal 2017).

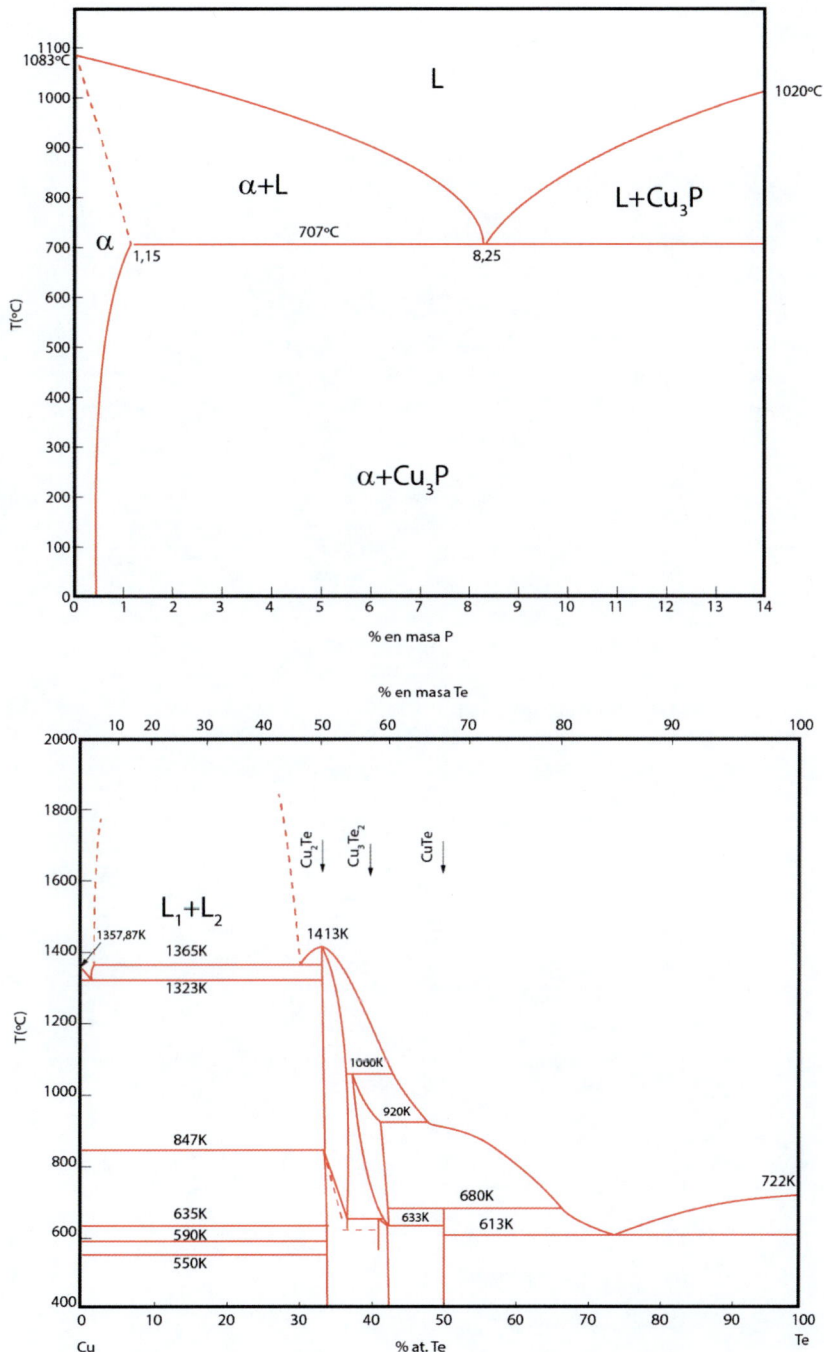

Figura 39. Diagramas Cu-P y Cu-Te (Arrabal 2017).

Práctica 7. Caracterización de aleaciones base Mg y base Ti

Introducción

Aleaciones de Ti

Las aleaciones de Ti presentan baja densidad (4,42-4,76 g cm^{-3}, ~45% inferior a los aceros), alta resistencia específica y excepcionalmente alta resistencia frente a la corrosión en la mayoría de los medios acuosos neutros y ácidos. Además, son aptas para aplicaciones hasta una temperatura máxima de servicio de 600 °C. Estas propiedades justifican su importancia tecnológica como materiales estructurales en industrias altamente exigentes como la aeronáutica.

El Ti puro existe en dos formas alotrópicas: fase α, hexagonal compacta (<882 °C), y fase β, cúbica centrada en el cuerpo (>882 °C). Los elementos aleantes en aleaciones de Ti se clasifican en α-estabilizadores (Al, O, N, C), β-isomorfos (V, Mo, Nb, Ta), β-eutectoides (Fe, Mn, Cr, Ni, Cu, Si, H) y neutros (Zr, Sn) en función de su efecto sobre los rangos de estabilidad de las fases α y β.

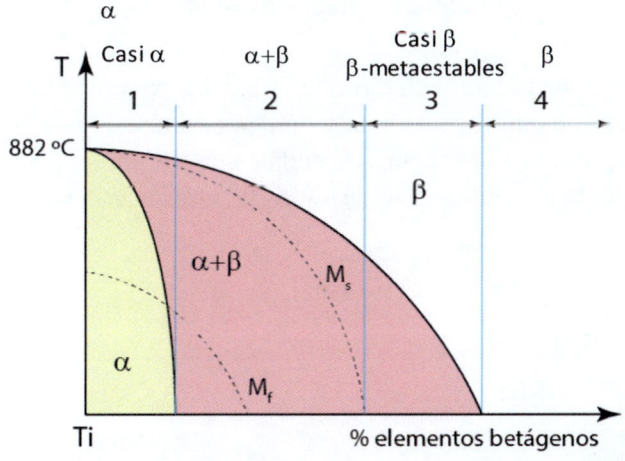

Figura 40. Clasificación de aleaciones de Ti en función del contenido de elementos β-estabilizadores. Fuente: elaboración propia.

Aunque las aleaciones de Ti más importantes contienen múltiples elementos, es posible utilizar el diagrama esquemático de la Figura 40 para clasificarlas en cinco grupos: α, casi α, α+β, casi β y β. Adicionalmente a estas fases, las aleaciones de Ti también pueden presentar fases martensíticas (α', α'' o α''') y otras metaestables (ω, β_1, etc.); todas ellas proceden de la transformación de la fase β, o bien durante el temple o bien en tratamientos térmicos posteriores, aunque solo para temperaturas comprendidas entre los 100 y 500 °C, puesto que a temperaturas más elevadas la fase β transforma directamente a fase α.

La Figura 41 muestra ejemplos de las microestructuras más comunes en aleaciones de Ti. Las microestructuras bifásicas son representativas de las que puede presentar la aleación Ti-6Al-4V. Se trata de la aleación α+β más común y ocupa un 56% del mercado total del Ti, debido a un equilibrio excepcional entre resistencia mecánica, ductilidad, resistencia a fatiga y tenacidad de fractura y que se mantiene hasta 300 °C.

Equiaxial   **Laminar**   **Bimodal**

Figura 41. Ejemplos de microestructuras comunes en aleaciones de Ti.
Fuente: elaboración propia.

Las secuencias de tratamiento térmico utilizadas para obtener las microestructuras equiaxial o globular, laminar y dúplex o bimodal se esquematizan en la Figura 42. La temperatura alcanzada en la etapa III, por encima o debajo de $\beta_{transus}$, y la velocidad de enfriamiento son los factores más determinantes en la microestructura final.

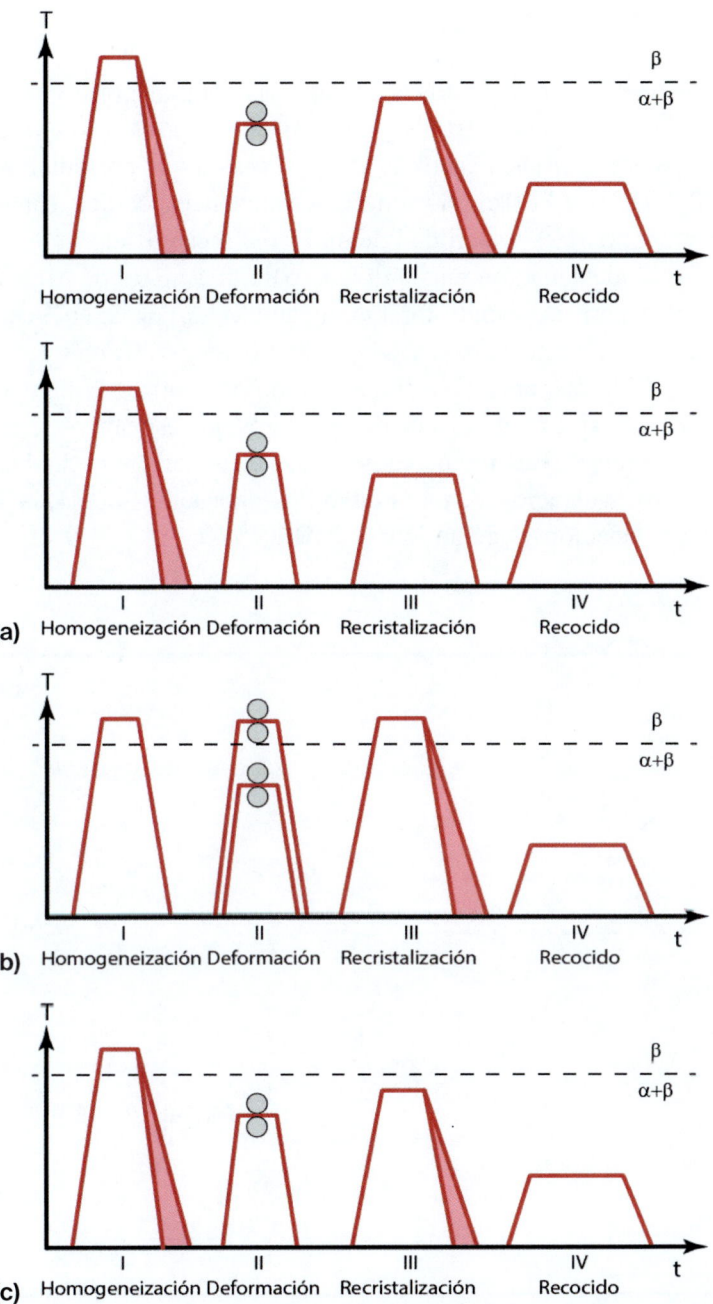

Figura 42. Secuencias de tratamiento necesarias para la obtención de las estructuras (a) equiaxial o globular, (b) laminar y (c) dúplex o bimodal (Arrabal 2017).

Aleaciones de Mg

La necesidad de aligerar vehículos en la industria del transporte, con objeto de reducir el consumo de combustible y la emisión de gases contaminantes, ha renovado el interés por las aleaciones de Mg, puesto que presentan muy baja densidad (2/3 Al y 1/4 Fe), extraordinaria resistencia específica, capacidad de absorción de vibraciones y facilidad de moldeo y mecanizado.

El sistema de designación más utilizado para aleaciones de Mg es el establecido por la American Society for Testing and Materials, el cual consiste en un código de cuatro dígitos; dos letras que identifican los aleantes mayoritarios (A: aluminio, E: tierras raras, H: torio, K: circonio, L: litio, M: manganeso, Q: plata, S: silicio, Z: zinc) seguidas de dos números que especifican sus porcentajes correspondientes. En ciertas ocasiones, se añade una letra final para indicar la versión de la aleación. Así, por ejemplo, la aleación AZ91D es la cuarta versión de esta aleación, que contiene 9% Al y 1%Zn.

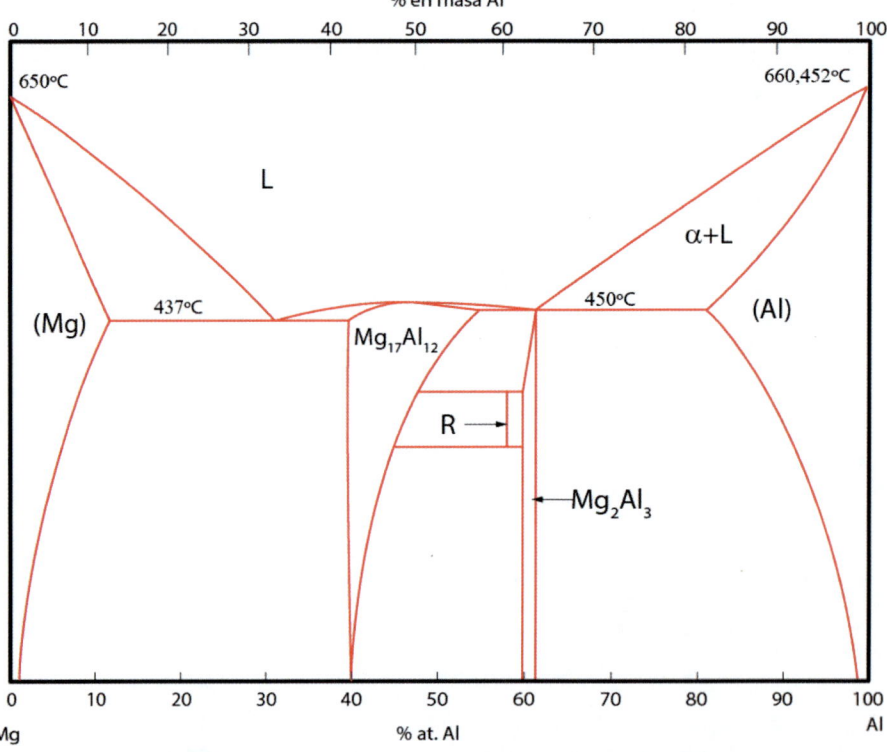

Figura 43. Diagrama de fases Mg-Al (Arrabal 2017).

Las aleaciones Mg-Al son las que históricamente han tenido un mayor interés. Esto se debe a que la adición de Al no incrementa en exceso la densidad, facilita las operaciones de moldeo y permite además obtener una combinación óptima de resistencia mecánica, dureza y comportamiento frente a la corrosión. Cuando el contenido en Al es inferior al 2%, la microestructura de las aleaciones Mg-Al es predominantemente monofásica, mientras que la fase β-$Mg_{17}Al_{12}$ precipita para porcentajes superiores (Figura 43).

La fase β-$Mg_{17}Al_{12}$ puede presentar múltiples morfologías en función de la composición de la aleación, velocidad de enfriamiento durante la solidificación y temperatura empleada en tratamientos térmicos posteriores a la solubilización y temple.

a) Precipitación discontinua de fase β-$Mg_{17}Al_{12}$

Para velocidades de enfriamiento lentas y en aleaciones con bajo contenido en Al (por debajo del máximo de solubilidad en α-Mg) se cumple el diagrama de equilibrio, produciéndose lo que se conoce como *precipitación discontinua* de la fase β-$Mg_{17}Al_{12}$. Este término hace referencia a las celdas de agregado laminar α-Mg + β-$Mg_{17}Al_{12}$ que nuclean y crecen a partir de los límites de grano (Figura 44a). En esta transformación celular en estado sólido, el límite de grano de la fase α-Mg se desplaza a la vez que avanzan las láminas del precipitado β-$Mg_{17}Al_{12}$, de forma que la fase α-Mg se empobrece continuamente en Al, formando un límite de grano continuo hasta que finaliza la precipitación. Este mecanismo difiere notablemente de otros más comunes donde se forman fases alotriomórficas y placas tipo Widmanstätten.

b) Precipitación continua de fase β-$Mg_{17}Al_{12}$

Al igual que la precipitación discontinua, se trata de una transformación en estado sólido. La principal diferencia es que, en la *precipitación continua*, la fase β-$Mg_{17}Al_{12}$ nuclea y crece en el interior de los granos de α-Mg en forma de placas o listones, aunque también se forma en límites de grano (Figura 44b). Este fenómeno no ocurre durante la solidificación, sino que se da en tratamientos térmicos de envejecimiento, particularmente cuando la temperatura está próxima a la línea de solvus. Los motivos parecen estar relacionados con un mayor número de vacantes, como consecuencia del temple previo, y la elevada velocidad de difusión, ya que permite el crecimiento de los precipitados. A temperaturas de envejecimiento más bajas predomina la precipitación discontinua.

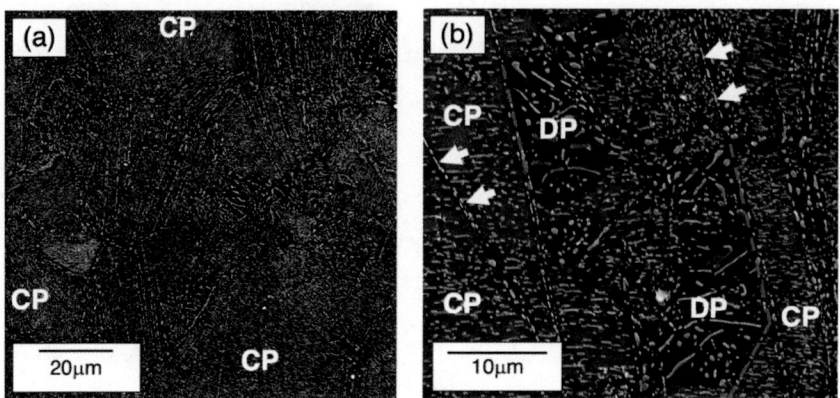

Figura 44. (a) Vista general y (b) detalles con zonas de precipitación continua (CP) y discontinua (DP) (Robson 2022).

c) Agregado eutéctico

Las aleaciones Mg-Al comerciales (3-9% Al) presentan un amplio intervalo de solidificación y son, por tanto, susceptibles de presentar defectos tales como segregación, porosidad y agrietamiento en caliente. En el caso de la segregación, el resultado más evidente es la formación de agregado eutéctico para contenidos de Al claramente inferiores al máximo de solubilidad (13% Al) y una distribución poco homogénea del Al presente en la fase primaria α-Mg.

El eutéctico α-Mg + β-$Mg_{17}Al_{12}$ puede mostrar una gran variedad de morfologías: totalmente divorciado, parcialmente divorciado, globular/fibroso y laminar (Figura 45). En ocasiones, dos o incluso tres de estas morfologías se observan simultáneamente en la misma pieza. Los dos factores más determinantes sobre el tipo de morfología predominante del eutéctico son los siguientes:

–   Contenidos en Al y Zn: a medida que aumenta la concentración de Al se sigue la secuencia anteriormente mencionada, desde completamente divorciado a laminar cuando se alcanza la composición eutéctica (33% Al), mientras que un 1-2%Zn desplaza esta secuencia hacia la izquierda (ej. de parcialmente a completamente divorciado). La mayoría de

aleaciones Mg-Al contienen menos del 9% de Al, por lo que las morfologías de tipo divorciado son las que predominan.
- Velocidad de enfriamiento: se favorecen las morfologías divorciadas cuando se incrementa la velocidad de enfriamiento.

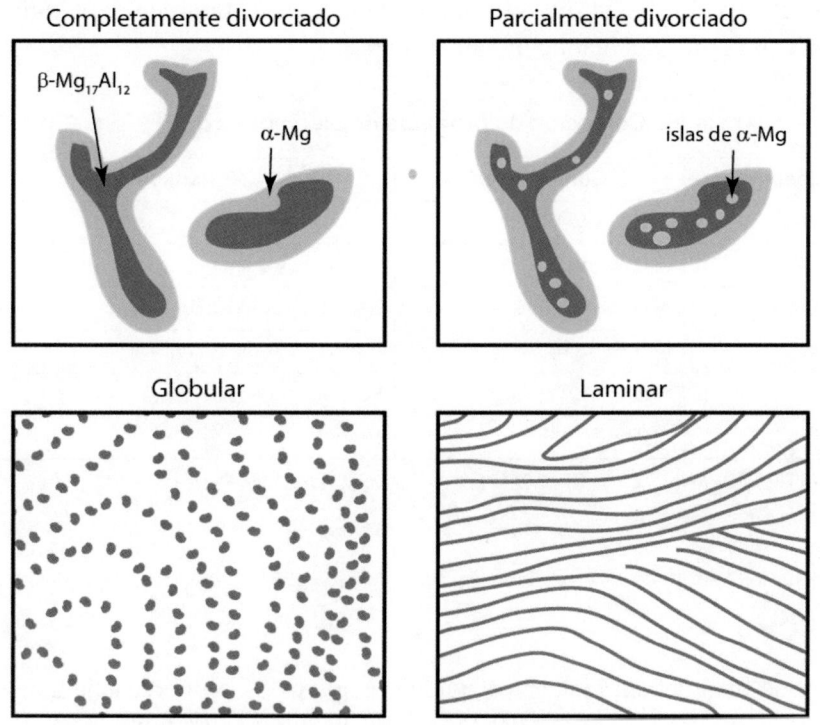

Figura 45. Morfologías posibles del eutéctico α-Mg + β-Mg$_{17}$Al$_{12}$.
Fuente: elaboración propia.

Otros elementos presentes en aleaciones Mg-Al son minoritarios y tienen poca influencia sobre la microestructura final, a excepción del Mn, el cual forma inclusiones Al-Mn con formas poligonales y que ejercen un efecto secuestrante sobre el Fe, mejorando el comportamiento a corrosión de estas aleaciones.

Objetivos

Caracterizar distintas microestructuras de aleaciones de Ti y Mg.

Parte experimental

Se prepararán distintas probetas de muestras de Ti y Mg, estudiando su microestructura con un microscopio óptico de reflexión (microscopio metalográfico) y evaluando su procesado para conseguir tales microestructuras (Tabla 16).

En aquellas probetas que se considere necesario, también se adquirirán micrografías antes del ataque metalográfico.

Tabla 16. Colección de probetas de aleaciones de Ti y Mg

Aleación	Composición	Tratamiento
Ti6Al4V-R	Al 6,3%; V 4,0%	Recristalizado
Ti6Al4V-G	Al 6,3%; V 4,0%	Recocido y enfriamiento en horno
Ti6Al4V-F	Al 6,3%; V 4,0%	Recocido y enfriamiento al aire
Ti6Al4V-D	Al 6,3%; V 4,0%	Recocido y enfriamiento al aire
AZ80	Al 8,2%; Zn 0,46%	Recristalizado
AZ91	Al 9%; Zn 1%	Moldeo

Ataque: aleaciones de Ti: 0,5 mL HF + 1,5 mL HCl + 2,5 mL HNO_3 + 95 mL H_2O durante 30-120 s.
Aleaciones de Mg: 1-3% nital durante 1-3 s.
Fuente: elaboración propia.

Informe

El informe final deberá incluir los siguientes apartados. El porcentaje indica el peso en la calificación de la práctica (la calidad del informe tiene un peso de 10%).

Introducción (10%), Objetivos (5%) y Parte experimental (5%)

— Descripción breve de fundamentos teóricos, objetivos y metodología de la práctica.

Resultados y discusión (45%)

— Micrografías a distintos aumentos donde se señalen los distintos microconstituyentes. Descripción y justificación de cada microestructura ayudándose de los diagramas de equilibrio correspondientes.

Conclusiones/Bibliografía (10%)

Cuestiones (15%)

1. Describa la microestructura de una aleación de Ti β-metaestable que haya sido envejecida. Cite correctamente la fuente consultada.

III. Corrosión y degradación

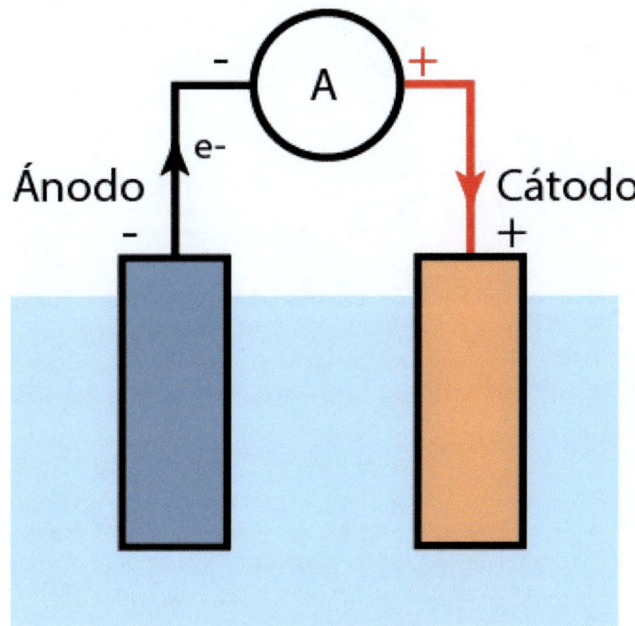

Fuente: elaboración propia.

https://dx.doi.org/10.5209/docm.001.03
Laboratorio Integrado. Raúl Arrabal Durán. © Ediciones Complutense, 2025.

Práctica 8. Fundamentos de corrosión

Medida de potenciales de corrosión

Introducción

El potencial a circuito abierto, potencial mixto o potencial de corrosión, E_{corr}, es el potencial de un material cuando está degradándose en un medio corrosivo e informa de la tendencia termodinámica a la corrosión. Valores elevados corresponden a metales nobles y valores bajos a metales activos. Sin embargo, no es posible medir la diferencia de potencial absoluta entre metal y solución. Por este motivo, se recurre al empleo de electrodos de referencia (Figura 46).

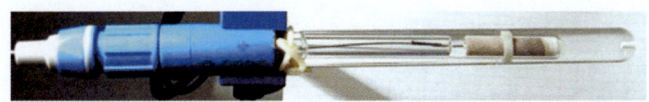

Figura 46.   Electrodo de plata/cloruro de plata (Ag/AgCl).
Fuente: Wikimedia Commons.

Objetivos

Medir potenciales de corrosión de distintos materiales metálicos en medio salino.

Parte experimental

Paso 1. Preparar 1L de disolución corrosiva: 20 g cloruro sódico, 0,5 g ferricianuro potásico, 5 mL solución alcohólica ya preparada (2 g/L fenolftaleína).
   Paso 2. Lijar con papel P120 muestras de Cu, Fe, Zn, Al, Mg y latón.
   Paso 3. En un vaso de precipitados de 250 mL con ~150 mL de disolución corrosiva enfrentar cada metal a un electrodo de referencia de Ag/AgCl (3M KCl, $E_{Ag/AgCl} = +0,210\ V_{ENH}$), conectando cada uno de ellos a uno de los bornes de un multímetro (borne negro-COM: electrodo de referencia, borne rojo-V: metal objeto de estudio) (Figura 47).

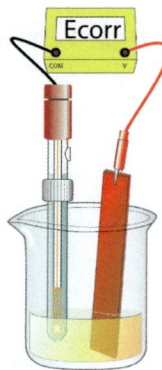

Figura 47. Montaje para medir E$_{corr}$. Fuente: elaboración propia.

Paso 4. Transcurridos unos 30 s, anotar el valor que muestra el multímetro y que corresponde a E$_{corr}$ (en protocolos normalizados se requieren 30-60 min para que E$_{corr}$ se estabilice).

$$\Delta V = E_{corr} - E_{ref} \xrightarrow{E_{ref}=0} \Delta V = E_{corr} \qquad \text{Ecuación 6}$$

Informe

El informe final deberá incluir los siguientes apartados. Los porcentajes indican el peso en la calificación (la calidad tiene un peso de 10%).

Introducción (10%), Objetivos (5%) y Parte experimental (5%)

– Descripción breve de fundamentos teóricos, objetivos y metodología de la práctica.

Resultados y discusión

– Tabla con listado de los materiales estudiados ordenados desde el más noble al más activo, proporcionando también los valores de potencial referidos al electrodo normal de hidrógeno (ENH) y de calomelanos saturado (SCE). (30%).

– Diagrama de Pourbaix para cada metal en contacto con agua a 25 °C. Para cada metal, señalar en el diagrama la posición del punto medido sabiendo que el valor de pH de la disolución corrosiva es de 6,5. Indicar la reacción anódica y catódica. Nota: en el caso del latón utilizar el diagrama de Pourbaix del Cu. En esta cuestión no es necesario considerar la presencia cloruros. (30%).

Conclusiones/Bibliografía (10%)

Determinación de pares galvánicos

Introducción

La unión de metales con potenciales diferentes motiva la creación de pares galvánicos, donde el metal más activo funciona anódicamente y sufre corrosión y el más noble actúa catódicamente permaneciendo inalterado. Por ejemplo, si se introduce un par Cu-Zn en un electrolito, el Zn, al tener un potencial de reducción menor, se oxida, mientras que sobre el Cu se produce la reducción de cualquier sustancia oxidante que pueda captar los electrones que cede el Zn (Figura 48).

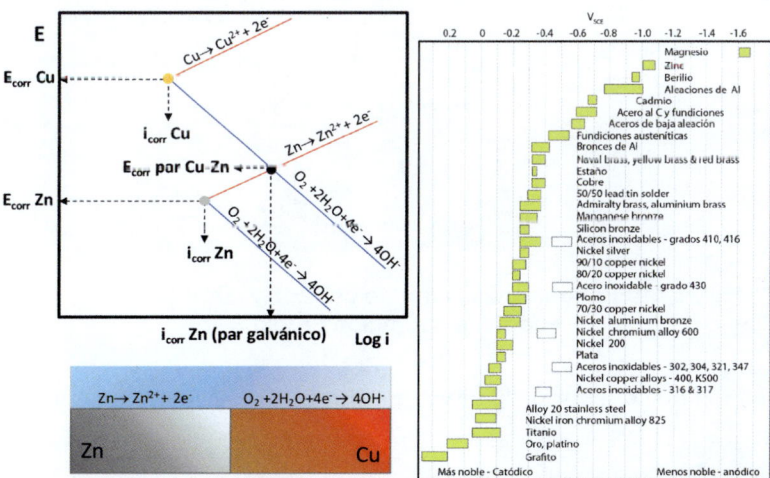

Figura 48. Diagrama de Evans y reacciones para el par Cu-Zn. Serie galvánica en agua de mar. Fuente: elaboración propia.

La diferencia de potencial entre los electrodos de una pila a circuito abierto, es decir cuando por la misma no circula corriente, se conoce como fuerza electromotriz (f.e.m.) y es una forma sencilla de evaluar el riesgo de corrosión galvánica. Valores superiores a 200 mV se consideran habitualmente inaceptables. La serie galvánica en agua de mar se usa frecuentemente para evaluar posibles pares galvánicos (Figura 48).

Objetivos

Comprobar el comportamiento anódico/catódico de los materiales que forman parte de distintos pares galvánicos y determinar la f.e.m.

Parte experimental

Paso 1. Lijar a P120 muestras de Cu, Fe, Zn, Al, Mg y latón. En un vaso de precipitados de 100 mL con ~50 mL de disolución corrosiva, introducir durante 1-2 min los siguientes pares galvánicos, determinando el cátodo y ánodo en cada caso (Figura 49):

Cu-Fe, Al-Fe, Mg-Fe, latón-Al, Cu-Zn, Al-Mg, latón-Fe, latón-Zn

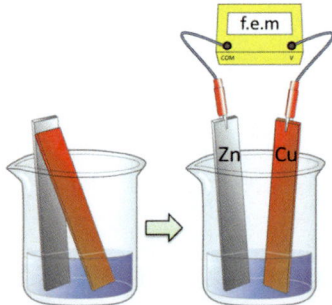

Figura 49. Par galvánico, circuito cerrado y circuito abierto.
Fuente: elaboración propia.

En función de su naturaleza electroquímica se producen las siguientes reacciones:

– Ánodo: $M \rightarrow M^{n+} + ne^-$
– Cátodo: $O_2 + 2H_2O + 4e^- \rightarrow 4OH^-$ ó $2H_2O + 2e^- \rightarrow 2OH^- + H_2$

La superficie catódica se determina por un aumento de la alcalinidad superficial o iones OH⁻, lo que produce un viraje a rosa de la fenolftaleína presente en el electrolito. La reacción anódica únicamente se detecta en el caso de que sea el Fe el que tenga dicho comportamiento, de acuerdo con las siguientes reacciones:

$$Fe \rightarrow Fe^{2+} + 2e^- \; ; \; 3Fe^{2+} + 2[Fe(CN)_6]^{3-} \text{ (amarillo)} \rightarrow Fe_3[Fe(CN)_6]_2$$
$$\text{(azul de prusia)}$$

Por lo que la superficie del hierro actuando anódicamente se colorea de azul.

Paso 2. Medir de la f.e.m. en circuito abierto (Figura 49). Para ello se utiliza un multímetro de manera análoga a como se hizo en el apartado anterior, conectando en este caso el elemento más o noble o cátodo al borne V y el más activo al borne COM.

$$\Delta V = E_{cátodo} - E_{ánodo} = f.e.m \qquad \text{Ecuación 7}$$

Informe

El informe final deberá incluir los siguientes apartados. Los porcentajes indican el peso en la calificación (la calidad tiene un peso de 10%).

Introducción (10%), Objetivos (5%) y Parte experimental (5%)

— Descripción breve de fundamentos teóricos, objetivos y metodología de la práctica.

Resultados y discusión (60%)

— Listado de los pares galvánicos estudiados, ordenados en orden decreciente de f.e.m., indicando ánodo, cátodo y reacciones que tienen lugar. Fotografías/esquemas de cada par.

Conclusiones/Bibliografía (10%)

Heterogeneidades en el material

Introducción

Las heterogeneidades intrínsecas de un material pueden dar lugar a la creación de zonas anódicas y catódicas y, por tanto, desencadenar fenómenos de corrosión:

- Fases de diferente composición, segregación
- Partículas superficiales contaminantes
- Anisotropía
- Límites de grano (Figura 50)
- Regiones deformadas (dislocaciones, maclas, etc.)
- Discontinuidades en películas protectoras

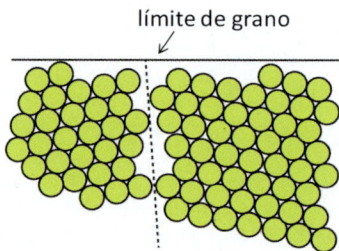

Figura 50. Esquema donde se observa la disposición menos compacta de los átomos. Fuente: elaboración propia.

Objetivos

Localizar zonas anódicas y catódicas motivadas por heterogeneidades del material.

Parte experimental

Para una serie de elementos de naturaleza diversa (clavos, escarpias, tuercas, etc.) utilizar el método químico indicado en el apartado anterior que determina los cambios de color de la fenolftaleína (viraje a rosa sobre la superficie del cátodo) y del ferricianuro (coloración azul sobre la superficie del ánodo, si esta es de hierro) para detectar las zonas anódicas y catódicas.

Para ello se procederá del siguiente modo:

- Paso 1. Rellenar una placa Petri con la disolución corrosiva que contiene fenolftaleína y ferricianuro.
- Paso 2. Introducir dos clavos, uno de ellos doblado por la mitad.
- Paso 3. Al cabo de un cierto tiempo (15-30 min), observar los cambios de color según el comportamiento anódico o catódico de cada zona.

Informe

El informe final deberá incluir los siguientes apartados. Los porcentajes indican el peso en la calificación (la calidad tiene un peso de 10%).

Introducción (10%), Objetivos (5%) y Parte experimental (5%)

- Descripción breve de fundamentos teóricos, objetivos y metodología de la práctica.

Resultados y discusión (60%)

- Fotografía/dibujo y justificación del fenómeno observado indicando las reacciones que tienen lugar.

Conclusiones/Bibliografía (10%)

Heterogeneidades en el medio

Introducción

Los cambios de composición del medio en contacto con el metal dan lugar a diferencias de potencial entre zonas diferentes del mismo, originando el funcionamiento de pilas y en consecuencia la existencia de fenómenos de corrosión de naturaleza electroquímica. Los casos más frecuentes son pilas de aireación diferencial y pilas de concentración:

Pilas de aireación diferencial

En medios aireados la reacción catódica típica consiste en la reducción del oxígeno disuelto en el electrolito:

$$O_2 + 2H_2O + 4e^- \rightarrow 4OH^-$$

Si se aplica la ecuación de Nernst a dicha reacción para conocer el potencial de equilibrio redox al que tiene lugar, se obtiene la siguiente expresión:

$$E = E° + \frac{RT}{nF} \ln\left(\frac{P_{O_2}}{\left[OH^-\right]^4}\right) \qquad \text{Ecuación 8}$$

Teniendo en cuenta el producto iónico del agua y el valor del potencial normal:

$$E = 1{,}241 + 0{,}015 \log P_{O_2} - 0{,}059 pH \qquad \text{Ecuación 9}$$

De donde se deduce que el potencial es función de la presión parcial de oxígeno y del pH, por lo que la existencia de zonas con diferente aireación o con diferente pH ocasiona diferencias de potencial sobre un metal, originándose pilas de corrosión. Si el fenómeno es debido únicamente a la diferente presión parcial de oxígeno sobre distintas zonas de un mismo metal se denominan «pilas de aireación diferencial».

Pilas de concentración

En este caso, el fenómeno de corrosión está motivado por la diferente concentración del catión metálico sobre distintas zonas del metal. Por ejemplo, en el caso de una pila formada por dos semi-elementos, uno constituido por una placa de Cu introducida en un electrolito que contiene iones Cu^{2+} a una concentración 1M y otro por otra placa de iguales dimensiones y composición que la anterior, introducida en una solución conteniendo iones Cu^{2+} con una concentración 0,01M, es decir, cien veces menor. Puesto que el potencial de un metal depende de la concentración de sus iones en contacto con él, los potenciales de ambas placas serán distintos, originándose entre ambas una diferencia de potencial que puede calcularse a partir de la ecuación de Nernst:

$$E=E°+\frac{0,059}{2}\log\left[Cu^{2+}\right]\qquad\text{Ecuación 10}$$

Sustituyendo en la expresión ambos valores de concentración, resultaría un potencial de 0,337 V y 0,277 V respectivamente. Lo que supone una diferencia de potencial teórica de 0,06 V.

Objetivos

Comprobar la actuación de pilas de aireación diferencial. Comprobar la actuación de pilas de concentración.

Parte experimental

Pila de aireación diferencial

Paso 1. Sobre Fe y Zn depositar una gota de la disolución corrosiva. Al cabo de 15-30 min, observar los cambios de color según el comportamiento anódico o catódico de cada zona.

Pila de concentración

Paso 1. Verter 50 mL de disoluciones 1M y 0,01M de $CuSO_4$ en dos vasos de precipitados. Introducir sendas placas de Cu.

Paso 2. Conectar los dos vasos de precipitados con un puente salino con solución de NaCl y extremos taponados con algodón (Figura 51).

Paso 3. Conectar ambas placas de Cu a los bornes de un multímetro y medir la diferencia de potencial que se registra.

$$\Delta V = E_{cátodo} - E_{ánodo} \qquad\qquad \text{Ecuación 11}$$

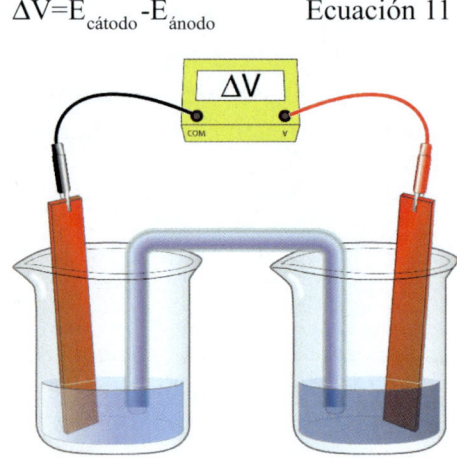

Figura 51. Montaje para evaluar pila de concentración.
Fuente: elaboración propia.

Informe

El informe final deberá incluir los siguientes apartados. Los porcentajes indican el peso en la calificación (la calidad tiene un peso de 10%).

Introducción (10%), Objetivos (5%) y Parte experimental (5%)

– Descripción breve de fundamentos teóricos, objetivos y metodología de la práctica.

Resultados y discusión (60%)

– Dibujos y explicación de los fenómenos observados indicando las reacciones que tienen lugar, así como el transporte de electrones e iones.

Conclusiones/Bibliografía (10%)

Práctica 9. Ensayos electroquímicos: resistencia de polarización y método Tafel

Introducción

La corrosión en presencia de agua o humedad se produce por procesos electroquímicos. La reacción redox que tiene lugar consta de dos semireacciones; la anódica en la que el metal se disuelve y la catódica en la que se captan los electrones procedentes de la reacción anódica (Figura 52).

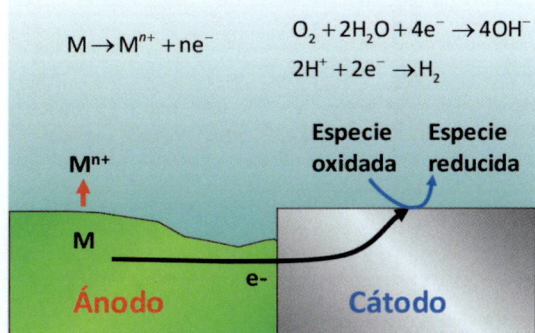

Figura 52. Esquema con las semi-reacciones de un proceso de corrosión electroquímica. Fuente: elaboración propia.

Estas dos semircacciones determinan un potencial de corrosión (E_{corr}) y una intensidad de corrosión (i_{corr}). La teoría cinética de la corrosión establece que las densidades de corriente de las dos semi-reacciones responden a las siguientes ecuaciones de tipo Arrhenius:

$$i_a = i_{corr} e^{\left(\frac{\alpha nF}{RT}\eta\right)} \qquad \text{Ecuación 12}$$

$$i_c = -i_{corr} e^{\left(\frac{-\beta nF}{RT}\eta\right)} \qquad \text{Ecuación 13}$$

donde T, temperatura; R =8,314 J/(mol·K); F= 96500 C/mol; n, n.º e⁻ intercambiados; α y β, coeficientes de caída de potencial; η, polarización aplicada (η=E-E$_{corr}$); i$_a$, i$_c$, i$_{corr}$, densidades de corriente anódica, catódica y de corrosión. Para la determinación de i$_{corr}$ es necesario imponer al sistema una polarización con un potenciostato (Figura 53) y medir la corriente externa, que responde a la ecuación:

$$i_{medida}=i_a+i_c=i_{corr}\left[e^{\left(\frac{\alpha nF}{RT}\eta\right)}-e^{\left(\frac{-\beta nF}{RT}\eta\right)} \right] \qquad \text{Ecuación 14}$$

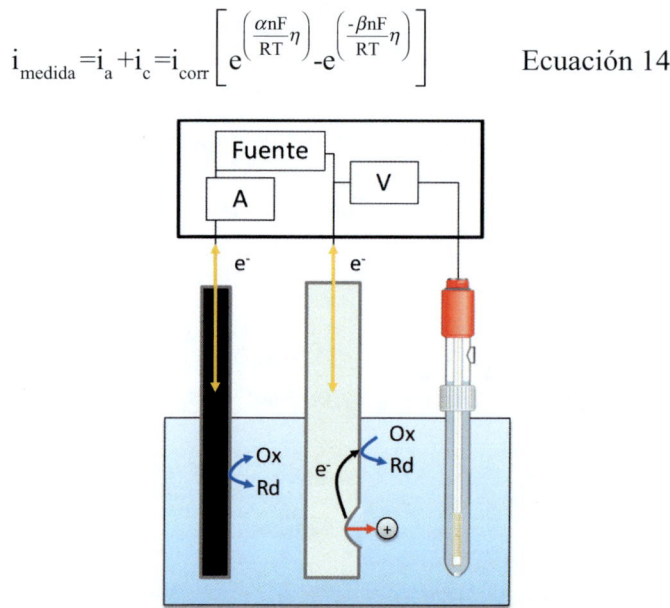

Figura 53. Esquema de la configuración celda-potenciostato para ensayos electroquímicos de corrosión (A: amperímetro, V: voltímetro, Ox: especie oxidada, Rd: especie reducida). Fuente: elaboración propia.

Se pueden utilizar distintos métodos para determinar i$_{corr}$ (ej. resistencia de polarización y método de intersección) y a partir de ella calcular la velocidad de corrosión (v$_{corr}$) mediante la siguiente expresión basada en la ley de Faraday:

$$v_{corr}=3272\frac{i_{corr}M_a}{n\rho} \qquad \text{Ecuación 15}$$

donde 3272 = factor de conversión de unidades, i$_{corr}$ A/cm² y v$_{corr}$ mm/año; M$_a$ = masa atómica del metal que se corroe (g); n = número de electrones transferidos; ρ = densidad del material (g/cm³).

Método de resistencia de polarización

La curva de polarización (E *vs* i) se aproxima a una recta en el entorno de E_{corr}, siendo la tangente en E_{corr} la resistencia de polarización (R_p) (Figura 54a). Este parámetro permite calcular i_{corr} de acuerdo con la ecuación de Stern-Geary:

$$i_{corr} = \frac{B}{R_p} \qquad \text{Ecuación 16}$$

B = constante de Stern-Geary: $\quad B = \frac{\beta_a |\beta_c|}{2,3(\beta_a + |\beta_c|)} \qquad$ Ecuación 17

β_a y β_c, conocidas como pendientes de Tafel, pueden obtenerse a partir de las pendientes de los tramos rectos de la curva de polarización obtenida en otro ensayo con un barrido de potencial más amplio:

$$\eta = \beta_a \log\left(\frac{i_a}{i_{corr}}\right) ; \eta = \beta_c \log\left(\frac{|i_c|}{i_{corr}}\right) \qquad \text{Ecuación 18}$$

Método de intersección

Para polarizaciones suficientemente grandes, la curva de polarización responde a la ley de Tafel (Figura 54b). Cuando la polarización es nula se cumple $i_a = i_c = i_{corr}$ de modo que si se prolongan las rectas de Tafel hasta que corten a E_{corr} se puede establecer i_{corr}. Conviene tener en cuenta que no siempre es posible obtener las pendientes de Tafel para ambas ramas. Por ejemplo, debido a fenómenos de polarización de resistencia, resulta difícil obtener la pendiente de Tafel de la rama anódica en materiales pasivables. Asimismo, es frecuente no poder obtener la pendiente de Tafel en ramas catódicas con cuyo trazado depende de fenómenos de polarización de concentración.

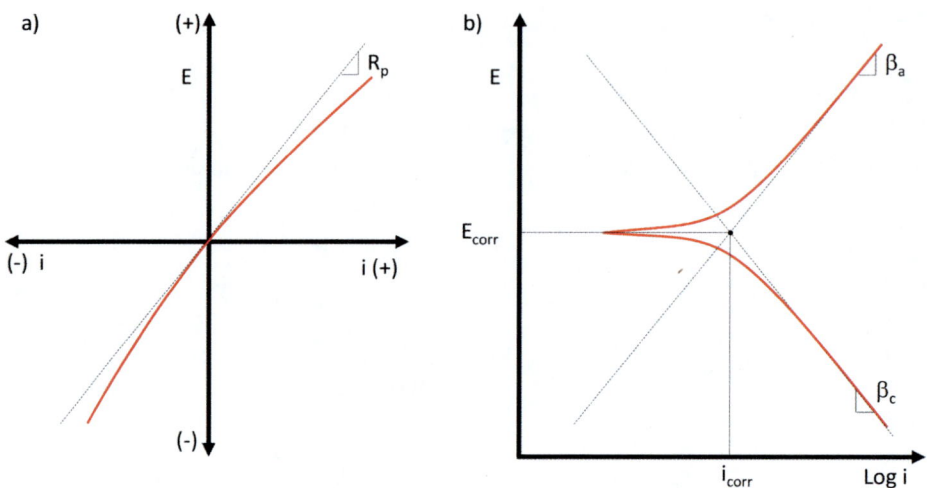

**Figura 54. (a) Método de resistencia de polarización
y (b) Método de intersección. Fuente: elaboración propia.**

Objetivos

Familiarizarse con los métodos de resistencia de polarización y de intersección.

Parte experimental

Tabla 17. Material para el desarrollo de la Práctica 9

Software NOVA y tutorial

Fuente: elaboración propia.

Seguir las instrucciones recogidas en el tutorial disponible en el ordenador del laboratorio referidas al *software* NOVA (Tabla 17) y los dos siguientes métodos:

–   *Método de resistencia de polarización*: se somete al material a una polarización de ± 30 mV con respecto al potencial a circuito abierto (OCP, *open circuit potential*) con una velocidad de barrido de 0.16 mV/s y se registra la gráfica E *vs* i tal y como indica la norma ASTM G59 (G59-23 2023). Asuma área de 1 cm^2.

– *Método de intersección*: se somete al material a una polarización de $\pm$ 200 mV con respecto a OCP con una velocidad de barrido de 0.16 mV/s y se registra la gráfica E *vs* log i. Asuma densidad de 7.86 g/cm^3, equivalente de 27.925 g/mol y área de 1 cm^2.

Informe

El informe final deberá incluir los siguientes apartados. El porcentaje indica el peso en la calificación de la práctica (la calidad del informe tiene un peso de 10%).

Introducción (10%), Objetivos (5%) y Parte experimental (5%)

– Descripción breve de fundamentos teóricos, objetivos y metodología de la práctica.

Resultados y discusión

Método de resistencia de polarización

1. Determinación gráfica de valores de R_p para los archivos indicados (10%).
2. Discusión de resultados a partir de una gráfica comparativa (10%).

Método de intersección

1. Determinación gráfica de potencial de corrosión (E_{corr}), densidad de corriente de corrosión (i_{corr}) y pendientes de Tafel (β_a y β_c) para los archivos indicados (20%).
2. Discusión de resultados a partir de una gráfica comparativa (10%).
3. Tabla con valores de v_{corr} (mm año^{-1} y mg cm^{-2} d^{-1}) indicando los pasos realizados para la conversión de unidades (10%).

Conclusiones/Bibliografía (10%)

Práctica 10. Oxidación directa

Introducción

En fenómenos de corrosión a elevada temperatura lo más frecuente es que el metal se degrade por combinación con un gas agresivo (O_2, SO_2, CO_2, etc.). Así, por ejemplo, en las industrias nuclear, energética, petroquímica y de procesado es habitual que en presencia de oxígeno se produzca la oxidación del metal por reacción química heterogénea directa:

$$2M + O_2 \rightarrow 2MO$$

A diferencia de los procesos de corrosión electroquímica, no existe un electrolito sobre la superficie del metal, por lo que el transporte de iones y electrones se produce directamente a través del óxido. Como consecuencia de ello, los óxidos con menor conductividad electrónica e iónica ofrecen una mayor capacidad protectora. Otros factores a tener en cuenta respecto al óxido son su adherencia al sustrato, grado de fragilidad/plasticidad y la regla empírica de Pilling-Bedworth. Esta última relaciona el volumen del óxido formado con el volumen de metal consumido ($R=V_{ox}/V_{met}$). De manera que, cuando $R<1$ el óxido está sometido a tracción lateral, siendo poco protector debido a la formación de grietas y/o poros, mientras que cuando $R>1$ se generan tensiones de compresión lateral y, por tanto, óxidos de carácter compacto y cubriente con unas previsibles buenas propiedades protectoras.

La selección habitual de materiales en función de la temperatura es la siguiente:

- 500 °C: aceros de baja aleación (M_3O_4)
- 600 °C: aleaciones de titanio (TiO_2)
- 650 °C: aceros inoxidables ferríticos (Cr_2O_3)
- 850 °C: aleaciones Fe-Ni-Cr (Cr_2O_3)
- 950 °C: aleaciones Ni-Cr (Cr_2O_3)
- 1100 °C: aleaciones Ni-Cr-Al (Al_2O_3) y recubrimientos MCrAlY (M=Ni, Co Fe)
- T>1100 °C: cerámicos o metales refractarios con recubrimientos

La cinética de procesos de oxidación puede evaluarse por múltiples técnicas, aunque los ensayos gravimétricos en los que se mide la cantidad de metal consumido son los más comunes. Las leyes cinéticas más habituales son las que se especifican en la Tabla 18.

Tabla 18. Leyes cinéticas más comunes en procesos de oxidación

Ley cinética	Expresión	Ejemplos
Lineal	$y = Kt + c$	Óxido no protector
Parabólica	$y^2 = Kt + c$	Oxidación controlada por la difusión en el óxido
Logarítmica	$y = KLnt + c$	Difusión en el óxido lenta

Fuente: elaboración propia.

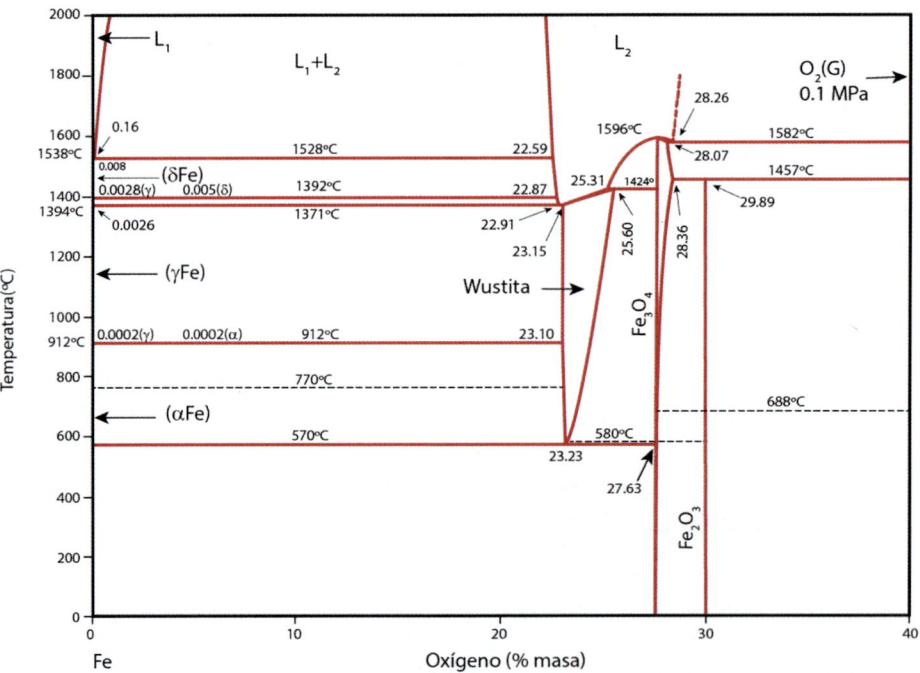

Figura 55. Diagrama Fe-O. Fuente: adaptado de Wriedt 1991.

En fenómenos de oxidación de metales con capacidad para adoptar diferentes valencias se desarrollan productos de oxidación con varias capas. En el caso particular del Fe, los óxidos que se forman son la wustita (FeO), la magnetita (Fe_3O_4) y la hematita (Fe_2O_3), los cuales se distribuyen en este orden desde el sustrato hacia la intercara con el medio oxidante, tal y como es de esperar de acuerdo a los principios de Le Châtelier.

Los óxidos de Fe que se forman a una temperatura específica pueden predecirse con el diagrama Fe-O (Figura 55). Así, por ejemplo, no se recomienda utilizar aceros al carbono o de baja aleación a temperaturas superiores a 570 °C debido a que se forma la wustita de escaso carácter protector por su alto contenido en vacantes.

La Figura 56 muestra ejemplos de capas de óxido formadas en aceros al carbono sometidos a temperaturas inferiores y superiores a 570 °C, respectivamente. Es interesante destacar que en aquellos casos en los que se forma wustita esta suele descomponer parcialmente durante el enfriamiento, dando lugar a cristales de magnetita con formas cúbicas y en ocasiones partículas de Fe, aunque en estas micrografías no llegan a distinguirse.

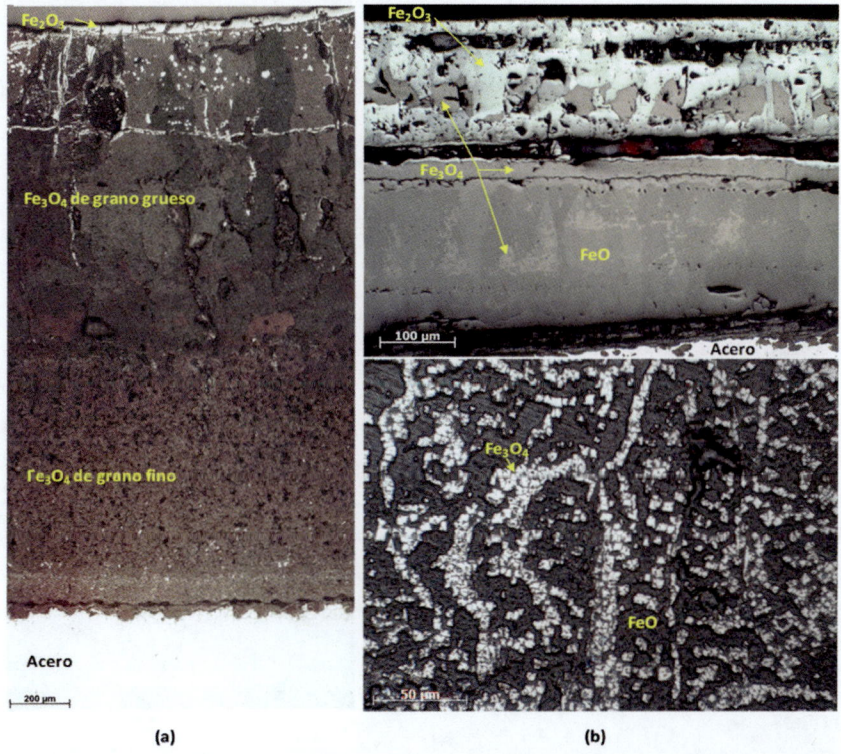

(a)   (b)

Figura 56. (a) Sección transversal de un acero SA 192 después de oxidarse a T<570 °C durante varias semanas; (b) vista general y detalle de la sección transversal de un acero al carbono ensayado 7 días a 750 °C. Ataque con 1%HCl en etanol durante 10-30 s. Fuente: elaboración propia.

Objetivos

Estudiar la cinética de oxidación de un acero al carbono.

Parte experimental

Tabla 19. Material para el desarrollo de la Práctica 10

Probetas de acero al carbono
Papel de lija de grano P120
Hornos de mufla y ladrillos refractarios
Reactivos (HCl, Sb_2O_3 y $SnCl_2$) y material de decapado (pinzas y vasos de precipitados)

Fuente: elaboración propia.

Paso 1. Localizar el material necesario (Tabla 19) y desbastar todas las probetas con papel de lija P120 (lavado con agua y alcohol y secado con aire caliente). Pesar las probetas y medir su área. Adquirir fotografía representativa de una probeta antes del ensayo.

Paso 2. Introducir las probetas en un horno para los tiempos y temperaturas indicados por el profesorado (ej. 30, 60 y 90 min para 550 y 650 °C). Extraer, con enfriamiento al aire, las probetas a diferentes tiempos y adquirir fotografías.

Paso 3. Si fuera necesario, eliminar con ayuda de pinzas u otra herramienta punzante las capas de óxido que presentan escasa adherencia. Pesar las probetas tras varios intervalos de decapado de acuerdo con la norma ASTM G1 (G1-03 2017) (Anexo) (*esta operación se ha de realizar en vitrina*). En el caso del acero al carbono, el reactivo y tiempos de decapado a emplear son: 100 mL HCl + 2 g Sb_2O_3 + 5 g $SnCl_2$ (0, 1, 2, 5, 10, 15, 20, 25 min).

Paso 4. Construir la gráfica de variación de masa en función del tiempo de ensayo.

Informe

El informe final deberá incluir los siguientes apartados. El porcentaje indica el peso en la calificación de la práctica (la calidad del informe tiene un peso de 10%).

Introducción (10%), Objetivos (5%) y Parte experimental (5%)

– Descripción breve de fundamentos teóricos, objetivos y metodología de la práctica.

Resultados y discusión

– Fotografías de las probetas antes y después de los ensayos realizados por todos los grupos (15%).
– Gráficas Δm (mg cm^{-2}) *vs* tiempo con los resultados obtenidos por todos los grupos (30%).
– Leyes cinéticas a cada temperatura (salvo que se indique lo contrario, utilizar una cinética de tipo parabólica) (15%).

Conclusiones/Bibliografía (10%)

Anexo. Decapado de muestras utilizadas en ensayos de corrosión

La norma ASTM G1 describe varios procedimientos para eliminar productos de corrosión en materiales metálicos y así poder evaluar el alcance del proceso de corrosión. Los procedimientos pueden ser de tipo mecánico, químico o electrolítico, e idealmente no deberían afectar al sustrato. En el caso de procesos de decapado químico se recomienda eliminar previamente, mediante ultrasonidos o cepillado ligero, los productos poco adheridos. Asimismo, se recomienda llevar a cabo secuencias de decapado, obteniéndose gráficas como la que se muestra en la Figura 57, donde el punto B correspondería a la masa final de la muestra sin productos de corrosión.

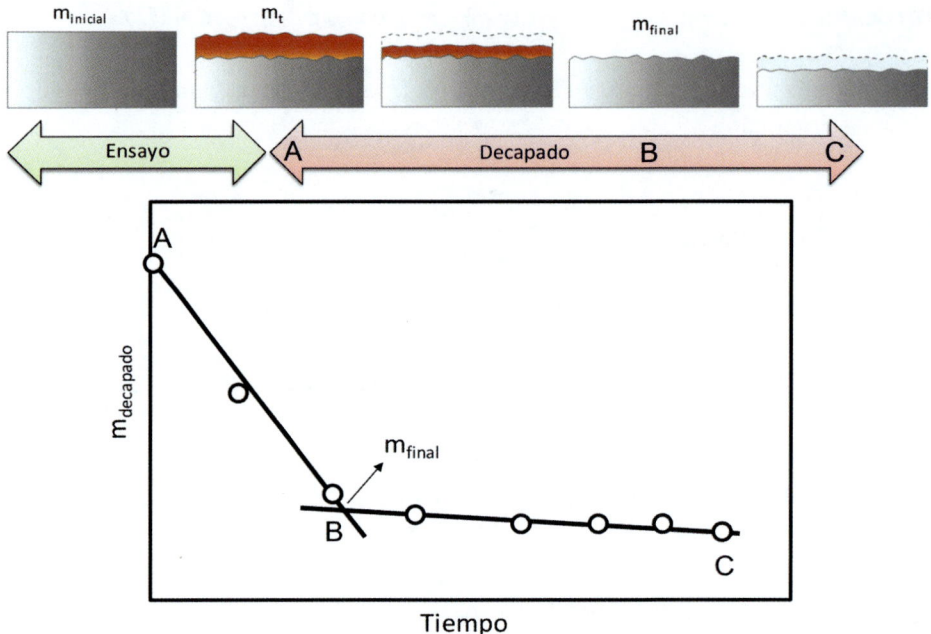

**Figura 57. Masa de una probeta durante un proceso de decapado químico.
Fuente: elaboración propia.**

Práctica 11. Corrosión por picadura

Introducción

La corrosión por picadura es una forma de corrosión altamente localizada en la que se forman pequeñas cavidades que penetran rápidamente hacia el interior del metal, permaneciendo el resto de la superficie prácticamente inalterada (Figura 58).

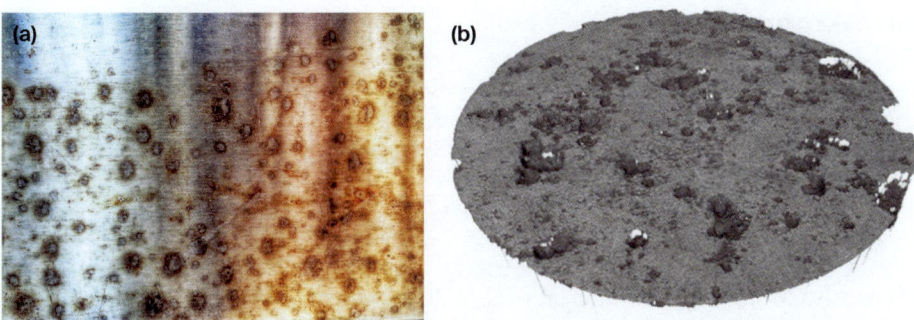

Figura 58. (a) Acero inoxidable (Fuente: PxHere) y (b) imagen 3D de aleación Al-Si-Cu con múltiples picaduras. Fuente: elaboración propia.

Es un tipo de ataque particularmente peligroso por varias razones:

- Es difícil de detectar; pérdida de masa pequeña, mayoría de superficie intacta y las picaduras suelen quedar ocultas debajo de productos de corrosión.
- Las picaduras pueden perforar el material dando lugar a fugas.
- Su ausencia a corto plazo no es garantía de inmunidad. Pueden formarse tras t largos.
- Las picaduras pueden desencadenar otro tipo de mecanismos de fallo del material (corrosión bajo tensión, fatiga, etc.).

Los materiales que forman capas pasivas, como el aluminio y los aceros inoxidables, son más susceptibles a este tipo de ataque, especialmente en presencia de iones cloruro (Cl⁻). Existen múltiples ensayos que permiten evaluar la resistencia a la corrosión por picadura de aceros inoxidables, siendo el ensayo en $FeCl_3$ uno de los más extendidos debido a su rapidez; los iones Fe^{3+} proporcionan un medio ácido y oxidante y, por tanto, altamente corrosivo, mientras que la alta concentración de Cl^- promueve la ruptura de la película pasiva de Cr_2O_3.

Objetivos

Realizar el ensayo de corrosión por picadura según norma ASTM G48-método A.

Parte experimental

Tabla 20. Material para el desarrollo de la Práctica 11

Probetas de acero inoxidable AISI 304, papel de lija de grano P120, 1 vaso de precipitados de 250 mL, 1 columpio de vidrio y 1 matraz de 1L, $FeCl_3$

Fuente: elaboración propia.

Paso 1. Comprobar el material (Tabla 20) y preparar una disolución de 100 g de $FeCl_3 \cdot 6H_2O$ en 900 mL de agua destilada.

Paso 2. Desbastar las probetas con papel de lija de grano P120 (lavado con agua y alcohol y secado con aire caliente). Pesar las probetas y medir su área. Adquirir fotografía de la probeta antes del ensayo.

Paso 3. Colocar las probetas en soportes de vidrio y sumergir en la disolución de ataque a temperatura ambiente durante al menos 5 d (se requieren al menos 5 mL de disolución por cada cm^2). Cubrir con vidrio de reloj o *Parafilm* (Figura 59).

Paso 4. Extraer, lavar y pesar las probetas. Determinar la velocidad de corrosión.

$$v_{corr}\left(mg\ cm^{-2}\ d^{-1}\right)=\frac{m_{inicial}-m_{final}}{At} \qquad \text{Ecuación 19}$$

Paso 5. Examen y evaluación de las muestras.

Basta con un examen visual a bajos aumentos (x20) y reproducción fotográfica de las superficies junto con la pérdida de masa de las muestras para caracterizar la resistencia a la corrosión por picadura. Según la norma ASTM G48, una pérdida de masa superior a 0.0001 g/cm^2 es indicativa de corrosión por picadura. Un examen más detallado, según norma, consistiría en medir la máxima profundidad de picadura, la profundidad media de las picaduras y la densidad poblacional de las picaduras.

Figura 59. Montaje del ensayo de corrosión por picadura.
Fuente: elaboración propia.

Informe

El informe final deberá incluir los siguientes apartados. El porcentaje indica el peso en la calificación de la práctica (la calidad del informe tiene un peso de 10%).

Introducción (10%), Objetivos (5%) y Parte experimental (5%)

– Descripción breve de fundamentos teóricos, objetivos y metodología de la práctica.

Resultados y discusión

– Resultados obtenidos, incluyendo fotografías del montaje y de las piezas ensayadas (20%).
– Esquema del mecanismo de corrosión por picadura en aceros inoxidables junto con las reacciones principales que tienen lugar. Describir brevemente dicho mecanismo (40%).

Conclusiones/Bibliografía (10%)

Práctica 12. Corrosión en resquicio

Introducción

La corrosión en resquicio es una forma de corrosión localizada que se produce en espacios confinados o resquicios donde la falta de renovación del medio da lugar a la actuación de pilas de concentración.

Ejemplos de resquicios son los producidos debajo de depósitos (incluyendo productos de corrosión y recubrimientos protectores) y en zonas de contacto entre piezas tales como tuercas, remaches, juntas, uniones roscadas, etc. En la Figura 60 se muestra un ejemplo de corrosión tras ensayo con resquicio con pieza multidentada.

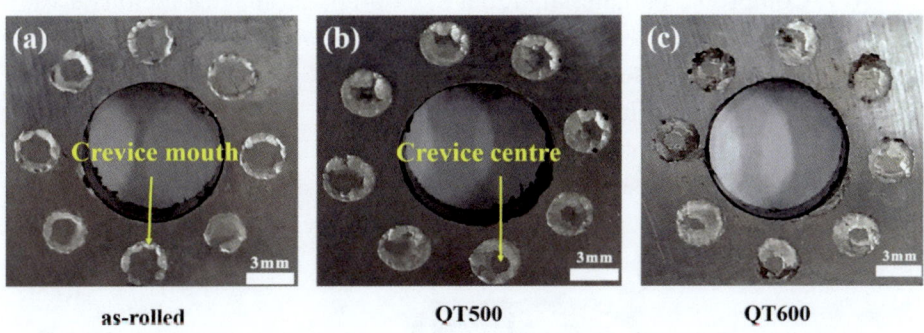

Figura 60. Corrosión en resquicio en acero inoxidable AISI 304 con diferentes tratamientos térmicos: (a) laminado, (b) temple y revenido 500 °C, (c) temple y revenido 600 °C (Hang 2023).

Los materiales que forman capas pasivas, como el aluminio y los aceros inoxidables, son más susceptibles a este tipo de ataque, especialmente en presencia de iones cloruro (Cl⁻). La estrategia de prevención más común para este tipo de ataque consiste en cambios de diseño que minimicen la existencia de resquicios.

El ensayo más común para evaluar la corrosión en resquicio consiste en la inmersión de la pieza a evaluar en una solución ácida (pH 1.2) y altamente oxidante de cloruro férrico. Los resquicios se crean artificialmente mediante bloques de teflón simples o multidentados.

Objetivos

Realizar el ensayo de resistencia a la corrosión en resquicio de acuerdo con la norma ASTM G48-método B.

Parte experimental

Tabla 21. Material para el desarrollo de la Práctica 12

Probetas de acero inoxidable AISI 304
Papel de lija de grano P120
1 vaso de precipitados de 250 mL, 1 columpio de vidrio y 1 matraz de 1L
Gomas y teflón para resquicios
$FeCl_3$

Fuente: elaboración propia.

Paso 1. Comprobar el material (Tabla 21) y preparar una disolución de 100 g de $FeCl_3 \cdot 6H_2O$ en 900 mL de agua destilada. Desbastar con lija P120 (lavado con agua y alcohol y secado con aire caliente), pesar las probetas y medir su área. Adquirir fotografía.

Paso 2. Colocar las probetas con dos bloques de teflón y gomas (Figura 61) sobre soportes de vidrio y sumergir en la disolución de ataque a temperatura ambiente durante al menos 5 d (> 5 mL/cm²). Cubrir con vidrio de reloj o *Parafilm*.

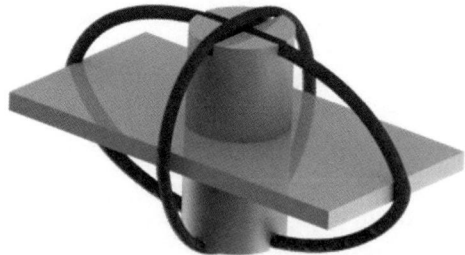

Figura 61. Montaje del ensayo de corrosión en resquicio.
Fuente: elaboración propia.

Paso 3. Extraer, lavar y pesar las probetas. Determinar la velocidad de corrosión.

Paso 4. Examen y evaluación de las muestras: basta con un examen visual a bajos aumentos (x20) y reproducción fotográfica de las superficies junto con la pérdida de masa de las muestras para caracterizar la resistencia a la corrosión por resquicio. Según la norma ASTM G48, una pérdida de masa superior a 0.0001 g/cm^2 es indicativa de corrosión en resquicio. Un examen más detallado, según norma, consistiría en medir la profundidad del resquicio.

Informe

El informe final deberá incluir los siguientes apartados. El porcentaje indica el peso en la calificación de la práctica (la calidad del informe tiene un peso de 10%).

Introducción (10%), Objetivos (5%) y Parte experimental (5%)

— Descripción breve de fundamentos teóricos, objetivos y metodología de la práctica.

Resultados y discusión

— Resultados obtenidos, incluyendo fotografías del montaje y de las piezas ensayadas (20%).
— Esquema del mecanismo de corrosión en resquicio en aceros inoxidables junto con las reacciones principales que tienen lugar. Describir brevemente dicho mecanismo (30%).

Conclusiones/Bibliografía (10%)

Cuestiones (10%)

1. Para el acero inoxidable AISI 316 en agua sanitaria con 100 ppm Cl⁻ ¿cuál es la temperatura crítica aproximada para que ocurra la corrosión en resquicio? Citar correctamente la fuente consultada.

Práctica 13. Ensayos electroquímicos: polarización cíclica

Introducción

Existen múltiples opciones para evaluar la resistencia a la corrosión localizada de materiales pasivables, como ensayos potenciodinámicos, potenciostáticos, galvanostáticos y de ruido electroquímico. En la norma ASTM G61 se describe la polarización potenciodinámica cíclica en 3,5% NaCl como herramienta para evaluar la resistencia a la corrosión localizada de aleaciones base Fe, Ni o Co.

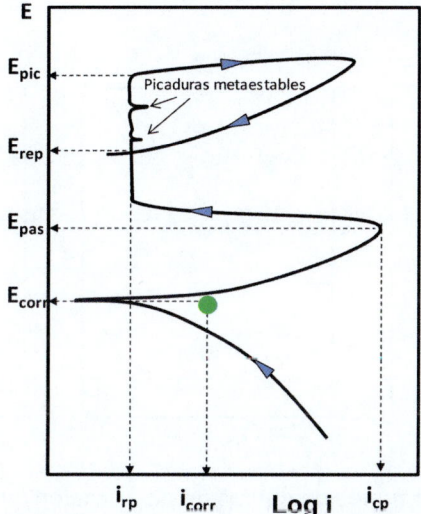

Figura 62. Trazado esquemático de una curva de polarización cíclica. E_{pic} (potencial de picadura), E_{rep} (potencial de repasivación), E_{pas} (potencial de pasivación), E_{corr} (potencial de corrosión), i_{rp} (densidad residual de pasivación), i_{corr} (densidad de corriente de corrosión) e i_{cp} (densidad crítica de pasivación). Fuente: elaboración propia.

El ensayo descrito en la norma consiste en un barrido cíclico a una velocidad constante, obteniéndose una gráfica similar a la que se muestra en la Figura 62. Los dos parámetros más relevantes son el potencial de ruptura o de nucleación de picaduras (E_{pic}) y el potencial de protección o repasivación (E_{rep}), valor por encima del cual las picaduras se vuelven activas. Otro parámetro con cierta utilidad, especialmente en sistemas de protección anódica, es el potencial de pasivación (E_{pas}), aunque no siempre es visible.

En general, cuanto mayor sean E_{pic} y E_{rep} menos susceptible será el material a la iniciación y propagación, respectivamente, de fenómenos de corrosión localizada. Si E_{rep} se sitúa por encima de E_{corr} se dice que el material tiene capacidad de repasivación. Por este motivo, la diferencia entre E_{rep} y E_{corr} suele también emplearse como criterio comparativo entre materiales.

La forma de la curva de polarización depende del material y del medio. La Figura 63 muestra los tres tipos de curva más comunes. Conviene recordar que en aquellos casos donde no hay histéresis, el punto de inflexión no corresponde al potencial de picadura sino al potencial de traspasivación, E_{tp}, o potencial por encima del cual se pueden dar otros fenómenos como la oxidación del agua y la disolución de la capa pasiva (ej. Cr_2O_3).

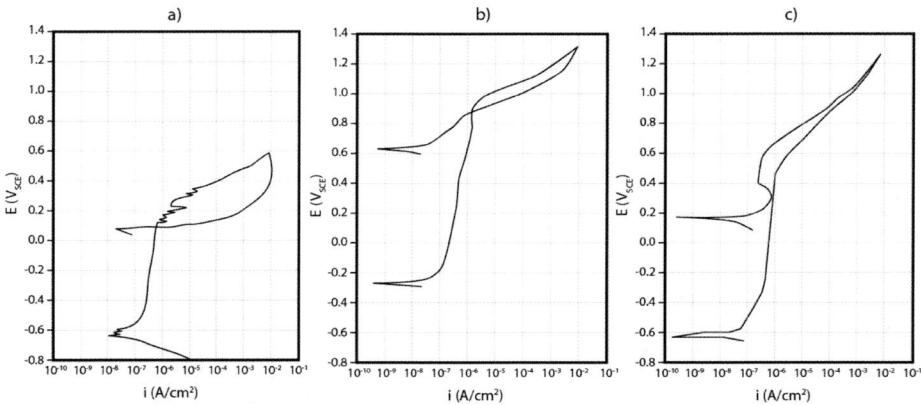

Figura 63. Ejemplos comunes de curvas de polarización cíclica. (a) Histéresis y signos evidentes de corrosión por picadura (ej. 304, 316, 410); (b) histéresis pequeña, elevado potencial de picadura y picaduras pequeñas (ej. dúplex y superdúplex); y (c) sin histéresis, evolución de oxígeno y disolución traspasiva (ej. aleaciones de níquel y aceros inoxidables superausteníticos con PRE>40). Fuente: adaptado de Iannuzzi 2014.

La determinación gráfica de los distintos potenciales se puede hacer en base a criterios tales como cambios de pendiente o valores arbitrarios de densidad de corriente (ej. 5 μA cm^{-2} para E_{pic}), no existiendo un único método.

Otras particularidades importantes del ensayo de polarización cíclica son la variabilidad de los parámetros medidos en función de la velocidad de barrido y la posibilidad de que ciertos materiales presenten más de un potencial de picadura. Esto último se asocia normalmente a la disolución de fases secundarias antes de que se produzca la corrosión por picadura de la matriz (Figura 64).

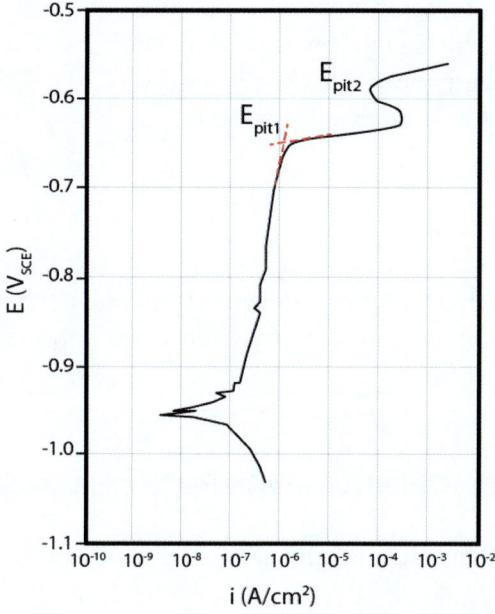

Figura 64. Curva de polarización de la aleación de aluminio 2024-T3 en solución acuosa desaireada 0,5 M NaCl. Fuente: adaptado de Iannuzzi 2014.

Objetivos

Familiarizarse con curvas de polarización cíclicas para evaluar la resistencia a la corrosión localizada de diversos materiales pasivables.

Parte experimental

Tabla 22. Material para el desarrollo de la Práctica 13

Software NOVA y tutorial

Fuente: elaboración propia.

Seguir las instrucciones recogidas en el tutorial disponible en el ordenador del laboratorio referidas al *software* NOVA (Tabla 22) y al siguiente método basado en la norma ASTM G61:

— *Polarización cíclica*: someter al electrodo de trabajo a un barrido (0.16 mV/s) de potencial desde -100 mV hasta +1200 mV con respecto al potencial de corrosión y con retorno una vez alcanzado el potencial máximo o la densidad de corriente límite de 5 mA cm^{-2}. Los materiales indicados corresponden a los siguientes: AISI 304, AISI 316, superaustenítico 254SMO y dúplex Zeron 100.

Informe

El informe final deberá incluir los siguientes apartados. El porcentaje indica el peso en la calificación de la práctica (la calidad del informe tiene un peso de 10%).

Introducción (10%), Objetivos (5%) y Parte experimental (5%)

— Descripción breve de fundamentos teóricos, objetivos y metodología de la práctica.

Resultados y discusión

1. Curvas de polarización cíclica (E *vs* log i) para los materiales indicados, señalando los distintos potenciales (20%).
2. Gráfica comparativa y tabla donde se recopilen los parámetros medidos y el número PREN para cada material estudiado (20%).
3. Breve discusión de los resultados (20%).

Conclusiones/Bibliografía (10%)

Práctica 14. Corrosión intergranular

Introducción

La corrosión intergranular se define como la disolución selectiva de límites de grano, o zonas adyacentes, sin que se produzca ataque apreciable en otras partes del material, resultando en una pérdida considerable de resistencia y ductilidad del material. Se debe a diferencias de potencial entre la región del límite de grano y cualquier precipitado, compuesto intermetálico o impurezas presentes en límite de grano. Las particularidades del mecanismo difieren con cada sistema de aleación.

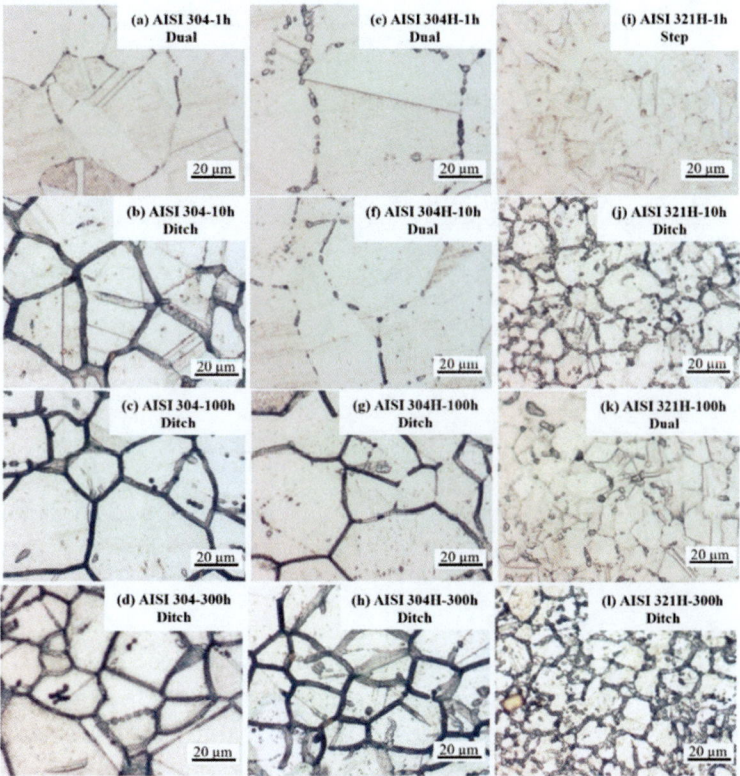

Figura 65. (a, b, c, d) Acero inoxidable AISI 304, (e, f, g, h) AISI 304H y (i, j, k, l) AISI 321H (Kanjanaprayut 2024).

La corrosión intergranular es particularmente importante en aceros inoxidables austeníticos que presentan carburos ricos en cromo ($Cr_{23}C_6$) en límite de grano, puesto que dan lugar a zonas adyacentes empobrecidas en Cr y, por tanto, más susceptibles a la corrosión, especialmente en medios ácidos. Estos carburos son solubles a temperaturas superiores a los 1035 °C, pero precipitan si el acero se enfría lentamente o se somete a temperaturas comprendidas entre 425 y 815 °C. En estos casos se dice que el acero está sensibilizado. La Figura 65 muestra ejemplos de corrosión intergranular en los aceros AISI 304, 304H y 321H.

Las condiciones de sensibilización para un determinado acero inoxidable, con unas condiciones determinadas de composición, tamaño de grano austenítico y grado de acritud, suelen representarse mediante los llamados diagramas TTS (temperatura-tiempo-sensibilización), de manera que los puntos situados en el interior de la curva corresponden a condiciones de sensibilización (Figura 66).

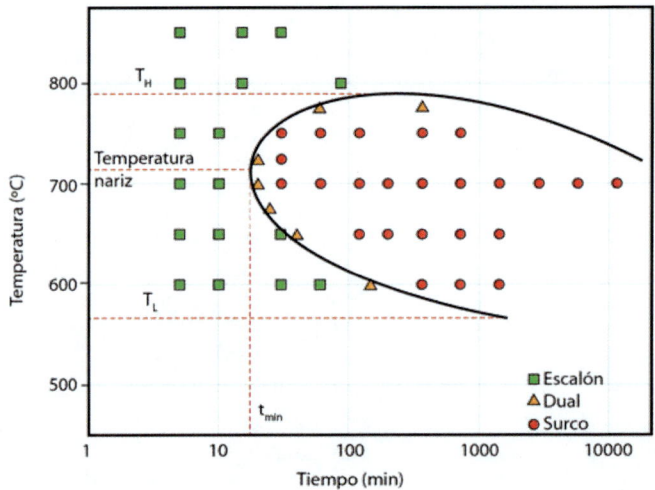

Figura 66. Diagrama TTS para el acero AISI 304.
Fuente: adaptado de Taiwade 2012.

En la norma ASTM A262 práctica A (A262-15 2021)se utiliza un ataque con ácido oxálico como método de evaluación de la resistencia a la corrosión intergranular de diferentes grados de aceros inoxidables. Esta práctica se utiliza como método rápido de aceptación del material, pero no como método de rechazo. De tal manera que, aquellas muestras que no superen la práctica A deben someterse a ensayos adicionales descritos en las prácticas B, C, E y F.

Objetivos

Realizar el ensayo de acuerdo con la norma ASTM A262 práctica A para evaluar la resistencia a la corrosión intergranular de un acero inoxidable tratado térmicamente.

Parte experimental

Tabla 23. Material para el desarrollo de la Práctica 14

Probetas de acero inoxidable AISI 304/304L
Papel de lija de grano P120
Hornos
Ácido oxálico
Pulidora electrolítica

Fuente: elaboración propia.

Paso 1. Comprobar el material (Tabla 23) y si fuera necesario, preparar una disolución de 100 g de ácido oxálico dihidratado ($H_2C_2O_4.2H_2O$) en 900 mL de agua desionizada.

Paso 2. Si fuera necesario, someter muestras de acero inoxidable AISI 304/304L a los tratamientos térmicos indicados en la Tabla 24 o similares.

Tabla 24. Ejemplos de tratamientos térmicos objeto de estudio

T(°C)	Tiempo (días)			
750	1	3	7	10
700	1	3	7	10
650	1	3	7	10

Fuente: elaboración propia.

Paso 3. Desbastar desde P120 hasta grado P1200 y pulir con a-Al_2O_3 las muestras por una de sus caras (el pulido no requiere eliminar todas las rayas de desbaste).

Paso 4. Llevar a cabo el electropulido con la disolución de ácido oxálico según las siguientes condiciones: 1 A/cm^2 durante 1,5 min (opción *Polishing*). *Precauciones: el ataque debe realizarse en campana extractora debido a los gases que se desprenden en los electrodos (el ácido oxálico es tóxico e irrita las membranas mucosas). La T de la disolución de ataque debe mantenerse por debajo de 50 °C durante el ensayo.*

Paso 5. Obtener micrografías a x500 aumentos y clasificarlas en (Figura 67):

- Estructura en escalón (*Step structure*): no aparecen surcos en los límites de grano.
- Estructura dual (*Dual structure*): aparecen ambos, escalones y algunos surcos en límites de grano, pero no aparecen granos completamente rodeados por surcos.
- Estructura en surco (*Ditch structure*): granos completamente rodeados por surcos.

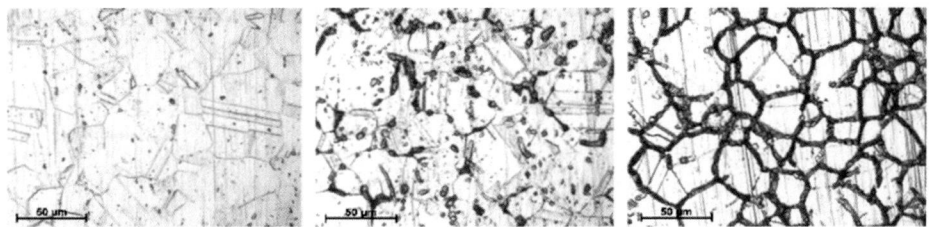

Figura 67. Estructuras en escalón, dual y en surco. Fuente: elaboración propia.

El criterio de aceptación/rechazo depende de la práctica posterior aplicable (B, C, E o F). En el presente caso se considerarán como no aceptables las estructuras en surco.

Informe

El informe final deberá incluir los siguientes apartados. El porcentaje indica el peso en la calificación de la práctica (la calidad del informe tiene un peso de 10%).

Introducción (10%), Objetivos (5%) y Parte experimental (5%)

- Descripción breve de fundamentos teóricos, objetivos y metodología de la práctica.

Resultados y discusión

– Micrografías obtenidas y diagrama TTS (T vs log t) (30%).
– Breve discusión razonada de los resultados obtenidos (30%).

Conclusiones/Bibliografía (10%)

Práctica 15. Protección catódica

Introducción

Las estrategias para evitar la corrosión de materiales metálicos son múltiples. A grandes rasgos se distinguen cinco vías de actuación; metal, medio, diseño de la estructura, recubrimientos y métodos electroquímicos. En esta última categoría entra la protección catódica.

El principio básico de la protección catódica consiste en polarizar el metal hacia su correspondiente zona de inmunidad con el objeto de eliminar la actuación de ánodos sobre su superficie (Figura 68). De esta manera, la inyección externa de electrones favorece la reacción catódica sobre la estructura a proteger, evitándose así que los electrones que participan en dicha reacción procedan de la reacción anódica o de corrosión del propio metal.

$$\frac{1}{2}O_2 + H_2O + 2e^- \rightarrow 2OH^- \left(\text{Catódica}\right)$$

$$M \rightarrow M^{2+} + 2e^- \left(\text{Anódica}\right)$$

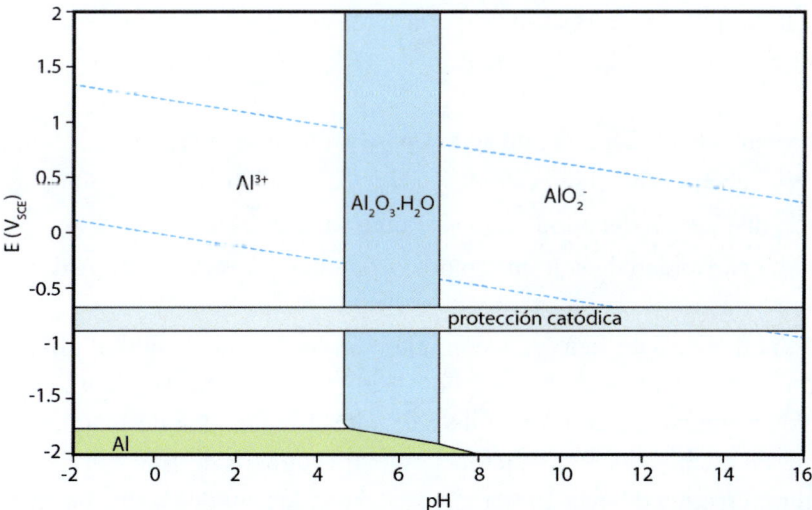

Figura 68. Diagrama de Pourbaix del Al en agua a 25 °C con la zona de protección catódica. Fuente: adaptado de Roberge 2019.

La protección puede conferirse mediante dos métodos, bien por ánodos de sacrificio o bien por sistemas de corriente impresa (Figura 69).

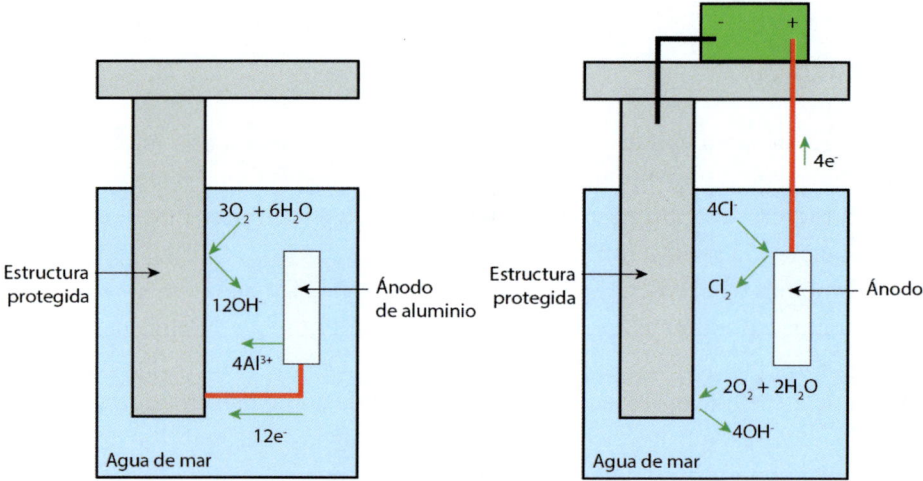

Figura 69. (a) Sistema de ánodo de sacrificio y (b) sistema de corriente impresa en agua de mar. Fuente: adaptado de Britton 2017.

Ánodos de sacrificio: se utilizan metales con potencial a circuito abierto inferior al de la estructura a proteger. Por tanto, se busca la corrosión controlada de los ánodos mientras la estructura actúa como cátodo. Los requisitos de los ánodos son:

- Potencial suficientemente activo para proteger la estructura.
- No deben desarrollar películas pasivas que eviten su disolución.
- La disolución del ánodo debe ser constante y uniforme.
- Alta capacidad de suministro de corriente, expresada como $Ahkg^{-1}$.

Los ánodos de sacrificio más comunes son los basados en aluminio, zinc, magnesio o sus aleaciones. Los ánodos de aluminio son los más comunes por su mayor cantidad de suministro de corriente. Los ánodos de magnesio son comunes en medios poco conductores, mientras que los de zinc son típicos de estructuras en agua de mar. El tiempo de vida de los ánodos se puede calcular mediante la siguiente expresión, donde f es el factor de utilización y r el rendimiento del ánodo.

$$\text{Vida (años)} = \frac{\text{Capacidad (Ahkg}^{-1}) \times \text{Peso(kg)} \times f \times r}{8760 \times I(A)} \qquad \text{Ecuación 20}$$

El uso de ánodos de sacrificio se prefiere en instalaciones pequeñas donde su instalación resulta sencilla (barcos pequeños, depósitos de agua, etc.).

Corriente impresa: se utiliza una fuente externa de electrones. Habitualmente un rectificador que convierte la corriente AC a DC y la transfiere a la estructura a proteger de manera estable. Alternativamente, es posible utilizar generadores con combustible, molinos de viento y estaciones solares, aunque presentan más dificultades para el suministro continuo de corriente. El circuito se completa con ánodos de corriente impresa. Éstos deben reunir las siguientes características:

- Baja tasa de disolución
- Bajos niveles de polarización
- Alta conductividad eléctrica
- Fácil manejo y buenas propiedades mecánicas

Los ánodos de corriente impresa pueden ser consumibles, semi-consumibles o no consumibles, siendo los más comunes los dos últimos. Los sistemas de corriente impresa se utilizan preferentemente en tuberías enterradas, barcos y estructuras de hormigón.

Adicionalmente a ánodos y rectificadores, es necesario contar con una serie de componentes adicionales para el correcto diseño y control de sistemas de protección catódica.

Electrodos de referencia: metal sumergido en solución específica de sus propios iones y potencial constante. Son fundamentales para comprobar el comportamiento catódico de la estructura a proteger.

Cables: conviene tener en cuenta que todo cable conectado al polo positivo de los rectificadores actúa como ánodo y, por tanto, deben estar correctamente aislados.

Relleno o backfill para ánodos: previene posibles efectos negativos del suelo en sistemas enterrados, garantizando la distribución homogénea de corriente.

En el diseño de sistemas de protección catódica es de vital importancia evitar los efectos de corrientes vagabundas (circulan por una estructura que no forma parte del circuito eléctrico previsto), puesto que pueden dar lugar a inicio o aceleración de procesos de corrosión en los puntos de salida de corriente (Figura 70).

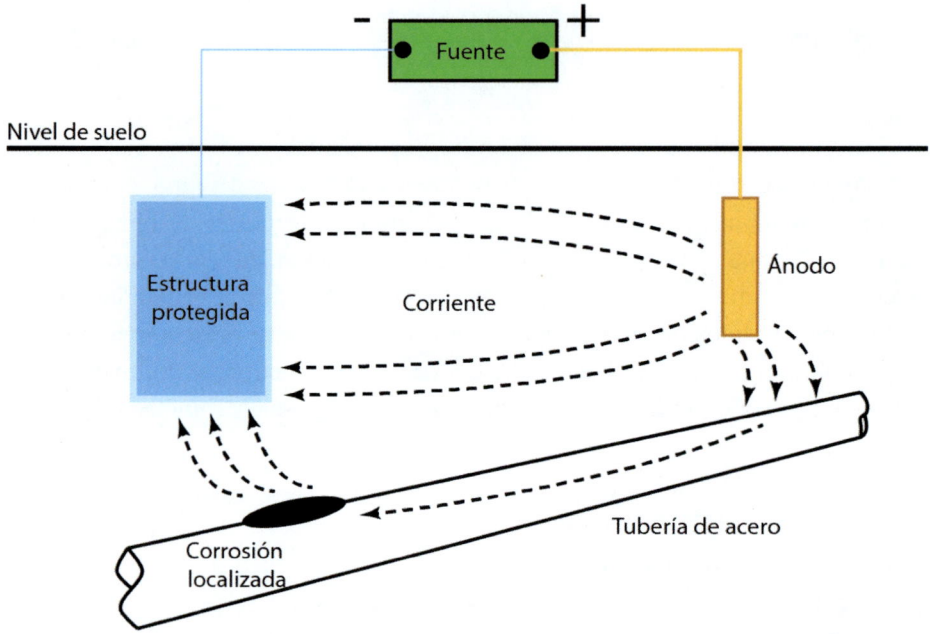

Figura 70. Ejemplo de corrientes vagabundas en tubería próxima a sistema de protección catódica. Fuente: adaptado de Chen 2017.

Objetivos

Experimento 1: demostrar la polarización en una celda de corrosión.

Experimento 2: demostrar la actuación de un sistema de protección catódica basado en ánodos de sacrificio.

Experimento 3: demostrar el efecto de corrientes vagabundas.

Parte experimental

Experimento 1. Polarización en una celda de corrosión

La corrosión electroquímica implica la actuación de celdas de corrosión. Estas se componen de:

- Ánodo (donde ocurre la reacción de oxidación)

- Cátodo (donde ocurre la reacción de reducción)
- Camino para la conducción de electrones del ánodo al cátodo
- Electrolito que permite que los iones fluyan entre ánodo y cátodo

La fuerza impulsora para el movimiento de cargas (ΔG_{celda}) viene dada por la expresión:

$$\Delta G_{celda} = -nFE_{celda} \qquad \text{Ecuación 21}$$

donde n es el número de electrones intercambiados, F es la constante de Faraday y E_{celda} es la diferencia entre los potenciales a circuito abierto (E_{oc}) entre cátodo y ánodo.

Las relaciones entre los potenciales de ánodo y cátodo en cortocircuito y los fenómenos de polarización vienen dadas por las expresiones:

$$E_{a,cc} = E_{a,oc} + \Delta E_{p,a} \qquad \text{Ecuación 22}$$

$$E_{c,cc} = E_{c,oc} - \Delta E_{p,c} \qquad \text{Ecuación 23}$$

Los términos ΔE_p reciben el nombre de polarización (cambio de potencial de electrodo debido al paso de corriente) y están asociados al gasto de energía eléctrica utilizada para la transferencia de carga a través de la intercara metal/electrolito. En función de la etapa limitante, se distingue entre polarización de *activación, concentración* o *resistencia*. Así, por ejemplo, cuando se suministran electrones al metal más rápido de lo que permite la reacción catódica, se produce un incremento en la concentración de electrones en el metal y el respectivo cambio de potencial hacia valores más bajos.

Un diagrama de Evans como el de la Figura 71 permite visualizar la polarización de cátodo y ánodo en una celda de corrosión.

De acuerdo con la ley de Kirchoff, la suma de todas las caídas de potencial debe ser igual a la suma de fuentes de potencial:

$$E_{celda} = \Delta E_{p,a} + \Delta E_{p,c} + V_T \qquad \text{Ecuación 24}$$

Donde V_T representa la caída total de potencial a lo largo del camino de electrones (V_m) y del electrolito (V_e).

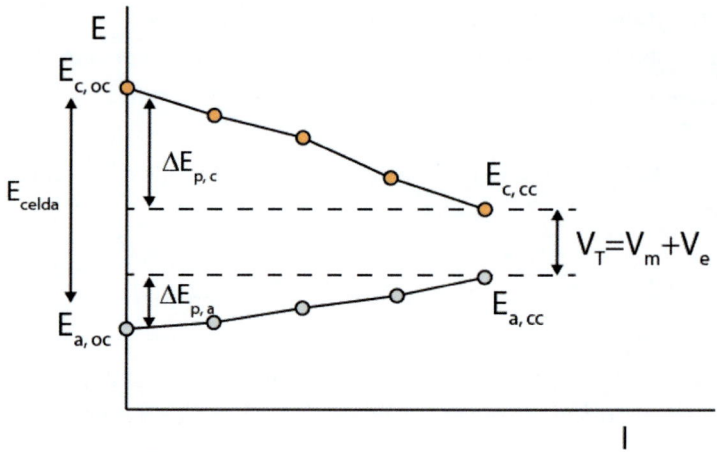

**Figura 71. Diagrama de Evans para una celda de corrosión
donde se observa una mayor polarización del cátodo.
Fuente: adaptado de NACE International 2008.**

A continuación, se describen los pasos necesarios para la construcción de un diagrama de Evans de una celda de corrosión compuesta de ánodo de Fe, cátodo de Cu y agua con NaCl como electrolito (Tabla 25).

Tabla 25. Material para el desarrollo del Experimento 1

Bandeja de plástico con 1L de disolución corrosiva.
Chapa de Cu
Chapa de acero al C
2 electrodos de referencia Ag/AgCl con sus cables
4 resistencias (10 kΩ, 1 kΩ, 100 Ω, 10 Ω)
9 cables y 5 multímetros

Fuente: elaboración propia.

Paso 1. Llenar la bandeja de plástico con disolución corrosiva. Introducir (sin sumergir del todo) las chapas de Cu y acero en la bandeja. Completar el montaje tal y como se muestra en la Figura 72 (Advertencia: no conectar ninguna resistencia hasta que no se especifique, es decir no cortocircuitar el borne rojo del multímetro I con la muestra de acero).

Paso 2. Medir el potencial a circuito abierto del Cu ($E_{Cu,oc}$) y del acero ($E_{Fe,oc}$) con la ayuda de los electrodos de referencia. Estos deben situarse próximos a las muestras (Advertencia: no medir con el mismo electrodo de referencia ambas chapas).

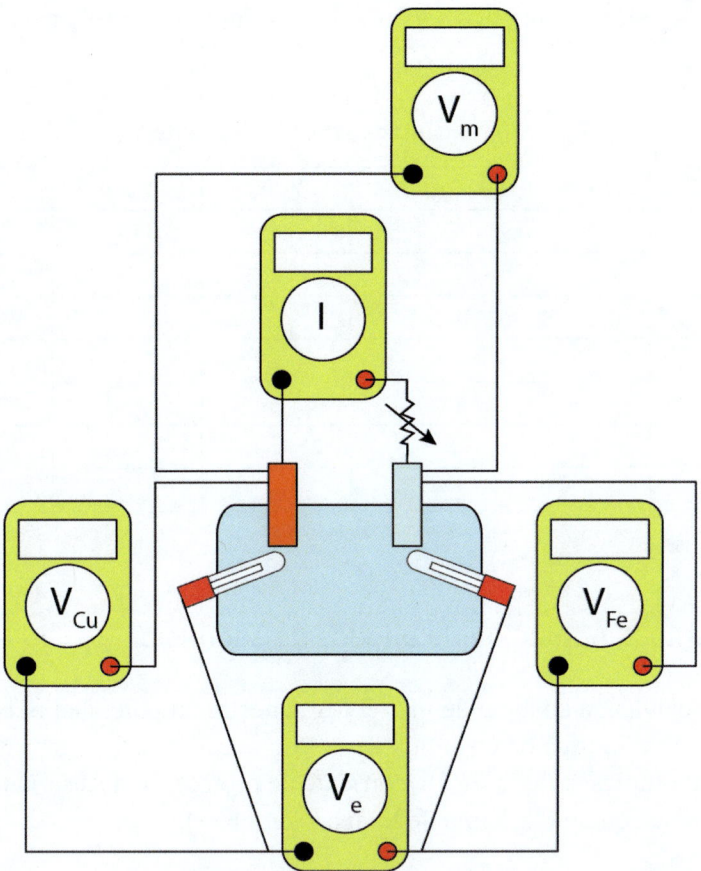

Figura 72. Montaje de la celda de corrosión según Experimento 1.
Fuente: elaboración propia.

Paso 3. Medir la diferencia de potencial entre el Cu y el acero (V_m).

Paso 4. Medir la diferencia de potencial entre ambos electrodos de referencia (V_e).

Paso 5. Colocar la resistencia de 10 kΩ y esperar 2 minutos. A continuación, repetir las medidas de los pasos 2, 3 y 4. Además, anotar las medidas de corriente (I).

Paso 6. Repetir el paso 5 para las siguientes resistencias: 1 kΩ, 100 Ω, 10 Ω, 0 Ω (cortocircuito).

Paso 7. Medir el potencial de corrosión con cualquiera de los electrodos de referencia (situar el electrodo en el centro de la bandeja y alejado de Cu y acero. Completar la Tabla 26.

Paso 8. Apagar voltímetros y construir el diagrama de Evans correspondiente.

Tabla 26. Resultados del Experimento 1

Resistor (Ω)	V_m(V)	V_e(V)	V_{Cu}(V)	V_{Fe}(V)	I (mA)
Circuito abierto					
10000					
1000					
100					
10					
0					
E_{corr} (V)					

Fuente: elaboración propia.

Experimento 2. Actuación de ánodos de sacrificio

En la serie galvánica en agua de mar el Mg muestra un potencial muy activo. Por este motivo, se trata de un ánodo de sacrificio capaz de otorgar protección catódica a múltiples materiales. La corriente de protección necesaria (I_{cp}) puede visualizarse con un diagrama de Evans (Figura 73).

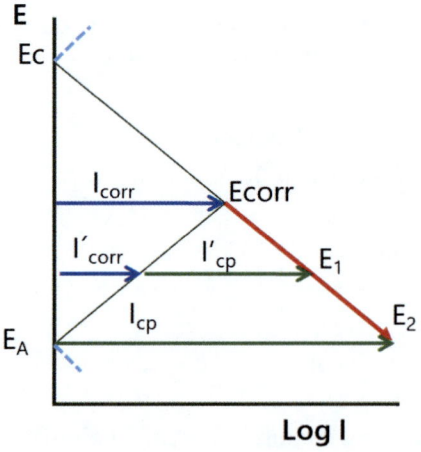

Figura 73. Diagrama de Evans para un sistema con protección catódica. Fuente: elaboración propia.

A continuación, se describen los pasos necesarios para la construcción de un diagrama de Evans para un sistema de protección catódica tomando como punto de partida una celda de corrosión compuesta de ánodo de Fe, cátodo de Cu y agua (Tabla 27).

Tabla 27. Material para el desarrollo del Experimento 2

Bandeja de plástico con 1L de agua del grifo con 5 mL de una disolución de fenolftaleína en etanol al 2% v/p y 0.5 g/L de ferricianuro potásico. No añadir NaCl en esta disolución. Chapa de Cu, Chapa de acero al C, Chapa de Mg 2 electrodos de referencia Ag/AgCl con sus cables 4 resistencias (10 kΩ, 1 kΩ, 100 Ω, 10 Ω) 8 cables y 4 multímetros

Fuente: elaboración propia.

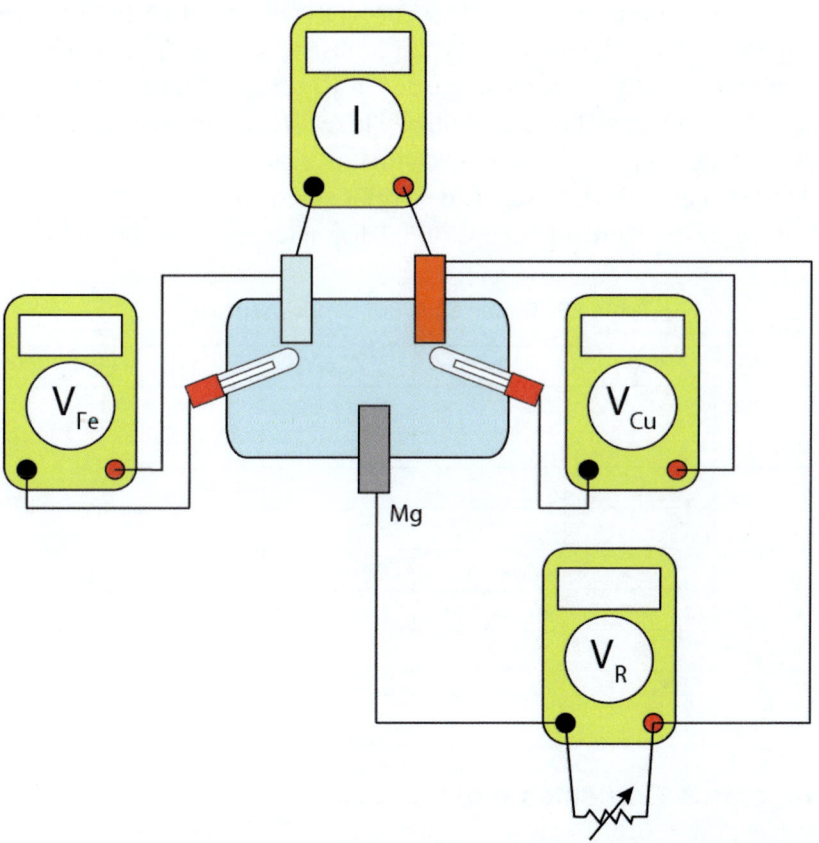

Figura 74. Montaje de la celda de corrosión con protección con ánodo de sacrificio según Experimento 2. Fuente: elaboración propia.

Paso 1. Llenar la bandeja de plástico con 1 L de la disolución preparada. Introducir (sin sumergir del todo) las chapas de Cu y acero en la bandeja. Completar el montaje tal y como se muestra en la Figura 74 (Advertencia: no conectar ninguna resistencia y no introducir la chapa de Mg hasta que no se especifique. Es decir, no cortocircuitar bornes negro y rojo del multímetro V_R. Adicionalmente el multímetro I tiene que estar apagado o en su defecto sin conectar los cables).

Paso 2. Medir el potencial a circuito abierto del Cu ($E_{Cu,oc}$) y del acero ($E_{Fe,oc}$) con la ayuda de los electrodos de referencia. Estos deben situarse próximos a las muestras (Advertencia: no medir con el mismo electrodo de referencia ambas chapas).

Paso 3. Encender o conectar el multímetro I entre Cu y acero. Medir Icorr y anotar los potenciales de Cu ($E_{Cu,cc}$) y acero ($E_{Fe,cc}$) polarizados.

Paso 4. Introducir la chapa de Mg y conectarla al circuito como se muestra en la Figura 74. A continuación, conectar la resistencia de 10 kΩ y medir I_{corr}, la caída óhmica (V_R) y los potenciales de Cu y acero. Calcular la corriente de protección (I_{cp}) mediante la caída óhmica y la resistencia empleada ($V_R/R=I_{cp}$).

Paso 5. Repetir el paso 4 para las siguientes resistencias: 1 kΩ, 100 Ω, 10 Ω y 0 Ω (cortocircuito en presencia de Mg). Completar la Tabla 28.

Paso 6. Apagar voltímetros y construir el diagrama de Evans correspondiente.

Tabla 28. Resultados del Experimento 2

Resistor (Ω)	V_R (V)	V_{Fe} (V)	V_{Cu} (V)	I_{cp} (mA)	I_{corr} (mA)
Circuito abierto	-				-
Cortocircuito	-				-
10000					
1000					
100					
10					
0					

Fuente: elaboración propia.

Experimento 3. Corrientes vagabundas

En este experimento se evalúa la interferencia que ejerce una estructura ajena a la instalación protección catódica. Según el esquema de la Figura 75, cabría esperar un correcto funcionamiento del sistema de protección catódica sin que dicho sistema y la estructura externa se vieran afectados mutuamente. Sin embargo, esto no es lo que ocurre, ya que, como se demuestra en el presente experimento, la estructura externa supone un camino adicional de paso de corriente que da lugar a interferencias en el sistema de protección.

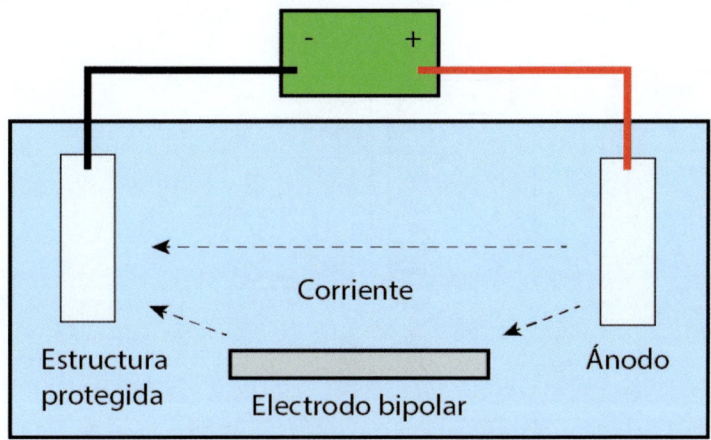

Figura 75. Esquema del sistema para evaluar la interferencia de una estructura ajena a la instalación de protección catódica. Fuente: adaptado de Krooks 2016.

En este tipo de sistemas, la estructura externa actúa como un *electrodo bipolar*. De tal manera que, la superficie de dicha estructura se encuentra en un estado equipotencial, mientras que el electrolito situado entre los electrodos del sistema de protección catódica muestra un gradiente de potencial. La diferencia de potencial entre estructura y electrolito es máxima en sus extremos, lo que puede dar lugar a reacciones electroquímicas.

Como resultado del camino adicional del paso de corriente que supone la estructura externa se puede llegar a una situación en la que queden zonas sin protección catódica. Más grave aún es la corrosión localizada que puede experimentar la estructura externa en los puntos de salida de corriente. Por este motivo, es fundamental medir o valorar en qué grado se producen este tipo de interferencias en sistemas de protección catódica y actuar en consecuencia.

A continuación, se describen los pasos necesarios para evaluar los efectos que se producen cuando una estructura externa interfiere con una instalación de protección catódica (Tabla 29).

Tabla 29. Material para el desarrollo del Experimento 3

Bandeja de plástico con 1L de agua del grifo con 5 mL de una disolución de fenolftaleína en etanol al 2% v/p y 0.5 g/L de ferricianuro potásico. No añadir NaCl en esta disolución. Electrodos y estructura de interferencia Fuente de alimentación o pila de 9 V 2 electrodos de referencia Ag/AgCl con sus cables 4 cables y 2 multímetros

Fuente: elaboración propia.

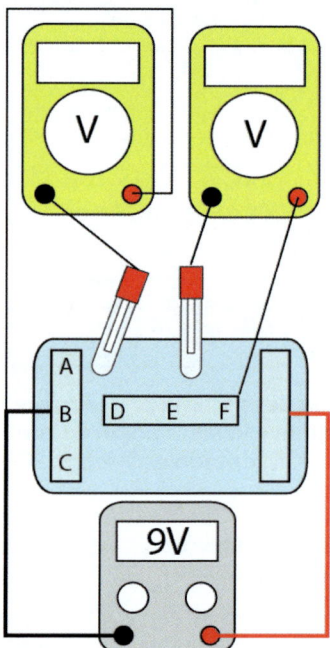

Figura 76. Montaje para evaluar el efecto de corrientes vagabundas según Experimento 3. Fuente: elaboración propia.

Paso 1. Llenar la bandeja de plástico con la disolución indicada. Introducir las estructuras metálicas, excepto la identificada con las letras DEF. Completar el montaje tal y como se muestra en la Figura 76.

Paso 2. Conectar la fuente de alimentación a 9 V y medir los potenciales de la estructura protegida catódicamente (acero) en las posiciones A, B y C.

Paso 3. Desconectar el sistema de protección catódica e introducir la estructura de acero identificada con las letras D, E, F tal y como se muestra en la Figura 76.

Paso 4. Sin conectar el sistema de protección, medir los potenciales en las posiciones D, E y F.

Paso 5. Conectar el sistema de protección catódica y medir potenciales en las posiciones A, B, C y D, E, F. Completar la Tabla 30.

Paso 6. Observar los virajes de color que ocurren en las distintas partes del montaje.

Tabla 30. Resultados del Experimento 3

	Potenciales de la estructura protegida (V)			Potenciales de la estructura de interferencia (V)		
	A	B	C	D	E	F
Con protección				-	-	-
Sin protección	-	-	-			
Con protección + interferencia						

Fuente: elaboración propia.

Informe

El informe final deberá incluir los siguientes apartados. El porcentaje indica el peso en la calificación de la práctica (la calidad del informe tiene un peso de 10%).

Introducción (10%), Objetivos (5%) y Parte experimental (5%)

— Descripción breve de fundamentos teóricos, objetivos y metodología de la práctica.

Resultados y discusión

— Tabla de resultados, Diagrama de Evans y breve discusión del Experimento 1 (20%).
— Tabla de resultados, Diagrama de Evans y breve discusión del Experimento 2 (20%).
— Tabla de resultados y breve discusión del Experimento 3 (20%).

Conclusiones/Bibliografía (10%)

Práctica 16. Análisis de fallos

Introducción

Sistemática para el diagnóstico de las causas de corrosión

- Recogida de datos sobre el sistema
  - Tipo de construcción (descripción, planos, dibujos) y propósito.
  - Composición (código del metal o aleación) y pretratamiento superficial.
  - Contacto con otros metales.

- Condiciones de operación
  - Naturaleza del medio (gas, líquido, sólido o mezcla) y composición del medio (análisis químico, contaminantes, etc.), constante o variable.
  - Datos físicos (temperatura, presión, velocidad de flujo).
  - Aspectos mecánicos; carga (estática/dinámica, magnitud, tensión/presión, frecuencia), y operación (continua, intermitente, condiciones o no de diseño).

- Recogida de datos sobre la superficie corroída
  - Apariencia (picadura, uniforme, marcas, etc.) mediante fotografías/dibujos, etc.
  - Aspecto del recubrimiento (intacto, ampollado, levantamiento, etc.).
  - Productos de corrosión u otros depósitos sobre la superficie (análisis químico).

- Datos complementarios
  - Edad, tiempo de fallo de la parte corroída.
  - Daño producido, medidas tomadas, (¿qué controles?).
  - ¿Si es corrosión específica o más general de la planta o sistema?
  - ¿Controles sobre el tratamiento superficial (recubrimientos)?

Objetivos

Análisis de diferentes piezas de materiales metálicos que han fallado en servicio debido a problemas de corrosión.

Parte experimental

Paso 1. Inspeccionar visualmente y fotografiar las piezas.
  Paso 2. Adquisición sistemática de datos sobre las condiciones de operación.
  Paso 3. Diagnosticar el mecanismo de corrosión y posibles causas.
  Paso 4. Plantear recomendaciones para prevenir el mismo fallo en el futuro.

Informe

El informe final deberá incluir los siguientes apartados. El porcentaje indica el peso en la calificación de la práctica (la calidad del informe tiene un peso de 10%).

Resultados y discusión

– Descripción del caso y fotografías (30%). Mecanismo y causa de fallo (30%). Recomendaciones o soluciones para evitar fallo similar (20%).

Conclusiones/Bibliografía (10%)

IV. Procesamiento de materiales

Fuente: elaboración propia.

https://dx.doi.org/10.5209/docm.001.04
Laboratorio Integrado. Raúl Arrabal Durán. © Ediciones Complutense, 2025.

Práctica 17. Introducción a ensayos no destructivos

Los ensayos no destructivos (END) son procedimientos desarrollados para detectar e identificar defectos o imperfecciones potencialmente críticos, en la superficie o en el interior, sin destruir la pieza ni producir marcas que afecten a la calidad del material. Se clasifican en dos grandes grupos, según se utilicen para detectar defectos superficiales y/o sub-superficiales o para defectos internos. Entre los primeros se encuentran los procedimientos de líquidos penetrantes, partículas magnéticas y corrientes inducidas. Entre los segundos destacan los que utilizan radiaciones ionizantes (rayos X o gamma) y los ultrasonidos. Todos ellos están basados en fenómenos o propiedades físicas de los materiales.

La responsabilidad del personal que participa en ensayos no destructivos se divide en tres niveles:

- Nivel I: tareas de inspección bajo supervisión y siguiendo procedimientos establecidos.
- Nivel II: realizar y evaluar ensayos no destructivos de manera autónoma, interpretar códigos y normas aplicables, y elaborar informes de inspección. Pueden tomar decisiones de aceptación/rechazo.
- Nivel III: supervisan y administran programas de ensayo no destructivos. Están capacitados para capacitar a personal de nivel I y II. Tienen autoridad para tomar decisiones finales sobre aceptación/rechazo y son responsables de garantizar conformidad con normativas y estándares aplicables.

Los requisitos de certificación dependen de la organización certificadora y el método END en cuestión.

Líquidos penetrantes

Introducción

La inspección por líquidos penetrantes es un tipo de ensayo no destructivo que se utiliza para detectar e identificar discontinuidades presentes en la superficie de materiales. Generalmente se emplea en aleaciones no férreas, aunque también se puede utilizar para la inspección de materiales férreos cuando la inspección por partículas magnéticas es difícil de aplicar. En algunos casos se puede utilizar en materiales no metálicos.

El procedimiento consiste en limpiar la superficie de la pieza objeto de inspección, cubrirla con un líquido coloreado o fluorescente que penetra por capilaridad. Después de un determinado tiempo, se elimina el exceso de líquido y se aplica un revelador que absorbe el líquido que ha penetrado en las discontinuidades del material. Sobre la capa del revelador se dibuja el contorno de los defectos (Figura 77).

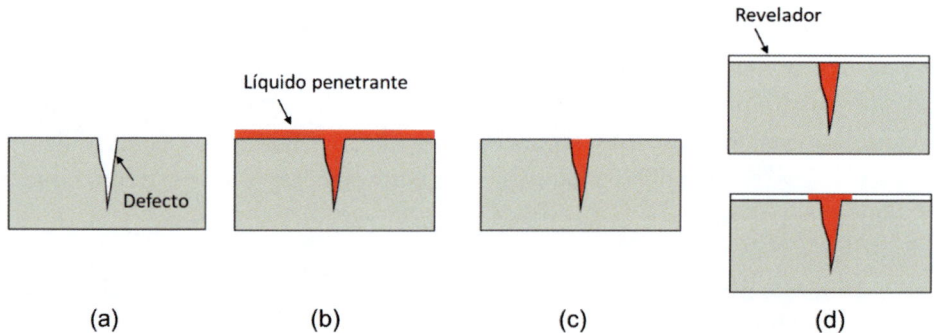

(a)	(b)	(c)	(d)

Figura 77. Etapas de la inspección con líquidos penetrantes: (a) limpieza, (b) aplicación líquido penetrante, (c) eliminación líquido sobrante y (d) aplicación de revelador e inspección. Fuente: elaboración propia.

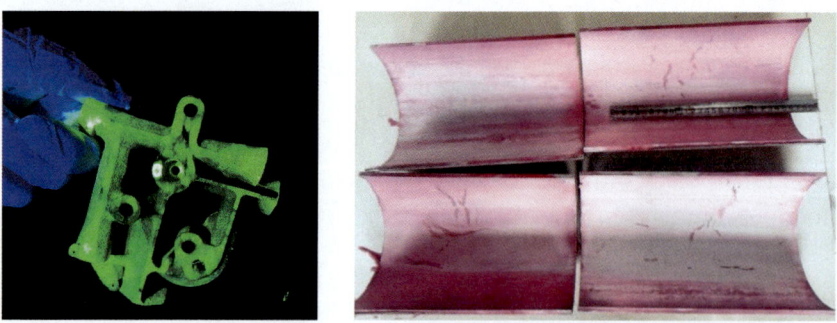

Figura 78. Ejemplos de líquidos penetrantes: fluorescente (color verde, (Arena 2023)) y visible (color rojo, (Song 2023)).

Los líquidos penetrantes se clasifican en dos categorías. Los líquidos penetrantes fluorescentes o Tipo I, de color verde y que emiten bajo luz UV, y los líquidos penetrantes visibles o Tipo II de color rojo (Figura 78). La norma UNE-EN ISO 3452 (UNE-EN ISO 3452-1 2022) describe con mayor detalle las características de este tipo de ensayos. Se trata de un procedimiento muy económico, útil para defectos pequeños (hasta 0,1-0,4 µm), aunque no sirve para materiales porosos y solo permite detectar defectos superficiales.

Objetivos

Detectar imperfecciones en uniones soldadas mediante líquidos penetrantes.

Parte experimental

Paso 1. Seleccionar la/s pieza/s a analizar con ayuda del profesorado.

Paso 2. Limpiar la superficie del material a examinar con un cepillo metálico y alcohol.

Paso 3. Aplicar líquido penetrante: puede hacerse por pulverización, inmersión o por aplicación con brocha. El penetrante lleva en suspensión un pigmento de color muy vivo o fluorescente y se mantiene sobre la superficie durante el tiempo suficiente (mínimo 15 minutos) para asegurar que ha llenado las posibles discontinuidades, de acuerdo con su viscosidad. La temperatura de aplicación debe estar comprendida entre 16 y 52 °C.

Paso 4. Eliminar el líquido penetrante de la superficie: los restos de líquido se eliminan mediante el lavado con agua, si es soluble en ella, o por un disolvente, denominado eliminador. Tanto el agua como el eliminador tienen una tensión superficial muy superior a la del líquido penetrante y, por ello, no pueden desalojar a este de la cavidad donde se ha introducido. La pieza se seca al aire.

Paso 5. Aplicar el revelador: se aplica una capa fina y uniforme de revelador sobre toda la superficie, mediante pulverización, a una distancia de 20 a 25 cm. Una vez transcurrido el tiempo de revelado (de 7 a 30 minutos), se procederá a la inspección de la zona a examinar.

Informe

El informe final deberá incluir los siguientes apartados. Los porcentajes indican el peso en la calificación (la calidad tiene un peso de 10%).

Introducción (10%), Objetivos (5%) y Parte experimental (5%)

– Descripción breve de fundamentos teóricos, objetivos y metodología de la práctica.

Resultados y discusión (60%)

– Fotografías y descripción de los diferentes tipos de imperfecciones observadas, posibles causas y soluciones.

Conclusiones/Bibliografía (10%)

Partículas magnéticas

Introducción

El método de inspección por partículas magnéticas permite detectar discontinuidades superficiales y subsuperficiales en materiales ferromagnéticos. Por tanto, puede aplicarse a piezas pintadas o con imprimación bajo ciertas circunstancias. Se aplica frecuentemente en soldaduras para la detección de indicaciones lineales tales como fisuras. Es más rápido que el método de líquidos penetrantes y no requiere de una limpieza tan exhaustiva.

La técnica consiste en la aplicación, bajo la acción de un campo magnético procedente de un yugo o bobina, de finas partículas magnéticas sobre la pieza a inspeccionar. La presencia de zonas discontinuas, como grietas o inclusiones, distorsiona las líneas de flujo creando campos de fuga y dando lugar a la acumulación de partículas en dichas zonas (Figura 79). La magnetización puede realizarse con corriente alterna o directa, dependiendo si la discontinuidad es superficial o subsuperficial, respectivamente.

Se diferencian dos tipos de partículas. i) *Partículas secas*: se aplican por espolvoreado (Figura 80). Destacan por su resistencia bajo condiciones extremas de temperatura y, dependiendo de la aplicación y sensibilidad, pueden utilizarse de tipo no fluorescente, fluorescente o dual, siendo necesario el uso de luz ultravioleta en los últimos dos casos. Su contaminación dificulta la reutilización. ii) *Partículas de tipo húmedo*: diseñadas para la preparación de suspensiones de base aceite o agua. Pueden aplicarse por aspersión o inmersión, siendo común la reutilización mediante un sistema de recirculación. Por lo general, se consideran más sensibles debido a su menor tamaño.

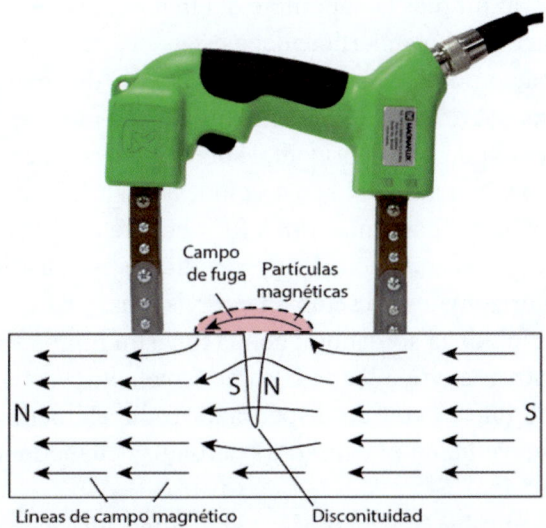

Figura 79. Esquema de la inspección mediante partículas magnéticas. Fuente: adaptado de Romero 2022.

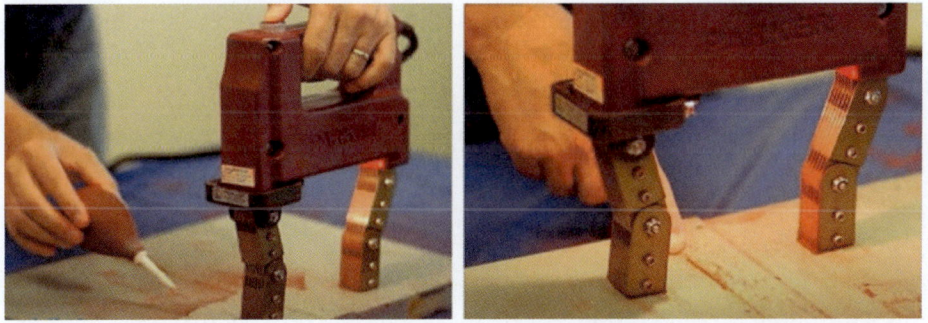

Figura 80. Aplicación de partículas secas (Dolati 2021).

Objetivos

Detectar imperfecciones en uniones soldadas mediante partículas magnéticas.

Parte experimental

Paso 1. Peso muerto: comprobar que el yugo electromagnético es capaz de levantarlo.

Paso 2. Piezas: seleccionar las piezas a analizar con ayuda del profesorado.

Paso 3. Limpieza: limpiar la superficie del material a examinar con un cepillo metálico y alcohol. La superficie debe estar seca antes de continuar.

Paso 4. Verificación dirección de flujo: apoyar los dos extremos del yugo de corriente alterna sobre una superficie plana de una muestra. Colocar entre los dos extremos del yugo, y en horizontal sobre la muestra, el indicador octogonal o tipo «tarta» y con las marcas o secciones mirando hacia abajo. Encender el yugo y espolvorear partículas (#8A Rojo) sobre el indicador octogonal. Se observarán mejor las indicaciones perpendiculares a las líneas de flujo, mientras que las horizontales no serán apenas visibles.

Paso 5. Inspección de la soldadura: con la muestra limpia y desmagnetizada (ver paso 8), apoyar el yugo y con el campo magnético activo, rociar partículas en el área de interés con un dispensador o directamente con ayuda de espátula. Soplar suavemente el exceso de partículas cuando aún se está aplicando la corriente.

Paso 6. Evaluación las indicaciones: toda indicación debe clasificarse en relevante, no relevante o falsa. (Nota: una indicación es la respuesta que arroja un examen no destructivo y que requiere su interpretación para definir si es relevante/no relevante. Se considera relevante si necesita ser evaluada, no relevante si está causada por una condición no rechazable, p. ej. geometría del componente, y falsa cuando está causada por una condición que no es una discontinuidad).

Paso 7. Limpieza: una vez terminada la inspección, recoger las partículas con ayuda del yugo y una brocha para su posterior reutilización (Nota: es más fácil retirar las partículas de la muestra si se desmagnetiza previamente. Ver paso siguiente).

Paso 8. Desmagnetización muestra: comprobar con el indicador de campo residual, también conocido como medidor Gauss o magnetoscopio, que la pieza no está magnetizada (medir en sus extremos). En caso de que así sea, desmagnetizar mediante varios movimientos con el yugo encendido sobre la pieza y sin tocarla. La pieza se considera desmagnetizada para lecturas inferiores a 3 Gauss.

Paso 9. Opcional: con ayuda del profesorado puede realizarse la inspección con partículas húmedas y aplicando previamente el líquido de contraste.

Informe

El informe final deberá incluir los siguientes apartados. Los porcentajes indican el peso en la calificación (la calidad tiene un peso de 10%).

Introducción (10%), Objetivos (5%) y Parte experimental (5%)

- Descripción breve de fundamentos teóricos, objetivos y metodología de la práctica.

Resultados y discusión (60%)

- Fotografías y descripción de los diferentes tipos de imperfecciones observadas, posibles causas y soluciones.

Conclusiones/Bibliografía (10%)

Radiografía

Introducción

Se basa en la mayor o menor transparencia (absorción o transmisión) de los materiales a rayos X o rayos gamma o neutrones, según su naturaleza y espesor. Es junto con ultrasonidos la técnica más adecuada para la detección de defectos internos en materiales. La norma UNE-EN 13068 (UNE-EN 13068-1 2000) describe con mayor detalle las características de este tipo de ensayos.

Consiste en intercalar el material a examinar entre una fuente radioactiva y una pantalla fotosensible a dicha radiación (Figura 81). Los rayos X se producen por excitación de un ánodo de W que recibe electrones acelerados a alto voltaje de un cátodo, también de W, y se dirigen hacia el material. Una pequeña fracción de los rayos X es trasmitida y detectada en una película o detector. La intensidad del haz de rayos trasmitidos depende del coeficiente de absorción y del espesor del material:

$$I = I_0 e^{-\mu x} \qquad \text{Ecuación 25}$$

I_0 es la intensidad del haz incidente y μ el coeficiente de absorción lineal del material que es función de la energía del haz y de la composición del material. μ generalmente aumenta con el n.º atómico para una determinada energía del haz, de manera que los metales de bajo n.º atómico, como el Al, son relativamente transparentes a la radiación y los metales de alto n.º atómico, como el Pb, son opacos.

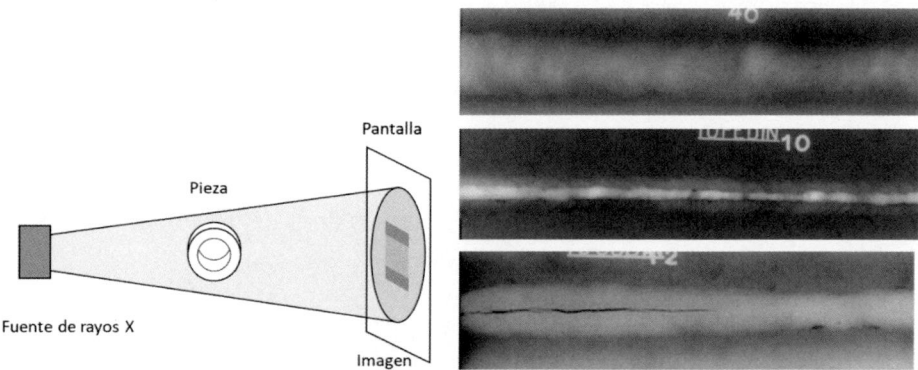

Figura 81. Esquema de la inspección por rayos X (Fuente: elaboración propia) y radiografías con defectos en soldaduras (Say 2023).

Si hay una discontinuidad en el interior, en esa zona la absorción será menor y la intensidad del haz trasmitido mayor (mancha en la película más oscura). La geometría, las propiedades físicas del defecto y los cambios de espesor influyen en la transmisión de los rayos, dejando su huella sobre la película.

Es una técnica muy usada para la detección de defectos internos del material como grietas, poros o impurezas (inclusiones). Está especialmente indicada en el control de calidad de uniones soldadas y de piezas moldeadas. Después del revelado de la película, las diferencias de grosor y de densidad de las imperfecciones se mostrarán más claras o más oscuras. La resolución es del orden de 1 mm. Como desventajas destacar el peligro de irradiación, no poder indicar la profundidad del defecto y requerimiento de acceso a ambos lados de la muestra.

Objetivos

Detectar imperfecciones en uniones soldadas mediante radiografías.

Parte experimental

Observar las radiografías seleccionadas (entre 10 y 20) correspondientes a uniones soldadas de piezas de acero de la colección International Institute of Welding, prestando especial atención a la información suministrada en las fichas. Fotografiar las radiografías.

Informe

El informe final relativo a la parte 17.3 deberá incluir los siguientes apartados. Los porcentajes indican el peso en la calificación (la calidad tiene un peso de 10%).

Introducción (10%), Objetivos (5%) y Parte experimental (5%)

– Descripción breve de fundamentos teóricos, objetivos y metodología de la práctica.

Resultados y discusión (60%)

– Fotografías y descripción de los diferentes tipos de imperfecciones observadas, posibles causas y soluciones.

Conclusiones/Bibliografía (10%)

Práctica 18. Inspección por ultrasonidos

Introducción

La inspección por ultrasonidos es un método no destructivo que se basa en la medición de la propagación de un haz o un conjunto de ondas de alta frecuencia en el material a analizar. Permite la detección de imperfecciones tanto en la superficie como en el interior del material. Se caracteriza por su gran poder de penetración y por su gran precisión en la identificación de forma, orientación y localización de defectos. Por contrapartida, piezas rugosas, irregulares, pequeñas o de bajo espesor son de difícil inspección.

Los ultrasonidos son ondas acústicas de la misma naturaleza que las ondas sonoras, pero con una frecuencia más alta (0,1 - 25 MHz) que el umbral superior de audibilidad humana (el rango audible va de 20 a 20.000 Hz). La capacidad de estas ondas para detectar defectos se basa en la relación entre la longitud de onda y el tamaño de los defectos. La sensibilidad de detección es tanto mayor cuanto mayor sea la frecuencia (menor longitud de onda). Como regla general, una discontinuidad debe medir al menos la mitad de la longitud de onda para poder ser detectada (la relación entre longitud de onda, λ, y frecuencia, f, viene dada por la expresión $\lambda=v/f$, siendo v la velocidad de propagación en el material estudiado). Sin embargo, un aumento de la frecuencia implica una reducción en el poder de penetración de la medición, debido a que las ondas de sonido tienden a dispersarse con más facilidad a mayores frecuencias.

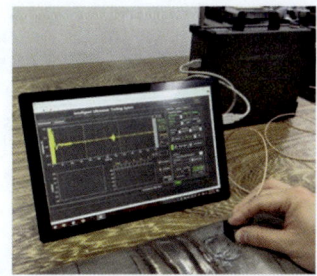

Figura 82. Ejemplo de aplicación de inspección por ultrasonidos de una soldadura (Lee 2023).

Es el método más común para detectar grietas y otras discontinuidades (fisuras por fatiga, corrosión o defectos de fabricación del material) en materiales gruesos, donde la inspección por rayos X se muestra insuficiente al ser absorbida la radiación X por el material. También se utiliza para detectar defectos superficiales y para la medida del espesor del material (Figura 82). La norma UNE-EN ISO 16810 (UNE-EN 16810 2014) describe con mayor detalle las características de este tipo de ensayos.

Existen numerosas formas de generar ondas ultrasónicas, siendo el efecto piezoeléctrico el más extendido en este ensayo. El *cabezal*, *palpador* o *sonda* del equipo contiene un elemento piezoeléctrico (cuarzo, sulfato de litio o cerámicas sintéticas), capaz de convertir una señal eléctrica en vibraciones mecánicas (ondas ultrasónicas) y viceversa. La elección del cabezal depende de la aplicación específica (Figura 83).

Figura 83. Ejemplos de palpadores de compresión, angulares, de transmisión y tipo rueda. (Reproducida con permiso de Tecnitest Ingenieros).

La información que se obtiene en un equipo de ultrasonidos puede representarse de varias formas (Figura 84):

– Tipo A: energía en función del tiempo/distancia.
– Tipo B: posición sobre la pieza y tiempo/distancia.
– Tipo C: imagen del plano analizado.

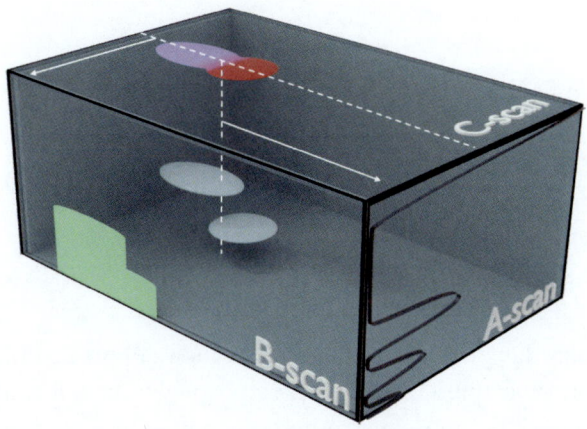

**Figura 84. Esquema de los barridos tipo A, B y C en ultrasonidos.
Fuente: elaboración propia.**

Existen varios procedimientos de ensayo por ultrasonidos (transmisión, eco-pulsado, resonancia, etc.). El método más utilizado es por eco-pulsado. Se basa en la detección de ecos producidos cuando un pulso ultrasónico (>20.000 Hz) es reflejado por una discontinuidad o una interfase en una pieza de trabajo. El equipo mide el tiempo que trascurre entre la emisión de la señal y la recepción de su eco. Conociendo la velocidad de propagación se sabe la distancia al que está la discontinuidad. En el caso de que no haya discontinuidades, el valor obtenido corresponde al espesor de la pieza (Figura 85).

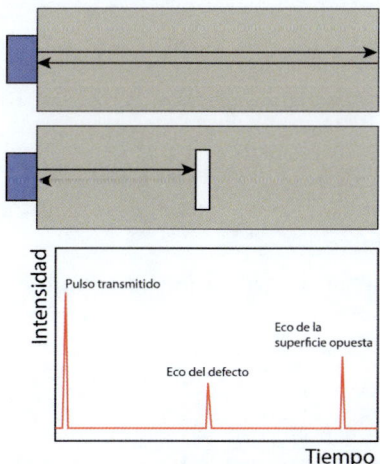

Figura 85. Fundamento del método eco-pulsado. Fuente: elaboración propia.

Objetivos

Familiarizarse con la inspección mediante ultrasonidos.

Parte experimental

Medición de espesores

Paso 1. Seleccionar las piezas a analizar con ayuda del profesorado. Encender el equipo y comprobar que la velocidad de propagación seleccionada corresponde a la del material objeto de estudio (ver manual del equipo).

Paso 2. Aplicar gel acoplante (facilita la transmisión de la onda ultrasónica) en la superficie de la muestra escalonada y comprobar que el equipo está correctamente calibrado. En el momento en el que el palpador bicristal se apoya en la superficie se genera un pulso ultrasónico que se trasmite por el material. Cuando la onda elástica choca con una interfase parte de la onda se refleja y regresa al transductor. El equipo mide el tiempo requerido para que el pulso viaje a través del material desde el transductor hasta la interfase (discontinuidad del lado opuesto) y regrese al transductor. Es decir, se mide el tiempo que transcurre entre la emisión de la señal y la recepción de su eco. Dicha medida permite, si se conoce la velocidad de propagación del ultrasonido en el material, determinar a qué distancia está el defecto o superficie reflectante. Evaluar las piezas seleccionadas.

Detección de imperfecciones con el equipo Sonatest D-50 (A-scan)

Paso 1. Seleccionar las piezas a analizar con ayuda del profesorado.

Paso 2. Limpiar la superficie del material a examinar. La superficie debe estar seca antes de continuar.

Paso 3. Tutorial: seguir las instrucciones disponibles en el laboratorio.

Informe

El informe final deberá incluir los siguientes apartados. Los porcentajes indican el peso en la calificación (la calidad tiene un peso de 10%).

Introducción (10%), Objetivos (5%) y Parte experimental (5%)

- Descripción breve de fundamentos teóricos, objetivos y metodología de la práctica.

Resultados y discusión

- Fotografías y esquemas de las muestras utilizadas para la medición de espesores. Se recomienda hacer los esquemas con *software* tipo Freecad, Blender, etc. para facilitar la interpretación de las medidas. También pueden realizarse gráficas con Excel, Origin o similar para observar mejor las variaciones de espesor (30%).
- Fotografías y descripción de los diferentes tipos de imperfecciones observadas con el palpador recto y angular (30%).

Conclusiones/Bibliografía (10%)

Práctica 19. Cementación del acero

Introducción

La cementación *(carburizing)* es un tratamiento termoquímico que tiene como objeto enriquecer en C (0,7-1,2%C) la superficie de piezas de acero. La profundidad de la capa cementada suele estar comprendida entre 0,1 y 1,5 mm y cuando se combina con un tratamiento térmico posterior de temple y revenido se consiguen piezas con un núcleo tenaz y extraordinaria dureza superficial (60-65 HRC). Este tipo de tratamiento suele aplicarse sobre piezas de acero de bajo contenido en C (<0,2%) que requieren elevada resistencia al desgaste, impacto y fatiga (ejes, engranajes, etc.) (Figura 86).

Figura 86. Ejemplo de engranaje con tratamiento de cementación (Fularski 2021).

La operación de cementación suele llevarse a cabo en el campo austenítico, a unos 40 °C por encima de la temperatura A_3, y en presencia de un medio carburante. El control de la temperatura y del medio debe ser riguroso a fin de evitar defectos tales como crecimiento de grano (T<1000 °C) y exceso de C en superficie. Cuando este último se sitúa por encima del 0,8% se corre el riesgo de obtener durezas anormalmente bajas, debido a un exceso de austenita retenida tras el temple. Asimismo, se corre el riesgo de fragilizar la pieza por formación de cementita en límite de grano. En lo que respecta al medio carburante, este puede conseguirse en sistemas gaseosos, líquidos, sólidos o más sofisticados (vacío, plasma, lecho fluidizado, etc.). A continuación, se describen las principales características de los más comunes:

a) *Cementación gaseosa (gas carburizing)*: se utilizan hornos con atmósfera procedente de combustión controlada de gas natural (metano + CO, N_2, CO_2, etc.). Es el método más común y versátil en la actualidad. Permite tratar un gran número de piezas simultáneamente y más rápidamente (x2 o x3 veces más rápido que la cementación sólida). Además, produce menos daño medioambiental que la cementación sólida. Sus principales inconvenientes son los costes de la instalación y los riesgos asociados a la producción de CO. Las reacciones que ocurren son las siguientes:

1. Descomposición del CO en la superficie del acero: $2CO \rightarrow C(Fe)+CO_2$
2. Descomposición del metano: $CH_4 \rightarrow C(Fe) + 2H_2$
3. Reacción entre CO e H_2: $CO + H_2 \rightarrow C(Fe) + H_2O$
4. Regeneración de condiciones reductoras: $CH_4 + CO_2 \rightarrow 2CO + 2H_2$
$$CH_4 + H_2O \rightarrow CO + 3H_2$$

b) *Cementación líquida (cementación en baño, liquid carburizing)*: se utilizan baños con sales fundidas (cloruros, carbonatos, etc.) y cianuro de sodio (Figura 87). El efecto del N es despreciable y se suele distinguir entre baños de baja (850-900 °C → 0,075-0,75 mm) y alta temperatura (900-950 °C → 0,5-3,0 mm) en función del espesor deseado de capa cementada. La secuencia de reacciones que dan lugar al CO y C a partir de NaCN es compleja. Una vez que se forman estos productos tiene lugar la cementación como tal.

$$2CO \rightarrow C(Fe)+CO_2$$
$$C \rightarrow C(Fe)$$

El principal riesgo de este proceso se asocia a las sales de cianuro, por este motivo se están buscando fuentes alternativas de C en la actualidad.

Figura 87. Cementación en baño o líquida. (Reproducida con permiso de Tecma).

c) *Cementación sólida (cementación en caja, pack carburizing)*: se trabaja con hornos y cajas o recipientes que contienen carbón vegetal y un activador (Ej. $BaCO_3$, $CaCO_3$ y/o Na_2CO_3) (Figura 88). Es el método más tradicional, sin embargo, presenta una serie de inconvenientes:

- Tiempo prolongado de proceso (1-72 h) y, por tanto, con un consumo elevado de energía.
- Difícil controlar el contenido en C en superficie y ajustar el espesor de la capa cementada (±0,25 mm). Por este motivo suele emplearse para espesores >1 mm.
- La operación de temple posterior es manual.

Figura 88. Caja para el proceso de cementación sólida. (Reproducida con permiso de Nabertherm).

Las reacciones que ocurren durante el proceso son las siguientes:

1. Oxidación del carbón vegetal: $2C + O_2 \rightarrow 2CO$
2. Descomposición del CO en la superficie del acero: $2CO \rightarrow C(Fe) + CO_2$
3. Regeneración de condiciones reductoras: $CO_2 + C \rightarrow 2CO$
4. Descomposición del activador: $BaCO_3 \rightarrow BaO + CO_2$

La capa cementada es aquella con un contenido en C superior al del acero de partida, distinguiéndose habitualmente entre capas finas (<0,5 mm), medias (0,5-1 mm), semigruesas (1-1,5mm) y gruesas (>1,5 mm). Adicionalmente, se suele distinguir lo que se conoce como capa dura o capa cementada efectiva (> 550 HV = 52,5 HRC) y que constituye entre el 25 y el 50% de la capa cementada. La determinación de su espesor puede hacerse por vía química, visual o, mejor aún, mediante medidas de dureza (SAE 423, ISO 2639). La Figura 89 muestra un ejemplo de la capa cementada. Existen varias vías para predecir el espesor de la capa cementada, siendo la Segunda Ley de Fick y aproximaciones de esta las estrategias más comunes (Figura 90).

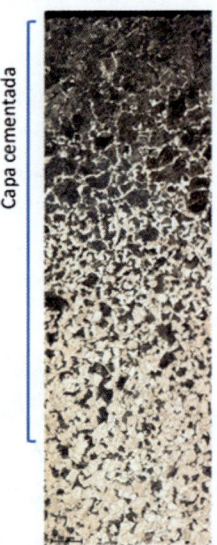

Figura 89. Ejemplo de capa cementada en un acero al carbono.
Fuente: elaboración propia.

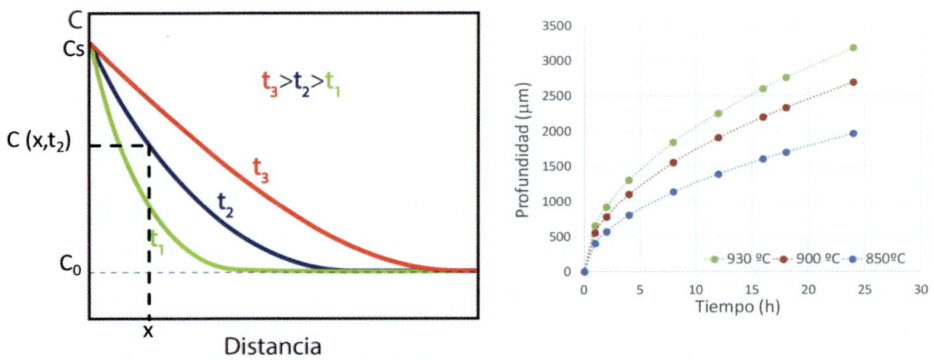

Figura 90. Expresión de la Segunda Ley de Fick y predicción
del espesor de la capa cementada en función del tiempo y la temperatura.
Fuente: elaboración propia.

Solución de la segunda ley de Fick y aproximación:

$$\frac{C_x - C_0}{C_s - C_0} = 1 - f_{err}\left(\frac{x}{2\sqrt{Dt}}\right) \qquad \text{Ecuación 26}$$

$$C_x = \frac{C_s + C_0}{2} \qquad \text{Ecuación 27}$$

Objetivos

Cementar el acero F111 (% C$\leq$ 0,20, % Mn$\leq$ 1,40, % P$\leq$ 0,0045, % S $\leq$ 0,045). Estimar espesor de capa cementada mediante microscopía óptica y su dureza tras austenización y temple.

Parte experimental

Paso 1. Preparar la mezcla cementante (60% carbón vegetal triturado en mortero + 40% $BaCO_3$). Introducir en un crisol una probeta de acero F111 rodeada de mezcla cementante. Tapar el crisol.

Paso 2. Introducir el crisol en un horno a 900 °C para un tiempo de 3 h (en esta operación utilizar guantes de alta temperatura, careta antitérmica y pinzas).

Paso 3. Sacar el crisol del horno después del tiempo especificado. Esperar a que se enfríe y sacar la muestra de su interior. La probeta se austeniza a 870 °C durante 20 min, se templa en agua y se mide su dureza superficial tras un desbaste a P120 para eliminar el óxido superficial (escala Rockwell C, 5 medidas). Los resultados deben compararse con la dureza del material de partida en estado de recepción.

Paso 4. Examinar en el microscopio óptico probetas cementadas, embutidas y pulidas de la colección del laboratorio. Si fuera necesario, se pulirán y atacarán con nital al 3% (10-15 segundos). Determinar la profundidad de la capa cementada en las micrografías obtenidas.

Informe

El informe final deberá incluir los siguientes apartados. Los porcentajes indican el peso en la calificación (la calidad del informe tiene un peso de 10%).

Introducción (10%), Objetivos (5%) y Parte experimental (5%)

– Descripción breve de fundamentos teóricos, objetivos y metodología de
la práctica.

Resultados y discusión

– Micrografías donde se señalen microconstituyentes. Deben describirse
con ayuda del diagrama de fases Fe-Fe$_3$C (40%).
– Gráfica donde se represente la profundidad teórica de cementación (d)
en función del tiempo de acuerdo con la Segunda Ley de Fick (citar la
fuente consultada para el coeficiente de difusión utilizado) (20%).

Conclusiones/Bibliografía (10%)

Práctica 20. Ensayo Jominy

Introducción

El ensayo Jominy es el método de medida de templabilidad de aceros más extendido. Consiste en enfriar bajo unas condiciones específicas una probeta estándar en forma de barra cilíndrica para posteriormente, mediante medidas de dureza, obtener la curva de templabilidad (Figura 91). Previo al ensayo, la probeta debe someterse a un tratamiento de normalizado. La temperatura de austenización será la especificada en la norma según la composición del acero, debiendo tomar precauciones para evitar que se descarbure u oxide la probeta durante el calentamiento colocándola, por ejemplo, rodeada de viruta de fundición. La probeta deberá mantenerse en el horno durante al menos 30 minutos con objeto de obtener una estructura austenítica uniforme. Dos ejemplos de normas donde se detallan estos aspectos son la ASTM A255 (A255-20a 2020) y la UNE-EN ISO 642 (UNE-EN ISO 642 2000).

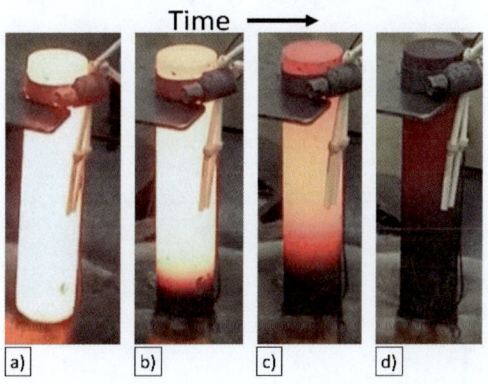

Figura 91. Enfriamiento de la probeta Jominy tras a) ~0 s, b) 15 s, c) 40, d) 120 s (Landgraf 2021).

El enfriamiento se realiza en una instalación especial donde un extremo de la probeta recibe un chorro de agua a una temperatura comprendida entre 5 y 30 °C y que procede de un orificio con 12,5 mm de diámetro (Figura 93). El caudal de agua se regula de manera que la altura del chorro sea de unos 65 mm cuando la probeta no está colocada en el soporte. Se obtiene, de esta manera, a lo largo del eje del cilindro, zonas con velocidades de enfriamiento que varían desde un temple en agua en un extremo hasta un enfriamiento lento al aire en el otro (Figura 93). Terminado el ensayo, se mecanizan dos superficies planas en los lados opuestos de la barra, rebajando un mínimo de 0,38 mm (el mecanizado debe realizarse con precaución para evitar el revenido). Finalmente, se mide la dureza HRC a lo largo del eje de la barra y se representan los datos para obtener la curva de templabilidad o curva Jominy (Figura 94).

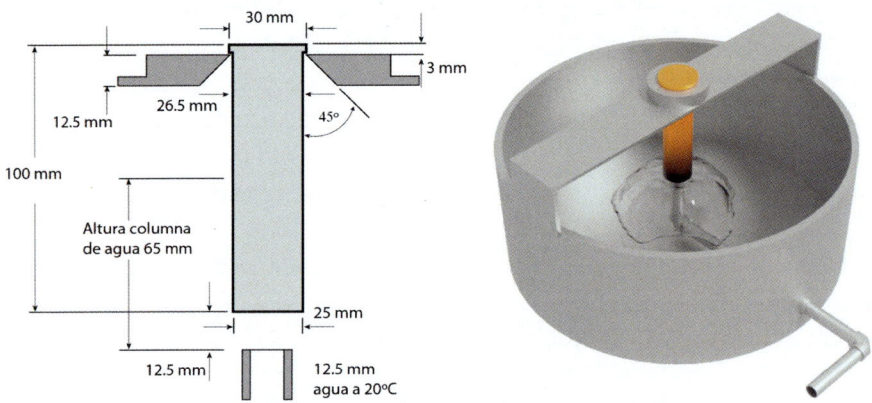

Figura 92. Dispositivo experimental para el ensayo Jominy.
Fuente: elaboración propia.

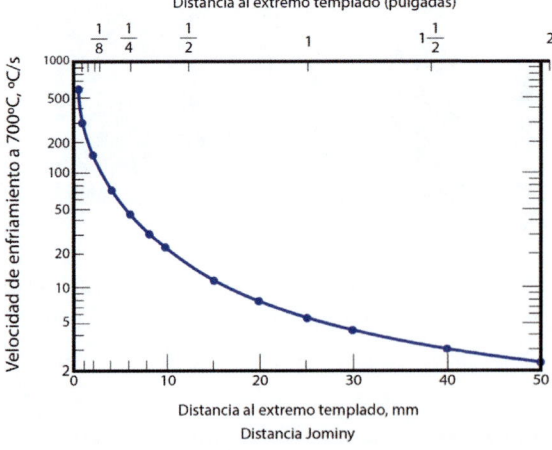

Figura 93. Velocidades de enfriamiento en función de la distancia al extremo templado. Fuente: elaboración propia.

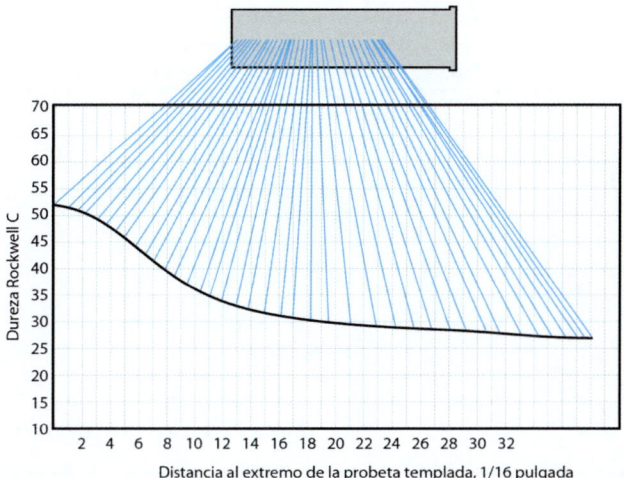

Figura 94. Ejemplo de curva Jominy para un acero 0,32%C-0,61%Mn, 1,03%Cr y 0,23%Mo. Fuente: adaptado de Apraiz 1949.

En un solo ensayo se obtiene una curva de templabilidad que permite relacionar la medida de dureza de un acero con la velocidad de enfriamiento y, en consecuencia, con su microestructura a través de los diagramas de enfriamiento continuo. También permite obtener parámetros como el diámetro crítico (diámetro de una barra de acero en el que la microestructura es 50% martensita en el centro de la probeta) a partir de la distancia al extremo templado que presenta la dureza correspondiente a un 50% de martensita y de datos obtenidos con barras de acero en distintos medios de temple (Figura 94 y Figura 95).

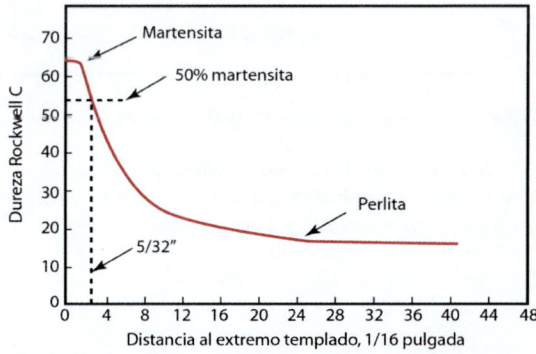

Figura 95. Curva de templabilidad del acero C-54 con un 0.8% C donde se muestra la distancia correspondiente a un 50% de martensita. Fuente: adaptado de Reza Abbaschian 2009.

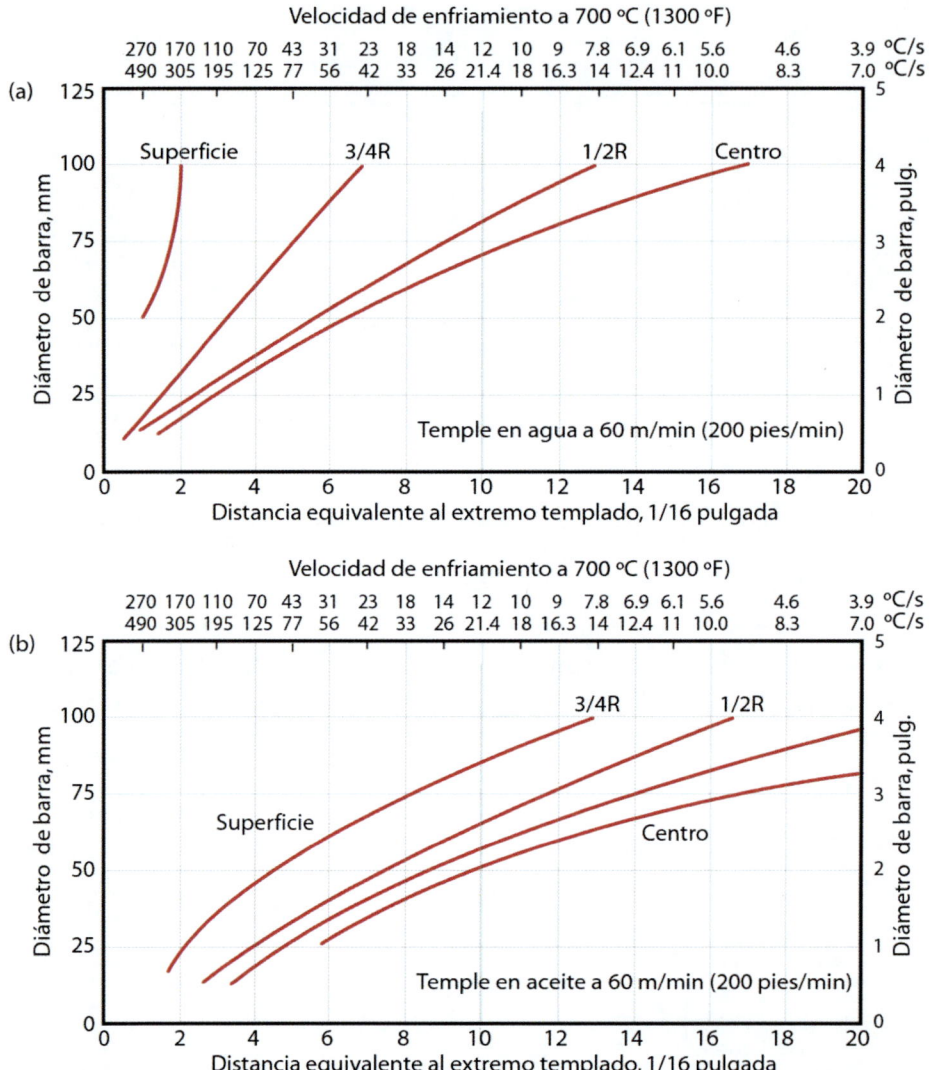

Figura 96. Velocidades de enfriamiento equivalentes para distancias al extremo templado en probeta Jominy y posiciones en barras de diferentes diámetros. (a) Templadas en agua agitada a 1 m/s; (b) templadas en aceite agitado a 1 m/s. Fuente: adaptado de ASM vol. 4 1996.

Objetivos

Determinar la templabilidad de un acero mediante el ensayo Jominy.

Parte experimental

Paso 1. Introducir la probeta Jominy de acero F114 (%C=0,45, %Mn=0,65) en un horno a 850 °C durante 45 min (en esta operación utilizar guantes, careta antitérmica y pinzas).

Paso 2. Poner en marcha el dispositivo experimental del ensayo Jominy. Después de los 45 minutos sacar la probeta Jominy con las pinzas y colocarla en el dispositivo Jominy. No tardar más de 5 segundos en esta operación. Esperar 10 minutos hasta que el proceso termine.

Paso 3. Colocar la probeta Jominy rectificada en el durómetro y medir según norma en las siguientes posiciones: 1.6 – 3.2 – 4.8 – 6.4 - 7.9 – 9.5 – 11.1 – 12.7 – 14.3 – 15.9 – 17.5 – 19.1 – 20.6 – 22.2 – 23.8 – 25.4 – 28.6 – 31.8 – 34.9 – 38.1 – 44.5 - 50.8. Representar los valores de dureza *vs.* distancia en mm (Curva Jominy o de templabilidad).

Paso 4. Pulir y atacar con nital probetas de una barra ya ensayada. Obtener micrografías en función de la distancia al extremo templado e identificar los distintos microconstituyentes con ayuda del correspondiente diagrama de enfriamiento continuo.

Informe

El informe final deberá incluir los siguientes apartados. Los porcentajes indican el peso en la calificación (la calidad del informe tiene un peso de 10%).

Introducción (10%), Objetivos (5%) y Parte experimental (5%)

– Descripción breve de fundamentos teóricos, objetivos y metodología de la práctica.

Resultados y discusión (40%)

– Resultados con su correspondiente discusión, incluyendo la curva de templabilidad para el acero F114 y las correspondientes microestructuras en función de la distancia al extremo templado (utilizar del diagrama de enfriamiento continuo mostrado en la Figura 97 correspondiente a un acero similar al estudiado).

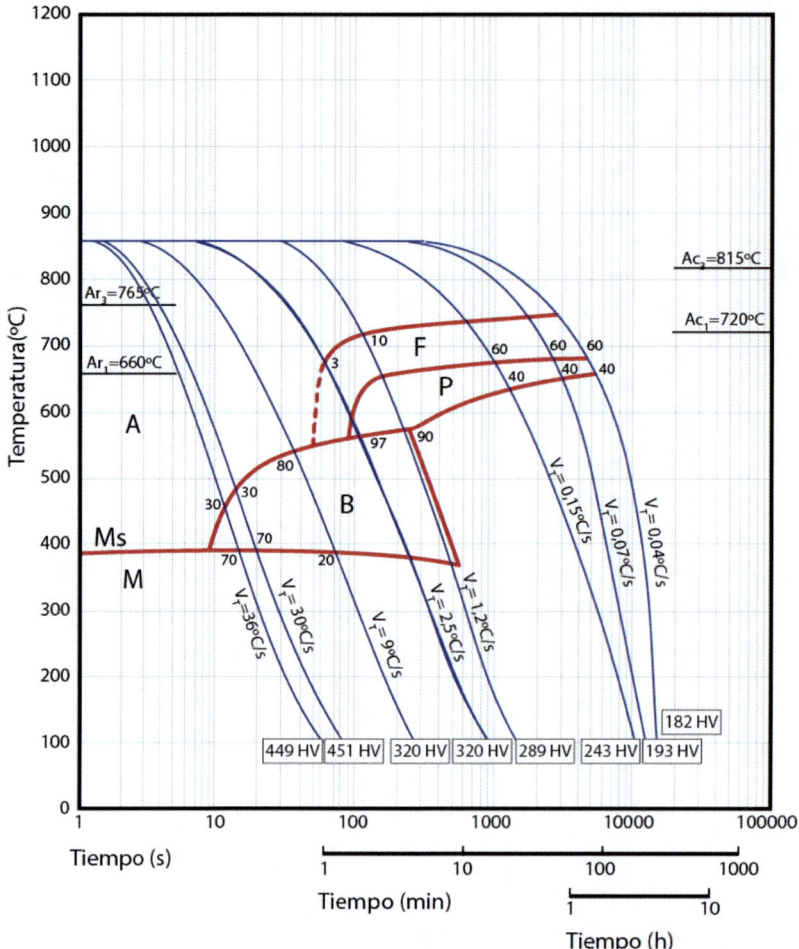

Figura 97. Diagrama de enfriamiento continuo para el acero hipoeutectoide 4130. Fuente: adaptado de SIJ group 2023.

Conclusiones/Bibliografía (10%)

Cuestiones (20%)

1. Con ayuda de la Tabla 31, leer en la curva Jominy el valor de la dureza para un 50% de martensita y determinar a qué distancia aparece esta dureza en el ensayo realizado. A partir de ella, determinar el diámetro crítico haciendo uso de la Figura 96a.

Tabla 31. Dureza de la martensita en función del %C

%C	Dureza, HRC				
	99%M	95%M	90%M	80%M	50%M
0,10	38,5	32,9	30,7	27,8	26,2
0,20	44,2	40,5	38,2	35,0	31,8
0,30	50,3	47,0	44,6	41,2	37,5

Fuente: elaboración propia.

Práctica 21. Moldeo en arena y coquilla de aleaciones Al-Si

Introducción

La mayoría de metales se pueden procesar por moldeo, lo que facilita la obtención de piezas con la forma deseada o muy próxima a ella (*near-net shape*). Existen multitud de métodos para moldear lingotes y partes con geometrías complejas y/o superficies internas. La elección de un método concreto depende de varios factores tales como tamaño, forma y cantidad de piezas y tipo de metal a solidificar. Una clasificación simple de los procesos de fundición se realiza sobre la base del tipo de molde; desechable, permanente y permanente con inyección.

Molde desechable

El molde puede fabricarse con arena, cerámica, grafito, etc. y ofrece una gran libertad en términos de diseño. En esta categoría se distinguen dos tipos de procesos:

a) *Modelo permanente*: el molde debe poder separarse en dos mitades para poder extraer el modelo.

b) *Modelo desechable*: permite reproducir formas más complejas y mejorar la precisión del acabado. Las dos vías más comunes son:

  – *Espuma perdida* (*lost-foam o modelo evaporativo*): se añade y compacta arena alrededor de un modelo fabricado en espuma. Durante el moldeo, la espuma se evapora y el metal solidifica en la cavidad resultante.

  – *Cera perdida* (*por revestimiento*, *lost-wax o investment casting*): se aplica y deja endurecer una masilla cerámica alrededor de un modelo desechable fabricado con cera. Posteriormente se elimina la cera y se procede al moldeo sobre el patrón cerámico, el cual se destruye para poder recuperar la pieza.

Molde permanente

Particularmente útil para altos volúmenes de producción con diseños que posean un espesor razonablemente uniforme y que no tengan geometrías excesivamente complejas. También es posible reproducir geometrías complejas, pero en ese caso se incrementa notablemente el coste del molde. A diferencia del moldeo en arena, presenta mayor reproducibilidad y permite conseguir mejores tolerancias dimensionales y mejores acabados superficiales. Los moldes suelen ser de fundición de hierro o acero y tienen una vida media de 10.000 o 120.000 fundiciones.

Molde permanente a inyección (*die casting*)

Normalmente limitado a metales de bajo punto de fusión y muy recomendado cuando el número de piezas a producir es elevado. Se suele hacer la distinción entre los procesos que utilizan cámara fría y caliente. En esta categoría se incluye también el proceso conocido como moldeo a presión en matriz, forjado de metal líquido o *squeeze casting*, en el que el metal fundido está sometido a presión durante la solidificación, obteniéndose productos con poca porosidad.

A continuación, se describen las características fundamentales de los procesos a desarrollar en la práctica: molde desechable y molde permanente. También se describen brevemente los defectos más comunes derivados de estos procesos.

Fundición en arena

El empleo de molde de arena desechable es el proceso más versátil y común, llegando a representar un 75% del mercado actual. Ejemplos de piezas obtenibles por esta vía son bases para máquinas, turbinas, propulsores, accesorios de fontanería, componentes del sector transporte, etc. Sus principales ventajas son:

- Se puede trabajar con casi cualquier metal.
- Bajo coste del herramental.
- No hay limitación en el tamaño, forma o peso de la parte.

Como principales limitaciones se encuentran el pobre acabado superficial, las tolerancias amplias y la dificultad para automatizar el proceso.

Arenas. Se suele recurrir a arena de sílice sintética por su bajo coste, buen comportamiento a alta temperatura y fácil control composicional. Una granulo-metría fina permite obtener arenas más compactas y, por tanto, moldes más resistentes y piezas con superficies más lisas, sin embargo, poseen menos permeabilidad, lo que dificulta el escape de gases y vapores. Destaca el moldeo con arena verde, el cual se basa en el uso de arcilla y agua para aglutinar la arena. El término «verde» indica que la arena dentro del molde está húmeda o mojada mientras se vacía el metal en su interior. A pesar de ser un método económico, no es tan preciso como otras alternativas que utilizan aglutinantes orgánicos o inorgánicos (moldeo de caja fría) o resinas líquidas (moldeo sin cocción).

Moldes de arena. En términos generales, se distingue entre moldes de tipo abierto y cerrado (Figura 98). En el molde abierto, el metal se vacía directamente hasta llenar la cavidad abierta, mientras que en el molde cerrado existe una vía de paso o sistema de vaciado que permite el flujo de metal fundido desde fuera del molde hasta la cavidad. Este último es el más común en los talleres de fundición. Las principales partes de los moldes cerrados son:

- *Caja*: soporta el molde. Cuando se utilizan moldes de dos piezas la caja se divide en dos partes, superior e inferior (la unión entre ambas se denomina línea de partición). Cuando se utilizan más de dos cajas para un solo molde se denominan centros.
- *Copa de vaciado* (*basin*): punto de acceso del metal fundido.
- *Bebedero (sprue)*: a través del cual el metal fundido fluye hacia abajo.
- *Canales de alimentación (runner)*: permiten el tránsito de metal fundido entre bebedero y cavidad del molde. Las compuertas son las entradas a estos canales.
- *Mazarotas (riser)*: suministran metal fundido adicional conforme se contrae el metal en la cavidad del molde. Pueden ser ciegas o abiertas.
- *Machos* o *corazones*: insertos hechos de arena. Se colocan en el molde para formar regiones huecas o para definir la superficie interior de la fundición. También se utilizan en la parte exterior de la misma a fin de formar características como letras sobre la superficie o cavidades externas profundas.
- *Respiraderos* o *vientos*: permiten extraer los gases producidos cuando el metal fundido entra en contacto con la arena del molde y el macho. También dejan escapar el aire de la cavidad del molde conforme el metal fundido fluye en su interior.

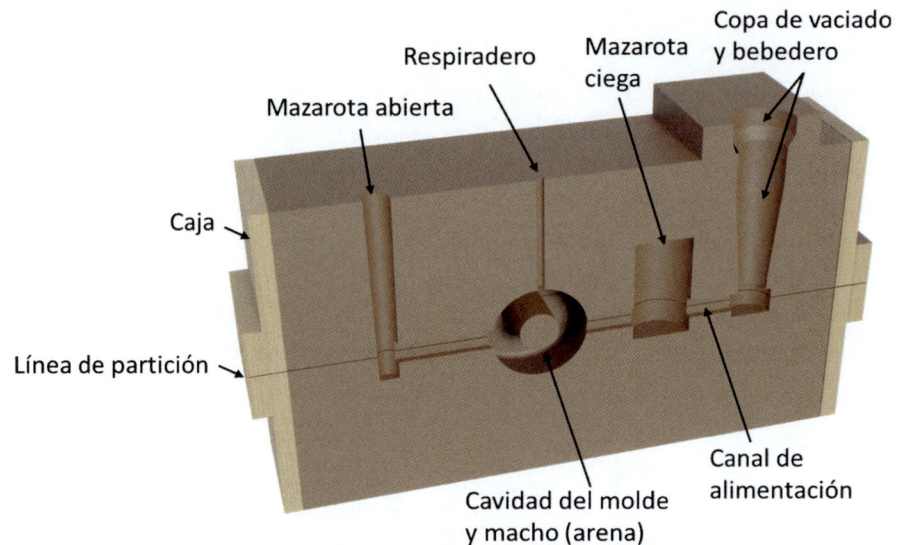

Figura 98. Esquema y partes de un molde de arena cerrado.
Fuente: elaboración propia.

Modelos. Sirven como plantilla de la pieza que se quiere obtener. Pueden estar hechos de madera, plástico, espuma o metal y los de tipo reutilizable se recubren de un agente separador para facilitar su extracción. La elección del material depende fundamentalmente del número de fundiciones requeridas, siendo necesario materiales más resistentes cuando más veces se reutilice el modelo. Los modelos de una sola pieza o modelos sueltos o sólidos suelen ser de madera y se utilizan para formas simples y en pequeñas cantidades. Los modelos divididos permiten formas más complejas, ya que constan de dos piezas, de manera que cada una forma una porción de la cavidad del molde. En casos más complejos se puede recurrir a modelos de placa bipartidos y producción rápida de prototipos.

El diseño del modelo constituye un paso crítico en la operación de fundición. Debe considerar factores tales como contracción del metal, facilidad de extracción (ángulo de salida favorable) y facilidad de llenado con el metal fundido.

Fundición en molde permanente

También conocida como fundición en molde duro o moldeo en coquilla. Suele emplearse para la obtención de pistones, cabezas de cilindros, bielas y artículos de cocina. La cavidad del molde y sistema de alimentación se maquinan en el molde, siendo parte integral del mismo (Figura 99). Al igual que en el moldeo en arena pueden incluirse machos o corazones para reproducir cavidades internas. Con el fin de extender la vida de los moldes, estos se suelen recubrir con un lodo refractario (silicato de sodio y arcilla) o también con grafito. Estos recubrimientos también sirven para tener un mayor control sobre la velocidad de enfriamiento y facilitar la extracción de la pieza. En este tipo de procesos es habitual precalentar el molde entre 150 y 200 °C con objeto de reducir el gradiente térmico al que se somete el molde y, asimismo, facilitar el flujo de material. Las principales ventajas de este proceso son:

- Buen acabado superficial
- Tolerancias dimensionales cerradas
- Propiedades mecánicas buenas y uniformes
- Grandes capacidades de producción

Como principales limitaciones se encuentran el elevado costo del molde y la dificultad para trabajar con piezas complejas debido a la mayor dificultad para su extracción del molde. Por este motivo solo se utiliza para altos volúmenes de producción.

Figura 99. Ejemplo de motor de fundición de Al-Si. Fuente: Pixabay.

Defectos

Con objeto de evitar confusiones con la terminología referida a defectos, el International Committee of Foundry Technical Associations ha elaborado una nomenclatura estandarizada con siete categorías, identificadas con letras mayúsculas (Figura 100):

A) *Proyecciones metálicas*: consisten en aletas, rebabas o proyecciones, como ampollas y superficies rugosas.

B) *Cavidades*: consisten en cavidades redondeadas o rugosas, internas o expuestas, incluyendo sopladuras, puntas de alfiler y cavidades por contracción (ver porosidad más adelante).

C) *Discontinuidades*: como grietas, desgarramientos en frío o en caliente, y puntos fríos. Si no se permite que el metal se contraiga libremente al solidificarse, pueden presentarse grietas y desgarres. Aunque varios factores están involucrados en el desgarramiento, el tamaño grueso del grano y la presencia de segregaciones de bajo punto de fusión a lo largo de los límites de los granos (intergranulares) incrementan la tendencia al desgarramiento en caliente. El punto frío es una interfaz en una fundición que no se funde totalmente debido al encuentro de dos corrientes de metal líquido provenientes de dos compuertas diferentes.

D) *Superficie defectuosa*: como pliegues, traslapes y cicatrices superficiales, capas de arena adherida y escamas de óxido.

E) *Fundición incompleta*: como fallas (debidas a solidificación prematura), volumen insuficiente del metal vaciado y fugas (por la pérdida de metal del molde después de haber sido vaciado). Las fundiciones incompletas también pueden provenir de una temperatura muy baja del metal fundido o de un vaciado muy lento del mismo.

F) *Dimensiones o formas incorrectas*: debido a factores como tolerancia inapropiada para la contracción, error de montaje del modelo, contracción irregular, modelo deformado o fundición alabeada.

G) *Inclusiones*: se forman durante la fusión, solidificación y moldeo; en general son no metálicas. Se consideran dañinas porque actúan como multiplicadoras de esfuerzos y, por lo tanto, reducen la resistencia de la fundición. Durante el procesamiento del metal fundido se pueden filtrar partículas pequeñas. Las inclusiones se pueden formar durante la fusión, cuando el metal fundido reacciona con el medio ambiente (por lo común oxígeno) o con el crisol o el material del molde; por reacciones químicas entre los componentes del metal fundido; o a partir de escorias y otros materiales extraños atrapados en el metal fundido. El astillado de la superficie del molde y de los corazones o machos también puede producir inclusiones, lo que indica la importancia de la calidad de los moldes y de su mantenimiento.

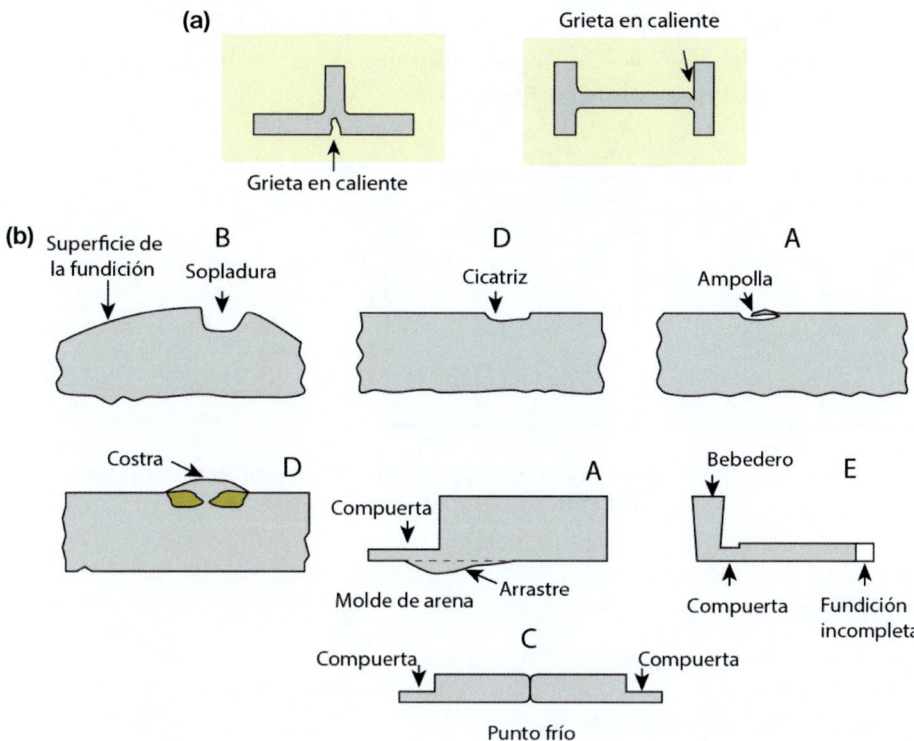

Figura 100. Ejemplos de defectos comunes en las fundiciones. (a) Ejemplos de grietas o desgarros en callente debidos a que la fundición no puede contraerse con libertad; (b) ejemplos de defectos comunes.
Fuente: adaptado de Kalpakjian 2008.

Porosidad. La mayoría de metales se contraen durante la solidificación, lo que da lugar a cavidades o rechupes. Estas cavidades pueden ocurrir a nivel microscópico entre los brazos dendríticos, especialmente cuando las dendritas son de gran tamaño (Figura 101). Asimismo, la porosidad puede venir asociada a la presencia de gases (inicialmente disueltos en el metal fundido o formados por reacción con el material del molde).

La porosidad reduce considerablemente la ductilidad de una fundición y también da lugar a un peor acabado superficial, lo que afecta a la estanqueidad o hermeticidad de recipientes presurizados. Las estrategias para combatir la porosidad son variadas. Algunas de las más comunes son:

– Asegurar suministro suficiente de material fundido (empleo de mazarotas).

– Emplear enfriadores internos o externos (aumentan velocidad de solidificación en regiones críticas).

– Emplear moldes con mayor conductividad térmica.

– Emplear sistemas a vacío o con burbujeo de gases inertes para evitar gases disueltos en el metal fundido.

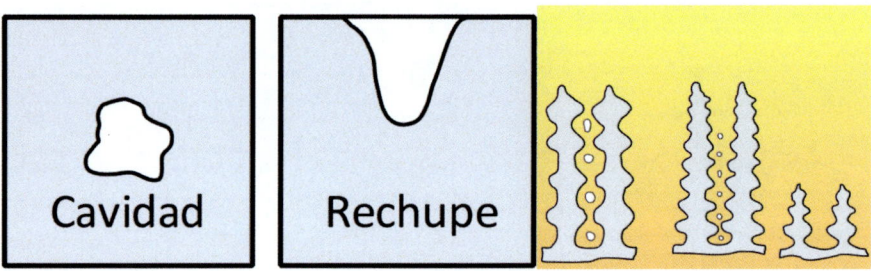

**Figura 101. Ejemplos de defectos producidos por fenómenos de contracción.
Fuente: elaboración propia.**

Objetivos

Familiarizarse con los procesos de fundición trabajando con una aleación comercial Al-Si y varios tipos de molde.

Evaluar defectos en piezas moldeadas.

Comparar microestructuras obtenidas por moldeo en arena y molde metálico.

Parte experimental

Paso 1. Metal fundido. Poner muestras de tamaño aproximado 25x30mm de aleación Al-Si (A356) en crisoles grandes e introducirlos en una mufla a 800 °C (Figura 102). Nota: en esta operación utilizar guantes de alta temperatura, careta antitérmica y pinzas.

Paso 2. Arena verde. Preparar, si fuera necesario, una mezcla de 89% arena (AFA 105-115, granulometría <0,4), 8% bentonita y 3% agua. La mezcla se debe remover bien humedeciéndola poco a poco. Para saber si la arena está en su punto verde:

- Se toma arena en un puño y se aprieta. Al soltarla, debe quedar una masa compacta con las huellas de los dedos.
- Se rompe en dos por la mitad. Cuando está en su punto, debe quedar con un corte limpio, recto. Si tiene poca agua, el corte no será limpio y se desmoronará un poco. Si tiene demasiada agua, la arena se pegará a la mano.

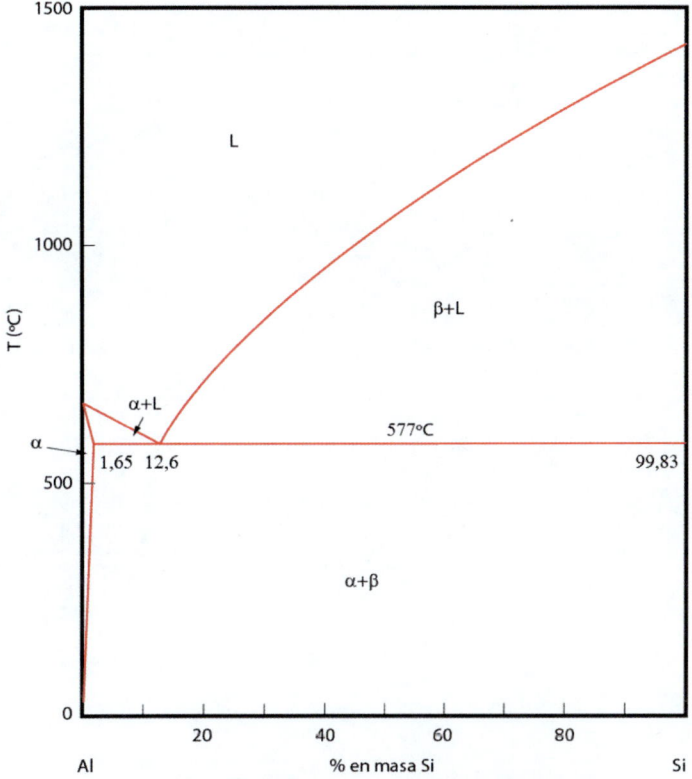

Figura 102. Diagrama Al-Si (Arrabal 2017).

Paso 3. Molde cerrado para moldeo con modelo permanente

Colocar sobre la mesa la mitad inferior del modelo bocabajo (Figura 103). La semicaja se pone invertida. Sobre el modelo se aplica el *agente separador* (polvos de talco). Se recubre el modelo con arena tamizada, repartiéndola bien con las yemas de los dedos y asegurando que penetra en las partes más complicadas del molde. Cuando la arena (de careo) llegue a la mitad de la caja, se apisona firmemente con un apisonador. Después del apisonado se sigue vertiendo arena (de relleno), formando capas que se apisonan, una a una, primero en los lados y las esquinas, luego en el centro hasta que se llena. Si el apisonado es excesivo el molde no respirará lo cual impide que salgan los gases adecuadamente, produciendo defectos en el vaciado. Si la arena no se apisona lo suficiente se saldrá del molde al voltearlo. Se enrasa la caja con arena y se nivela la superficie, para que quede plana. Voltear la caja 180° y espolvorear agente separador en toda la superficie.

1. Semicaja inferior invertida-Mitad modelo (cubrir con agente separador)
2. Compactación arena
3. Nivelación y retirada de exceso de arena

4. Unión semicajas-Otra mitad del modelo-Agente separador-Bebedero y mazarota-Compactación
5. Retirada de bebedero y mazarota-Nivelación y retirada de exceso de arena
6. Separación semicajas-Creación de canales-Extracción de mitades del modelo-Colocación macho de arena

7. Unión semicajas-Creación copa de vaciado-Operación de colada

Figura 103. Etapas en la preparación del molde. Fuente: elaboración propia.

Colocar encima la otra semicaja y encajar la otra mitad del modelo sobre la primera mitad (espolvorearlo con agente separador). Introducir verticalmente la punta de los tubos de que darán forma al bebedero (conducto por donde entrará el metal líquido al molde) y mazarota de salida, respectivamente. Se aplica el mismo procedimiento que con la semicaja anterior (arena tamizada alrededor del modelo y arena apisonada en capas superiores).

Retirar los tubos de bebedero y salida haciendo un movimiento circular sobre su eje. Separar las semicajas y sacar las dos mitades del modelo (ayudarse de un tornillo para extraer la parte inferior). Con ayuda de una espátula o similar, realizar dos caminos entre la cavidad del molde y el bebedero y la salida. Cerrar las dos mitades del molde y picar la arena con una aguja o varilla sin tocar el modelo para producir avisos (respiradores). Con ayuda de dos tubos y arena crear una copa de vaciado.

Paso 4. Operación de colada

Con los EPIs suministrados por el profesorado, sacar del horno los crisoles con el aluminio fundido, retirar la escoria o natas de la superficie y realizar la colada en el molde de arena cerrado y otros moldes preparados previamente. Esperar 30 min a que se enfríen los moldes antes de extraer las piezas.

Paso 5. Observación de microestructuras y defectos

Durante el enfriamiento de los moldes, los alumnos adquirirán macro y micrografías de probetas de años anteriores. Las muestras para microscopía óptica deberán pulirse con alúmina alfa y atacarse con la mezcla de ácidos o reactivo 6 durante unos 15-30 s.

Paso 6. Limpieza de las estaciones de trabajo

Después de terminar las actividades correspondientes a esta práctica se debe contribuir a la limpieza y orden del lugar y herramientas de trabajo.

Informe

El informe final deberá incluir los siguientes apartados. Los porcentajes indican el peso en la calificación (la calidad del informe tiene un peso de 10%).

Introducción (10%), Objetivos (5%) y Parte experimental (5%)

- Descripción breve de fundamentos teóricos, objetivos y metodología de la práctica.

Resultados y discusión

- Fotografías del proceso de moldeo, señalando zonas de interés y descripción breve del procedimiento (20%).
- Micrografías de las probetas de la colección, señalando microconstituyentes, y descripción de las mismas (20%).
- Macrografías de las piezas con defectos, señalando el tipo de defecto y su posible justificación (20%).

Conclusiones/Bibliografía (10%)

Práctica 22. Niquelado y cobreado

Niquelado

Introducción

El niquelado produce un recubrimiento metálico de níquel (Figura 104) que puede tener fines decorativos, especialmente cuando se combina con otros recubrimientos (Cr, Au, Cu, etc.), o funcionales (aumento de resistencia al desgaste, corrosión y térmica). Incluso puede servir para producir piezas por electroconformado. Su importancia comercial es notable, con más de 150000 t/año actualmente, siendo la electrodeposición la vía más común para su obtención.

Figura 104. Ejemplos de piezas con niquelado. Fuente: Pixabay.

El níquel presenta un potencial estándar teórico relativamente activo de $E^o_{Ni^{2+}/Ni^o} = -0,25$ V_{ENH}, pero habitualmente presenta potenciales más positivos debido a su tendencia a la formación de capas de óxido superficiales pasivas, que le confieren suficiente resistencia a la corrosión atmosférica y a medios alcalinos y algunos ácidos. En el caso de niquelado sobre acero, el níquel actúa como cátodo, por lo que protege al acero siempre y cuando no haya poros. Sin embargo, esta situación es poco común en la práctica siendo más frecuente el uso de sistemas multicapa Cu/Ni/Cr donde la respuesta electroquímica es más compleja.

Los procesos catódico y anódico de niquelado son muy sensibles a la concentración de iones H^+ (Figura 105), siendo necesario mantener en la práctica un pH entre 2,8 y 5,8. Bajos pHs (1-2) resultan en una disminución del rendimiento de electrodeposición de Ni hasta 75-85%. A pHs elevados, el rendimiento catódico aumenta (95-96%), sin embargo, el pH en la intercara electrodo/electrolito es siempre mayor que el pH en el seno del electrolito y puede llegar a valores que provocan la formación de hidróxidos y sales básicas de Ni y que se incorporan al recubrimiento, empeorando la calidad del mismo. Por esta razón, los electrolitos de niquelado suelen contener agentes-tampones de pH, tales como ácido bórico.

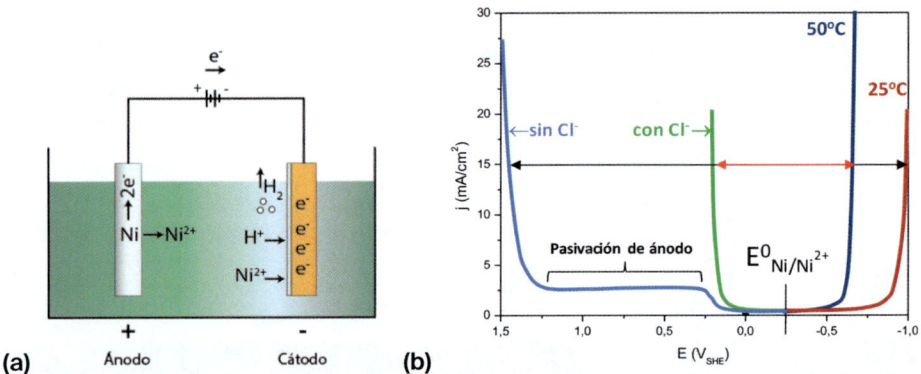

Figura 105. Niquelado: (a) configuración de la celda electrolítica y reacciones en los electrodos; (b) efecto de la temperatura y la presencia de cloruros en la polarización anódica y catódica. Fuente: elaboración propia.

El problema del proceso anódico del niquelado es la pasivación de los ánodos con el aumento del pH en el seno del electrolito, lo que resulta en una elevada tensión o voltaje en la celda y, por consiguiente, en un aumento del consumo energético del proceso. La pasivación se podría eliminar bajando el pH (aunque esto resultaría en la caída del rendimiento catódico), añadiendo iones cloruro al electrolito (como cloruro sódico o cloruro de níquel, Figura 105b) o utilizando ánodos activados que contienen S.

Un aumento de la temperatura del electrolito disminuye la polarización catódica (Figura 105b) lo que permite trabajar a densidades de corriente elevadas con menor consumo energético y aumentar la velocidad del proceso y, por tanto, la productividad del baño de electrodeposición.

El poder cubriente de los electrolitos de niquelado es relativamente bajo para los valores de corriente que habitualmente se utilizan (>5 mA/cm^2). Esto se debe a que, en piezas con geometría compleja, cualquier pequeño cambio de potencial va a resultar en un cambio significativo de la corriente, dando lugar a diferencias notables en espesor. Las distintas normativas suelen especificar un espesor local mínimo. La celda Hull se suele utilizar para evaluar el poder cubriente de los baños (Figura 106).

Entre las medidas habituales para mejorar el poder cubriente se encuentran: utilizar bajas densidades de corriente, aumentar conductividad del baño, aumentar distancia ánodo-cátodo, aumentar pH y T y utilizar altas concentraciones de sulfato de Ni. También es común utilizar ánodos auxiliares, pantallas para homogeneizar el espesor y el empleo de aditivos. Estos últimos, además de un potencial efecto nivelador, se utilizan para obtener recubrimientos brillantes, semibrillantes o satinados y de mayor ductilidad.

Figura 106. Representación de celda Hull (Fuente: elaboración propia) y variación de espesor en un proceso de niquelado. Fuente: adaptado de Nickel Institute 2022.

La química del baño más utilizada para el niquelado es la conocida como formulación Watts (Tabla 32). Se utiliza desde 1916 para fines decorativos tanto como funcionales. Los recubrimientos son blandos y sin brillo cuando no se emplean aditivos, mientras que con ellos se consiguen acabados brillantes, semibrillantes o satinados y con un mejor efecto nivelador.

Cuando se quieren obtener recubrimientos con una mayor tasa de deposición (25-180 $\mu m\ h^{-1}$) y menores tensiones internas y mejores propiedades, se recurre al proceso basado en sulfamato de níquel, $Ni(NH_2SO_3)_2.4H_2O$, aunque su coste es algo mayor. Las principales diferencias de esta formulación son la mayor solubilidad del sulfamato (300-450 g L^{-1}) en comparación con el sulfato (240-300 g L^{-1}) y la menor concentración de cloruro de níquel (0-30 g L^{-1}), lo que reduce las tensiones internas del recubrimiento.

Tabla 32. Electrolito y condiciones del niquelado Watts

Parámetro	Valor	Observaciones
Electrolito		
$NiSO_4.6H_2O$	240-300 g L^{-1}	Proporciona Ni^{2+}
$NiCl_2.6H_2O$	30-90 g L^{-1}	Proporciona Ni^{2+}, ↑conductividad, ↓voltaje celda, facilita disolución ánodos
H_3BO_3	30-45 g L^{-1}	Control de pH
Temperatura	40-60 °C	
pH	3,5-4,5	
$i_{cátodo}$	2-7 A dm^{-2}	
Tasa de deposición	25-85 μm h^{-1}	

Fuente: elaboración propia.

Otro elemento clave en los procesos de niquelado son los ánodos solubles de Ni. Su finalidad es proporcionar iones Ni^{2+} al baño y distribuir la corriente de forma uniforme sobre el cátodo. En líneas generales, se recomienda alinear los ánodos a cada lado del baño, colocando una menor cantidad en los extremos. Asimismo, se recomienda que su profundidad sea inferior a la de la pieza a recubrir y que estén más próximos a la misma en su zona central (Figura 107). Las cestas de Ti con piezas de Ni (99,5%Ni+Co o Ni activado con 0,02%S) suelen ofrecer buenos resultados al no presentar el problema esquematizado en la Figura 107.

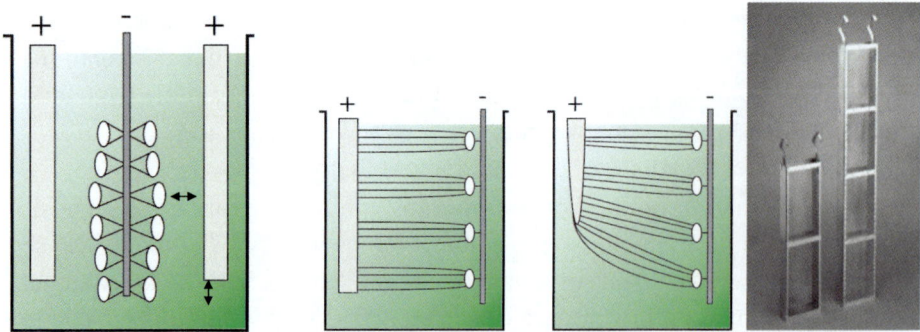

Figura 107. Disposición recomendada de ánodos de Ni. Ejemplo de cambio en la distribución de corriente con el consumo del ánodo. Fuente: adaptado de Nickel Institute 2022.

Objetivos

Estudiar el efecto de pH en la eficiencia del proceso y calidad del recubrimiento (porosidad y adherencia).

Parte experimental

Tabla 33. Material necesario para el desarrollo de la Práctica 22.1

Probetas de latón Desengrasado químico Opción (a)* 20 g/L Na_2CO_3 30 g/L $Na_3PO_4 \times 12H_2O$ 60-80°C, 5-20 min Opción (b) Acetona o alcohol Activación 30 g/L H_2SO_4 Electrolito niquelado 280 g/L $NiSO_4 \times 6H_2O$ 50 g/L $NiCl_2 \times 6H_2O$ 30 g/L H_3BO_3 Disolución para medidas de porosidad 10 g/L $K_3Fe(CN)_6$ 20 g/L NaCl	– Granatario + Balanza de precisión – Varilla de vidrio – pH-metro – Lijas P600 y P1200 – Kit de adhesión con cuchillas – Fuente de alimentación DC – ×2 Cables con pinzas de cocodrilo – Muestras de latón ~5×3 cm – Soporte PVC con ánodos de Ni – Imán agitador – Placa calefactora con agitación – Termómetro – Vasos de precipitado de cristal ×2 250 mL, ×1 100 mL – Probeta de 50 mL – Pipeta Pasteur – Espátula – Calibre – Placa de Petri o papel para pesar – Pinzas – Gafas de seguridad

* En la industria se utiliza la opción (a) por las razones de (i) seguridad/salud del personal; (ii) facilidad del mantenimiento/reciclado de las disoluciones alcalinas en grandes volúmenes comparado con sustancias orgánicas; (iii) en caso de que las piezas estén muy sucias tras el desengrasado químico a menudo se realiza desengrasado electroquímico en la misma disolución, aplicando la corriente catódica, de manera que las burbujas de hidrógeno facilitan el desprendimiento de la grasa.

Fuente: elaboración propia.

Paso 1. Comprobar el material (Tabla 33) y preparar disoluciones si fuera necesario.

Paso 2. Preparación de la superficie de los ánodos (níquel) y cátodos (probetas de latón).

Ánodos:

Utilizando pinzas, desengrasar con alcohol, secar con corriente de aire.

Importante: manipular las piezas con guantes con el fin de no ensuciarlas.

Cátodos:

a) Lijado. Comenzar con el papel de lija más grueso para terminar con el de grano más fino (P1200). El lijado sirve para (i) quitar la suciedad visible y productos de oxidación, y (ii) desarrollar uniformemente la rugosidad de la superficie de la probeta para aumentar la unión mecánica entre el recubrimiento y el sustrato. En la industria, los productos de corrosión sueltos se eliminan por chorreado con arena y las capas de oxidación compactas se eliminan realizando un ataque químico en ácidos tras una operación de desengrasado y antes de la activación.

b) Desengrase. Utilizando las pinzas, desengrasar con alcohol, secar con corriente de aire. Importante: manipular las piezas con guantes con el fin de no ensuciarlas.

c) Activación. Utilizando pinzas, sumergir las probetas en la disolución de activación durante 1 min. Aclararlas primero en agua, luego en alcohol y secar con corriente de aire caliente. La operación de activación es necesaria para eliminar capas finas pasivas que se pueden formar durante las operaciones de preparación superficial. La activación también asegura una buena adhesión del recubrimiento al sustrato.

Paso 3. Masa y área del cátodo y cálculo de intensidad de corriente. Utilizar la balanza de precisión. Con un calibre, medir el área de la parte de la muestra que va a ser sumergida. Calcular la intensidad de corriente, $I_{aplicada}$ (A), necesaria para alcanzar una densidad de corriente de $i = 20$ mA/cm^2 (si la probeta se sumerge unos 4 cm el valor de corriente debe estar próximo a 0,45 A).

$$A\ (cm^2) =$$
$$I_{aplicada}\ (A) = i\ A =$$

Tabla 34. Condiciones y tiempos de niquelado

Condiciones	150 mL: 280 g/L NiSO$_4$×6H$_2$O / 50 g/L NiCl$_2$×6H$_2$O / 30 g/L H$_3$BO$_3$ con agitación $V_{máx}$ = ~30 V i = 20 mA/cm^2		
Grupo	**T (°C)**	**pH 2**	**pH 5**
		t (min)	**t (min)**
1-6	T_{amb}	10	10

Fuente: elaboración propia.

Paso 4. Niquelado. Cada grupo realizará ensayos de electrodeposición con las condiciones indicadas en la Tabla 34. El pH del electrolito se ajusta utilizando la disolución de 30 g/L H_2SO_4 y pH-metro. El volumen necesario es de aproximadamente 150 mL.

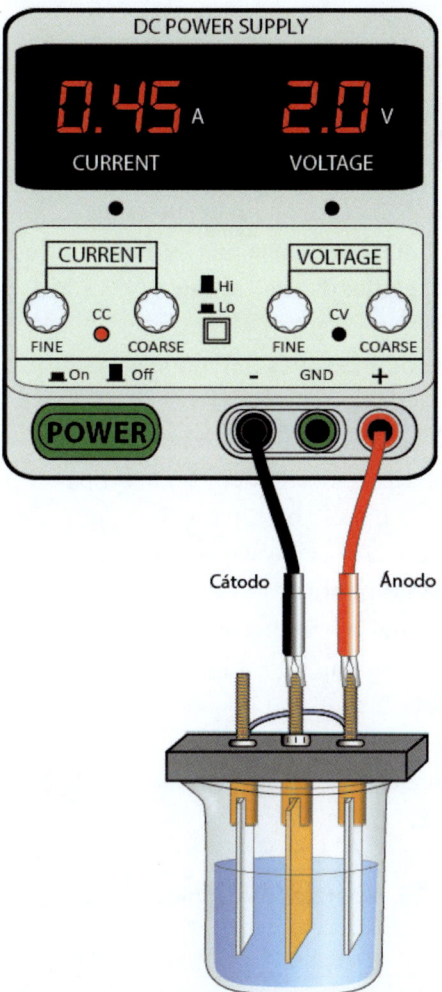

Figura 108. Esquema del montaje de niquelado. Es importante colocar las probetas siempre con la misma configuración para asegurar que el área niquelada es la misma en todas ellas. Fuente: elaboración propia.

Colocar los ánodos de Ni y la muestra o cátodo (latón) según se muestra en la Figura 108 y seguir la siguiente secuencia con ayuda del personal docente:

- Con la fuente apagada girar los reguladores *Coarse* y *Fine* de corriente al mínimo y los de voltaje al máximo.
- Encender la fuente (*Power*) y subir la intensidad de corriente hasta el valor $I_{aplicada}$ calculado previamente (primero con regulador *Coarse* y posteriormente con *Fine*). Iniciar el cronómetro y observar los procesos que ocurren en cátodo y ánodo.
- Una vez alcanzando el tiempo de niquelado, anotar el valor de voltaje y apagar la fuente (*Power*).
- Sacar el soporte y extraer la muestra. Lavarla con abundante agua y alcohol. Secar con aire caliente. Importante: manipular las piezas con guantes y pinzas con el fin de no ensuciarlas.
- Con el resto de muestras, encender la fuente directamente y ajustar la corriente con el regulador *Fine* si fuera necesario.

Paso 5. Masa del cátodo después del niquelado. Utilizar la balanza de precisión. Calcular la masa del recubrimiento depositado.

Paso 6. Medidas de porosidad. Mojar bien un trozo rectangular de papel de filtro con la disolución de NaCl y $K_3Fe(CN)_6$. Aplicar el papel sobre una cara de la probeta niquelada, apretar bien para eliminar burbujas de aire entre el papel y la probeta (puede utilizarse varilla de vidrio), dejar actuar durante 5 min. Contar el número de puntos marrones que aparecen correspondientes a lugares con poros. No contabilizar poros en bordes de muestra.

Paso 7. Medidas de adherencia. En la cara opuesta a las medidas de porosidad realizar las medidas según lo indicado en el Anexo.

Paso 8. Tabla de resultados. Completar la Tabla 35. Para el cálculo del rendimiento de corriente utilizar la Ley de Faraday. Datos: M_{Ni} = 58,71 g/mol, F = 96500 C/mol, ρ = 8,9 g cm^{-3}.

Tabla 35. Resultados del niquelado. G: grupo

G	I (A)	A (cm²)	V$_{final}$ (V)	pH 2							
				t (min)	m$_{inicial}$ (g)	m$_{final}$ (g)	m$_{Ni-real}$ (g)	m$_{Ni-teórico}$ (g)	%η	Poros/ cm²	Adh.
1				10							
2				10							
3				10							
4				10							

G	I (A)	A (cm²)	V_final (V)	pH 2							
				t (min)	$m_{inicial}$ (g)	m_{final} (g)	$m_{Ni-real}$ (g)	$m_{Ni-teórico}$ (g)	%η	Poros/ cm²	Adh.
5				10							
6				10							

G	I (A)	A (cm²)	V_final (V)	pH 5							
				t (min)	$m_{inicial}$ (g)	m_{final} (g)	$m_{Ni-real}$ (g)	$m_{Ni-teórico}$ (g)	%η	Poros/ cm²	Adh.
1				10							
2				10							
3				10							
4				10							
5				10							
6				10							

Fuente: elaboración propia.

Informe

El informe correspondiente a la parte 22.1 (Niquelado) deberá incluir los siguientes apartados. Los porcentajes indican el peso en la calificación (la calidad del informe tiene un peso de 10%).

Introducción (10%), Objetivos (5%) y Parte experimental (5%)

- Descripción breve de fundamentos teóricos, objetivos y metodología de la práctica.

Resultados y discusión

- Resultados obtenidos por los distintos grupos incluyendo las fotografías, reacciones y datos del proceso (voltaje, densidad de corriente, rendimiento, etc.) (30%).

– Fotografías y resultados/discusión relativos al ensayo de porosidad (10%).
– Fotografías y resultados/discusión relativos al ensayo de adherencia (10%).

Conclusiones/Bibliografía (10%)

Cuestiones (10%)

1. ¿Qué significan las siglas «mp» y «mc» en recubrimientos de Cr? ¿Qué características definen a estos acabados?

Cobreado

Introducción

El cobreado se utiliza con fines decorativos y en otras aplicaciones como circuitos impresos por su buena conductividad. También puede usarse en procesos de electroconformado. Suele constituir la primera capa en sistemas multicapa Cu/Ni/Cr por su relativo bajo precio, facilidad para recubrirse con distintos metales, su capacidad de nivelado y por su ductilidad y adherencia (Figura 109). La electrodeposición es la vía más común para la obtención de recubrimientos de Cu.

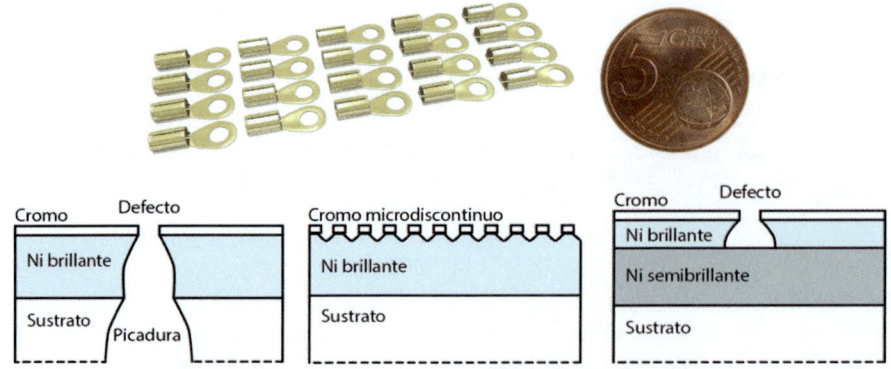

Figura 109. Ejemplo de piezas cobreadas (Fuente: Pixabay) y de sistemas multicapa con Cu, Ni y Cr y su respuesta frente a corrosión. Fuente: adaptado de Nickel Institute 2022.

El cobre es un metal considerado como noble ($E°_{Cu^{2+}/Cu^°} = 0,337$ V$_{ENH}$) y por lo tanto no protege al acero frente a la corrosión electroquímicamente, sino por efecto barrera, con lo cual su capacidad protectora depende de la porosidad del recubrimiento. En los poros, el acero, siendo el ánodo con respecto al cobre, se corroe rápidamente. Sin embargo, esta situación es poco común en la práctica siendo más frecuente el uso de sistemas multicapa Cu/Ni/Cr donde la respuesta electroquímica es más compleja.

La química del baño en los procesos de cobreado suele entrar en uno de los siguientes grupos:

a) *Electrolitos ácidos base sulfatos*: son baratos y tienen alto rendimiento de corriente. Se recomienda utilizar ánodos de Cu-0.004-0.08%P. Su poder cubriente es muy bajo, por lo que no pueden recubrirse uniformemente piezas de geometría compleja. Además, el Cu, siendo más electropositivo que el Fe, se deposita sobre el Fe por cementación, antes de la aplicación de la corriente externa:

$$Cu^{2+}(aq) + Fe(s) \rightarrow Cu(s) + Fe^{2+}(aq)$$

Esto resulta en recubrimientos tipo polvo, con pobre adhesión. Dos métodos permiten evitar la cementación: (i) una conexión eléctrica de las piezas antes de sumergir la pieza en el baño, (ii) una electrodeposición inicial de una subcapa delgada (0,5-1 mm) de Ni o de Cu, esta última en un baño de cianuro, constituyendo lo que se conoce como un «flash». En el baño de cianuro, el complejo cianurado deja una pequeñísima cantidad de iones Cu^{2+} en disolución, reduciendo su potencial de reducción a valores próximos a los del Fe y evitándose así el depósito químico por desplazamiento.

b) *Electrolitos base cianuros alcalinos*: proporcionan alta polarización catódica de Cu, evitando la cementación y consiguiendo un excelente poder cubriente y adherencia del recubrimiento, pero son muy tóxicos y poco estables (KCN tiende a reaccionar con CO$_2$ del aire, desprendiendo HCN). Se suelen utilizar ánodos de cobre de alta pureza libres de oxígeno (*High purity oxygen-free copper*).

c) *Electrolitos base pirofosfatos ligeramente alcalinos*: ocupan una posición intermedia entre los dos previos en cuanto a características del proceso y del recubrimiento. Destacan por su alto poder cubriente y ductilidad de los recubrimientos obtenidos. No son tóxicos. El rendimiento catódico se aproxima al 100%. Para evitar la pasivación de los ánodos de Cu se necesita un exceso de $P_2O_7^{4-}$ en el electrolito. Es frecuente añadir NH_4NO_3 a este tipo de baños. Se suelen utilizar ánodos de cobre de alta pureza libres de oxígeno (*High purity oxygen-free copper*).

Objetivos

Estudiar el efecto de la densidad de corriente en el rendimiento, porosidad y adherencia de recubrimientos de cobre.

Parte experimental

Tabla 36. Material para el desarrollo de la Práctica 22.2

Probetas de acero	– Granatario + Balanza de precisión
Desengrasado químico	– Varilla de vidrio
Opción (a)*	– pH-metro
20 g/L Na_2CO_3	– Lijas P600 y P1200
30 g/L $Na_3PO_4 \times 12H_2O$	– Kit de adhesión con cuchillas
10 g/L NaOH	– Fuente de alimentación DC
60-80°C, 5-20 min	– ×2 Cables con pinzas de cocodrilo
Opción (b)	– Muestras de acero ~5×3 cm
Acetona o alcohol	– Soporte PVC con ánodos de Cu
	– Imán agitador
Activación	– Placa calefactora con agitación
30 g/L H_2SO_4	– Termómetro
	– Vasos de precipitado de cristal
Electrolito cobreado	×2 250 mL
80 g/L $CuSO_4 \times 5H_2O$	×1 100 mL
350 g/L $K_4P_2O_7 \times 3H_2O$	– Probeta de 50 mL
pH=8,5-9,0	– Pipeta Pasteur
	– Espátula
Disolución para medidas de porosidad	– Calibre
10 g/L $K_3Fe(CN)_6$	– Placa de Petri o papel para pesar
20 g/L NaCl	– Pinzas
	– Gafas de seguridad

* En la industria se utiliza la opción (a) por las razones de (i) seguridad/salud del personal; (ii) facilidad del mantenimiento/reciclado de las disoluciones alcalinas en grandes volúmenes comparado con sustancias orgánicas; (iii) en caso de que las piezas estén muy sucias tras el desengrasado químico a menudo se realiza desengrasado electroquímico en la misma disolución, aplicando la corriente catódica, en el que las burbujas de hidrogeno facilitan el desprendimiento de la grasa.

Fuente: elaboración propia.

Paso 1. Comprobar el material (Tabla 36) y preparar las disoluciones si fuera necesario.

Paso 2. Preparación de la superficie de los ánodos (cobre) y cátodos (láminas de acero).

Ánodos:

Utilizando pinzas, desengrasar en acetona o alcohol, secar con corriente de aire. Importante: manipular las piezas con guantes con el fin de no ensuciarlas.

Cátodos:

a) Lijado. Comenzar con el papel de lija más grueso para terminar con el de grano más fino (P1200). El lijado sirve para (i) quitar la suciedad visible y productos de, y (ii) desarrollar uniformemente la rugosidad de la superficie de la probeta para aumentar la unión mecánica entre el recubrimiento y el sustrato. En la industria, los productos de corrosión sueltos se eliminan por chorreado con arena, las capas de oxidación compactas se eliminan realizando un ataque químico en ácidos tras una operación de desengrasado y antes de la activación.

b) Desengrase. Utilizando las pinzas, desengrasar en acetona o alcohol, secar con corriente de aire. Importante: manipular las piezas con guantes con el fin de no ensuciarlas.

c) Activación. Utilizando pinzas, sumergir las probetas en la disolución de activación durante 1 min. Aclararlas primero en agua, luego en alcohol y secar con corriente de aire caliente. La operación de activación es necesaria para eliminar capas finas pasivas que se pueden formar durante las operaciones de preparación superficial. La activación también asegura una buena adhesión del recubrimiento al sustrato.

Paso 3. Masa y área del cátodo y cálculo de intensidad de corriente. Utilizar la balanza de precisión. Con un calibre, medir el área de la parte de la muestra que va a ser sumergida. Calcular la intensidad de corriente, $I_{aplicada}$ (A), necesaria para alcanzar una densidad de corriente especificada en la Tabla 37.

$$A \ (cm^2) =$$
$$I_{aplicada} \ (A) = i \ A =$$

Paso 4. Cobreado. Cada grupo realizará ensayos de electrodeposición con distintas condiciones (Tabla 37). El volumen necesario es de aproximadamente 150 mL.

Tabla 37. Condiciones y tiempos de cobreado

Condiciones	150 mL de la siguiente disolución: 80 g/L $CuSO_4 \times 5H_2O$ / 350 g/L $K_4P_2O_7 \times 3H_2O$ pH=8,5-9,0 $V_{máx}$ = ~30 V Con agitación		
Grupo	i (mA/cm²)	T (°C)	t (min)
1	10	50	8
2	15	50	8
3	20	50	8
4	25	50	8
5	30	50	8
6	35	50	8

* Posición 2 en la placa calefactora para mantener constante la temperatura.

Fuente: elaboración propia.

A diferencia del niquelado, la fuente de alimentación tiene que estar encendida antes de sumergir las probetas. Por este motivo es necesario realizar una prueba inicial con un cátodo *dummy* o de prueba y error para ajustar la corriente. Se debe seguir la siguiente secuencia:

- Colocar los ánodos de Cu y la muestra o cátodo (acero) *dummy* en el soporte.
- Con el soporte fuera de la celda, conectar los cocodrilos de salida de la fuente de alimentación (cátodo: acero, ánodos: cobre).
- Con la fuente apagada girar los reguladores de corriente *Coarse* y *Fine* a la mitad de su recorrido y los de voltaje al máximo.
- ¡Cuidado! Llevando guantes sujetar el ensamblaje de electrodos fuera de la celda, solo tocando el útil de plástico, y encender la fuente de alimentación (*Power*). Sumergir las muestras en el electrolito y ajustar la intensidad de la corriente (primero con regulador *Coarse* y posteriormente con *Fine*).
- Apagar la fuente (*Power*).
- Una vez hecho el ajuste con el cátodo *dummy*, proceder a recubrir las muestras ajustando la corriente con el regulador *Fine* si fuera necesario. Una vez alcanzando el tiempo de cobreado, anotar el valor de voltaje y apagar la fuente (*Power*).

– Sacar el soporte y extraer la muestra. Lavarla con agua y alcohol. Secar con aire caliente. Importante: manipular las piezas con guantes y pinzas con el fin de no ensuciarlas.

Paso 5. Masa del cátodo después del cobreado. Utilizar la balanza de precisión. Calcular la masa del recubrimiento depositado.

Paso 6. Medidas de porosidad. Mojar bien un trozo de papel de filtro con la disolución de NaCl y $K_3Fe(CN)_6$. Aplicar el papel sobre una cara de la probeta cobreada, apretar bien para eliminar burbujas de aire entre el papel y la probeta (puede utilizarse varilla de vidrio), dejar actuar durante 5 min. Contar el número de puntos azules que aparecen correspondientes a lugares con poros. No contabilizar poros en bordes de muestra.

Paso 7. Medidas de adherencia. En la cara opuesta a las medidas de porosidad realizar las medidas según lo indicado en el Anexo.

Paso 8. Tabla de resultados. Completar la Tabla 38. Para el cálculo del rendimiento de corriente utilizar la Ley de Faraday. Datos: M_{Cu} = 63,55 g/mol, F = 96500 C/mol, ρ_{Cu} = 8,96 g/cm^3.

Tabla 38. Resultados del cobreado para un tiempo de 8 min

G	I (A)	A (cm²)	V$_{final}$ (V)	50 °C							
				t(min)	m$_{inicial}$ (g)	m$_{final}$ (g)	M$_{Cu-real}$ (g)	M$_{Cu-teórico}$ (g)	%η	Poros/ cm²	Adh.
1				8							
2				8							
3				8							
4				8							
5				8							
6				8							

Fuente: elaboración propia.

Informe

El informe correspondiente a la parte 22.2 (Cobreado) deberá incluir los siguientes apartados. Los porcentajes indican el peso en la calificación (la calidad del informe tiene un peso de 10%).

Introducción (10%), Objetivos (5%) y Parte experimental (5%)

- Descripción breve de fundamentos teóricos, objetivos y metodología de la práctica.

Resultados y discusión

- Resultados obtenidos por los distintos grupos incluyendo las fotografías, reacciones y datos del proceso (voltaje, densidad de corriente, rendimiento, etc.) (30%).
- Fotografías y resultados/discusión relativos al ensayo de porosidad (15%).
- Fotografías y resultados/discusión relativos al ensayo de adherencia (15%).

Conclusiones/Bibliografía (10%)

Anexo. Medida de la adherencia (UNE-EN ISO 2409 2021)

Utilizando una cuchilla y una plantilla, marcar una rejilla de 6x6 rayas de 20 mm de longitud y una separación de 1 mm. Cortar 75 mm de la cinta adhesiva, aplicarla sobre la probeta posicionando la rejilla en la mitad de la cinta. Asegurar un buen contacto eliminando el aire entre la cinta y la probeta. Retirar la cinta con un movimiento rápido en un ángulo de ~180°. Examinar y clasificarlo según la Tabla 39.

Tabla 39. Clasificación de la adherencia según norma UNE-EN 2409

Categoría	Área afectada	Aspecto
0	0%	-
1	<5%	
2	5-15%	
3	15-35%	
4	35-65%	
5	>65%	-

Fuente: elaboración propia.

Práctica 23. Anodizado y coloreado

Introducción

Fundamentos del anodizado

El anodizado es un proceso de conversión electroquímica empleado para aumentar el espesor de la capa de óxido natural presente en aleaciones de Al, Ti, Mg y otros metales. Con este tipo de tratamiento superficial, principalmente utilizado para el aluminio y sus aleaciones, se consiguen una serie de características muy interesantes a nivel industrial (resistencia a corrosión, buena apariencia, base para pinturas, resistencia a la abrasión, uniones adhesivas, condensadores electrolíticos, nanotecnología, aislamiento eléctrico, térmico, etc.).

Previo al anodizado, se requiere de una preparación superficial minuciosa con la finalidad de eliminar restos de grasas y aceites (procedentes de operaciones de corte y pulido) y conferir a la superficie un aspecto decorativo particular (satinado o brillante). Asimismo, suele ser común realizar etapas posteriores de coloreado y sellado con objeto de conseguir el acabado estético y resistencia a la corrosión deseados (Figura 110).

Figura 110. Etapas en línea de anodizado. Fuente: elaboración propia.

En la Figura 111 se esquematiza el dispositivo empleado en el anodizado. El sistema consiste en dos electrodos conectados a una fuente de corriente continua y una celda que contiene el electrolito, que suele ser ácido. La muestra de aluminio constituye el ánodo, donde se produce la reacción de oxidación, y para el cátodo se emplea un metal inerte o también aluminio, para cerrar el circuito. Con la muestra en el seno de la disolución, se produce el recubrimiento gracias a que el metal reacciona con los iones del electrolito según el siguiente esquema de reacciones:

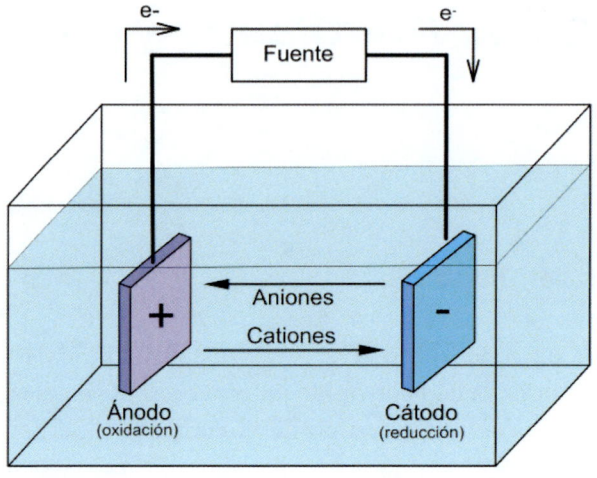

Ánodo: $2Al \rightarrow 2Al^{3+} + 6e^{-}$

Cátodo: $2Al^{3+} + 3H_2O \rightarrow Al_2O_3 + 6H^{+}$

                    $6H^{+} + 6e^{-} \rightarrow 3H_2$

Reacción global: $2Al + 3H_2O \rightarrow Al_2O_3 + 3H_2$

Figura 111. Esquema general del anodizado y reacciones.
Fuente: elaboración propia.

De manera general, el óxido puede crecer de dos maneras diferentes, en forma de capa barrera y en forma de capa porosa (Figura 112). El medio electrolítico empleado es el que controla principalmente la morfología de las películas anódicas de Al_2O_3.

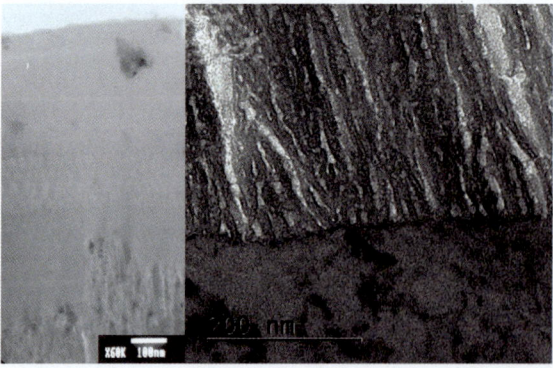

Figura 112. Ejemplos de morfologías de capas de anodizado.
Fuente: elaboración propia.

a) *Películas barrera*: se forman con electrolitos de carácter neutro o próximo a neutro, que no tienen acción disolvente sobre la capa de óxido que se forma. Ej. citratos, boratos, tartratos, molibdatos, etc.

b) *Películas porosas*: se forman en medios ácidos principalmente, como sulfúrico, crómico, oxálico y fosfórico, en los que la alúmina es ligeramente soluble. Los iones Al^{3+} pueden ser expulsados directamente al medio electrolítico sin la formación del óxido en la intercara recubrimiento/electrolito. Este proceso además de disminuir la eficiencia energética, crea la morfología porosa característica de estas capas, que pueden alcanzar espesores de varios micrómetros (5-25 µm). Presentan buena resistencia a la abrasión y a la corrosión. Debido a su naturaleza porosa pueden actuar como base para pinturas y adhesivos, siendo uno de los acabados más comunes en aplicaciones arquitectónicas y en la industria aeroespacial.

Las películas porosas anódicas están constituidas por una delgada capa tipo barrera (espesor de 1.2 nm/V) unida al metal base y una capa exterior porosa (diámetro de poro en el rango entre 10 y 500 nm). La formación de esta morfología está asociada a un mecanismo combinado de oxidación y disolución localizada en la base del poro. En la Figura 113 se muestran las distintas etapas de formación de las capas porosas y la variación del voltaje y la corriente cuando se anodiza a corriente y a voltaje constante, respectivamente.

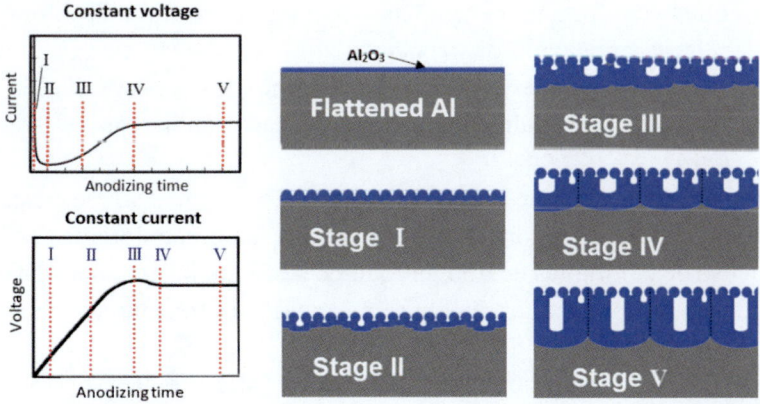

Figura 113. Esquemas con las distintas etapas de anodizado en condiciones de voltaje constante y corriente constante. I: crecimiento de una capa delgada y compacta. II: engrosamiento de la capa y formación de numerosos puntos de ataque. III: formación de poros. IV y V: desarrollo de los poros (Ono 2021).

La estructura porosa se suele definir como una red de celdas hexagonales con microporos, cuyas dimensiones dependen de las condiciones de anodizado, particularmente del voltaje y electrolito empleado (Figura 114).

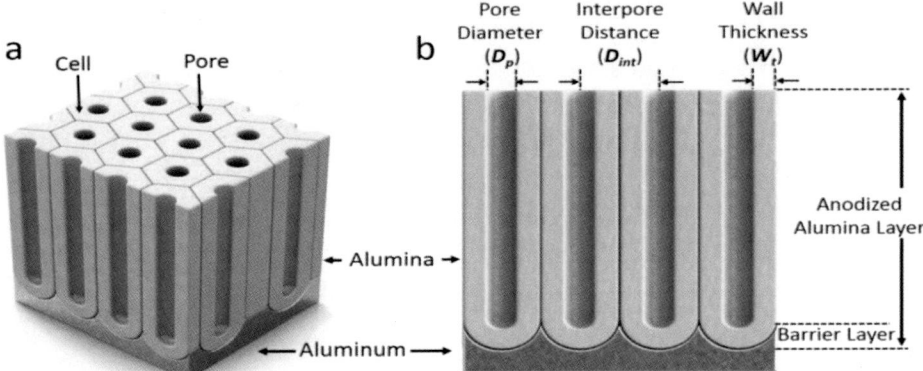

Figura 114. (a, b) Esquemas de la capa porosa obtenida en medio ácido (Jeong 2023).

Fundamentos del coloreado y sellado

La capa anódica, además de aumentar la resistencia a la corrosión, posee otras propiedades beneficiosas de cara a su uso industrial. Así, por ejemplo, gracias a los poros que la conforman, permite incrementar la adhesión de colorantes y también facilita la aplicación de *primers* y pinturas. Otras ventajas incluyen una mejora en el aislamiento eléctrico y un aumento de la resistencia a la abrasión de la superficie, especialmente en aquellos casos en los que se recurre al *anodizado duro*.

Existen múltiples opciones para conseguir el coloreado de superficies anodizadas (Figura 115). El coloreado por impregnación con colorantes o *dyeing* permite el uso de colorantes de tipo inorgánico u orgánico, siendo los primeros más resistentes en aplicaciones en exteriores, aunque ofrecen menor rango de colores. El coloreado integral o autocolorante se basa en el empleo de ácidos orgánicos u otras estrategias que permiten dan un color característico a la capa de óxido. Por último, se encuentran las estrategias de coloreado más comunes en la actualidad; el coloreado electrolítico y por interferencia. En ambos casos se busca depositar el colorante en la base del poro mediante aplicación de corriente alterna.

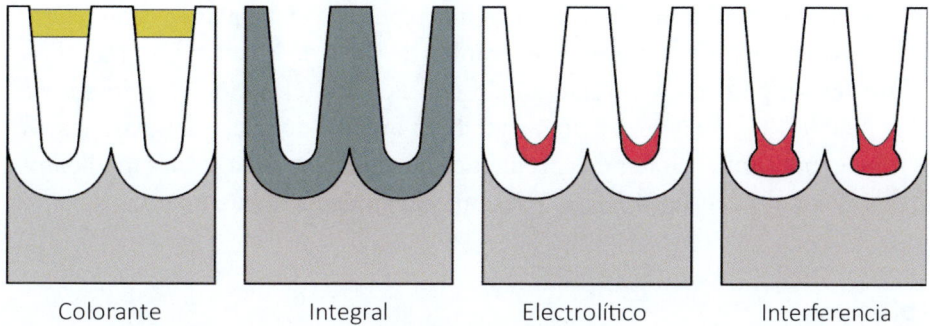

Figura 115. Opciones de coloreado de capas de anodizado en Al.
Fuente: elaboración propia.

La operación de sellado suele ser la última etapa en las líneas de anodizado. Con ella se busca mejorar la resistencia a la corrosión y garantizar un acabado estético duradero. El sellado en agua hirviendo o vapor de agua (100 °C, 2-3 min/μm) ha sido durante muchos años la opción más común debido a su sencillez. Este sellado hidrotermal busca transformar la alúmina en bohemita ($Al_2O_3 \cdot H_2O$) o pseudobohemita ($Al_2O_3 \cdot nH_2O$, $1 < n < 1.5$), para la cual se requieren temperaturas superiores a 96 °C con objeto de evitar la formación de bayerita (α-$Al(OH)_3$) (Figura 116). La bohemita es un oxihidróxido de aluminio cuya formación lleva asociada un aumento de volumen o expansión y, por tanto, el sellado de los poros.

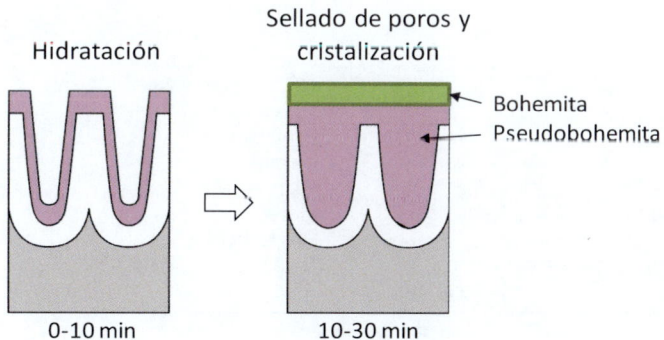

Figura 116. Representación esquemática del efecto del sellado.
Fuente: elaboración propia.

Alternativamente al sellado con agua, se han desarrollado otros procedimientos que requieren temperaturas bajas (*cold-sealing,* 20-30 °C) o medias (*mid-temperature sealing,* 70-90 °C), lo que repercute en un ahorro económico. Estos procedimientos se basan en el empleo de sales de Ni o Co y su mecanismo de acción parece estar relacionado con la formación de precipitados de estos metales. Conviene mencionar también que existen sellados basados en dicromato para aplicaciones en aeronáutica, aunque las restricciones medioambientales como la europea REACH están regulando cada vez más su uso.

Objetivos

Realizar el anodizado, sellado y coloreado de una aleación de aluminio comercial.

Estudiar el efecto del espesor de la capa anódica porosa y del sellado de la misma en su resistencia a la corrosión utilizando el método de ácido fosfórico.

Parte experimental

Tabla 40. Material para el desarrollo de la Práctica 23

Probetas de Al 1050	– Fuente de alimentación DC
Desengrase	– ×2 Cables con pinzas de cocodrilo
NaOH - 20% en masa	– Muestras de Al A1050 con agujero 3×2 cm
Alcohol	– Soporte PVC con cátodos de Al
Anodizado	– Imán agitador
H_2SO_4 - 24,5 % en masa (164 mL para 1 L)	– Placa calefactora con agitación
Sellado	– Termómetro
H_2O destilada a ebullición 15-30 min	– Vasos de precipitado de cristal ×3 250 mL
Coloreado	– Probeta de 50 mL
Azul	– ×2 Botes de plástico 100 mL
(Etapa 1) 15 g/L $K_4Fe(CN)_6$×3H_2O	– Pipeta Pasteur
(Etapa 2) 15 g/L $FeCl_3$×6H_2O	– Espátula
Negro	– Calibre
10 g/L Supradye Deep Black MLW	– Placa de Petri o papel para pesar
Preparar con agua destilada caliente.	– Pinzas
pH 4.2-4.8 corregir con amoniaco	– Hilo Nylon
Medidas de resistencia a la corrosión	– Gafas de seguridad
15 min, 38 °C, 35 mL H_3PO_4 en 1L agua	

Fuente: elaboración propia.

Paso 1. Preparación de disoluciones. Preparar, si fuera necesario, las disoluciones de ácido sulfúrico, hidróxido sódico, coloreado y ensayo de corrosión.

Paso 2. *Desengrase.* Utilizando pinzas, sumergir las probetas de aleación A1050 en la disolución de 20% NaOH durante 4-5 min (en campana extractora).

Enjuagarlas con agua, lavarlas con alcohol y secar con corriente de aire caliente. Si fuera necesario puede realizarse un desbaste previo hasta P600.

Nota: la operación de ataque se realiza para eliminar la capa fina pasiva y/o los productos de corrosión. El ataque alcalino de las aleaciones de aluminio, sobre todo las que contienen silicio, habitualmente resulta en formación de una película superficial oscura de elementos aleantes. Es importante eliminar esa película mediante una operación de *aclarado* con una disolución de 40% HNO_3 durante 15-30 s. El aluminio puro, ej. A1050 no requiere aclarado tras ataque.

Importante: manipular las piezas con guantes y pinzas con el fin de no ensuciarlas.

Paso 3. Utilizando el calibre, determinar el área de la muestra a anodizar (debe estar próximo a $\sim$14 cm^2). Calcular la intensidad de corriente, $I_{aplicada}$ (A), necesaria para alcanzar una densidad de corriente de i = 20 mA/cm^2 (debe estar próxima a 0,28 A).

$$A\ (cm^2) =$$
$$I_{aplicada}\ (A) = i\ A =$$

Paso 4. *Anodizado*. Cada grupo anodizará un mínimo de 3 muestras según las condiciones indicadas en la Tabla 41.

Tabla 41. Condiciones y tiempos de anodizado

150 mL H_2SO_4 (25,4% en masa) sin agitación $V_{máx}$ = $\sim$30 V i = 20 mA/cm² T_{amb}						
	Muestra 1 Anodizado	**Muestra 2 Anodizado + Sellado**		**Muestra 3 Anodizado + Coloreado**		
G	**t (s)**	**Anodizado t (s)**	**Sellado t (min)**	**Anodizado t (s)**	**Coloreado t (min)**	**Colorante y temperatura**
1	120	600	15	800	5+1	Azul T_{amb}
2	240	480	15	800	5+1	Azul T_{amb}
3	360	360	15	800	5+1	Azul T_{amb}
4	480	240	15	800	5+1	Azul T_{amb}
5	600	120	15	800	5+1	Azul T_{amb}
6	600	120	15	800	15*	Negro 55-65 °C

* Con el colorante negro debe utilizarse agitación.
Fuente: elaboración propia.

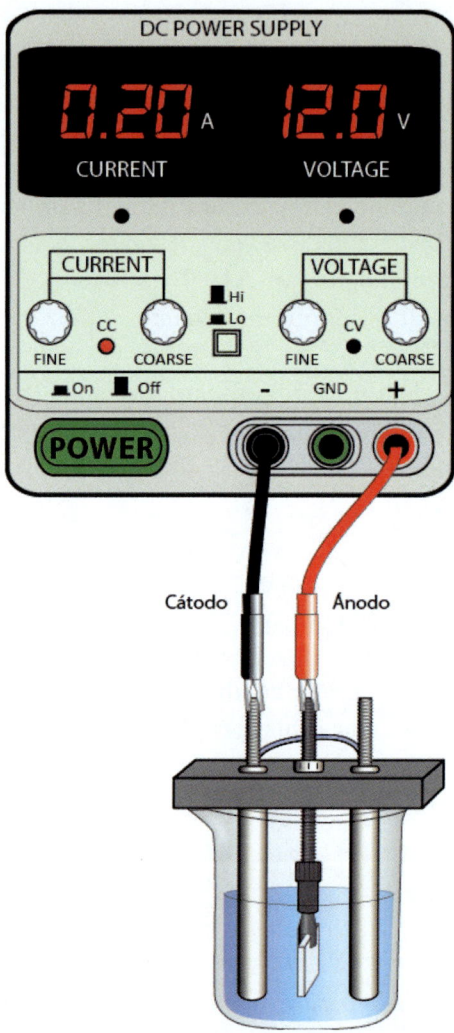

Figura 117. Esquema del montaje de anodizado. Es importante colocar las probetas siempre con la misma configuración para asegurar que el área anodizada es la misma en todas ellas. Fuente: elaboración propia.

Colocar los cátodos de Al en el soporte de PVC y la muestra o ánodo (A1050) en el soporte de Ti Grado 2 según se muestra en la Figura 117 y seguir la siguiente secuencia con ayuda del personal docente:

– Con la fuente apagada girar los reguladores *Coarse* y *Fine* de corriente al mínimo y los de voltaje al máximo.

- Encender la fuente (*Power*) y subir la intensidad de corriente hasta el valor $I_{aplicada}$ calculado previamente (primero con regulador *Coarse* y posteriormente con *Fine*). Iniciar el cronómetro y observar los procesos que ocurren en cátodo y ánodo.
- Una vez alcanzando el tiempo de anodizado, anotar el valor de voltaje y apagar la fuente (*Power*).
- Levantar ligeramente el soporte y con ayuda de pinzas extraer la muestra. Lavarla con abundante agua y alcohol. Secar con aire caliente. Importante: manipular las piezas con guantes y pinzas con el fin de no ensuciarlas.
- Con el resto de muestras, encender la fuente directamente y ajustar la corriente con el regulador *Fine* si fuera necesario.

Paso 5. *Sellado*. Sumergir la probeta en agua desionizada a ebullición durante 15 min. Sacar y secar la muestra en aire caliente.

Paso 6. *Coloreado*. En esta práctica, el color azul (azul de Prusia) se consigue por precipitación de compuestos inorgánicos de baja solubilidad dentro de los poros de la capa. Para ello la muestra se sumerge en el reactivo n.º 1 (15 g/L $K_4Fe(CN)_6 \times 3H_2O$) y luego en el reactivo n.º 2 (15 g/L $FeCl_3 \times 6H_2O$) previo enjuague con agua (Tabla 40). El tinte de color varía dependiendo del tiempo de inmersión en cada uno de los reactivos y del espesor de la capa de anodizado. El otro colorante es un producto comercial que da lugar a tonos negros o negros-azulados por absorción de productos orgánicos. La tonalidad final depende del espesor de la capa de anodizado y de las condiciones de coloreado (t y T). Es necesario un espesor mínimo de 14-16 μm para que se consiga una saturación perfecta en negro. Opcional: sellar las muestras coloreadas como en el paso 5 si se quiere retrasar la pérdida de color de las muestras con el tiempo. Los alumnos que lo deseen pueden anodizar más muestras para colorearlas.

Paso 7. *Ensayo de corrosión*. Pesar las probetas tras «anodizado» y «anodizado+sellado» (Muestra 1 y Muestra 2) en balanza de precisión. Calentar la disolución de H_3PO_4 a 38 °C en un vaso de precipitados de 100 mL. Sumergir las muestras durante 15 min. Lavar y pesar. Las muestras que presenten un cambio de masa inferior a 30 mg dm^{-2} habrán superado el ensayo.

Informe

El informe final deberá incluir los siguientes apartados. Los porcentajes indican el peso en la calificación (la calidad del informe tiene un peso de 10%).

Introducción (10%), Objetivos (5%) y Parte experimental (5%)

- Descripción breve de fundamentos teóricos, objetivos y metodología de la práctica.

Resultados y discusión

- Resultados obtenidos incluyendo las fotografías, reacciones y datos del proceso (voltaje, densidad de corriente, etc.) (5%).
- Fotografías y resultados/discusión relativos al coloreado (5%).
- Fotografías y resultados/discusión relativos al ensayo de corrosión (incluir resultados de todos los grupos) (10%).

Conclusiones/Bibliografía (10%)

Cuestiones (1-15%, 2-15%, 3-10%).

1. Estimar el espesor de la capa anódica utilizando la ley de Faraday para todos los tiempos utilizados en la práctica. Datos: $\rho(Al_2O_3) = 3{,}14$ g/cm^3, eficiencia de la corriente anódica = 90%, porosidad = 30%, $M(Al_2O_3) =$ 101,96 g/mol, i = 20 mA/cm^2. Representar el espesor (mm) en función del tiempo de anodizado.

2. Cálculo de rendimientos de procesos anódicos: aproximadamente el 40% del espesor del recubrimiento se forma por migración de los cationes Al^{3+} hacia la intercara óxido/electrolito, y el 60% restante se forma en la intercara metal/óxido por la migración de los iones O^{2-} hacia esta intercara. Parte de la corriente se consume también en procesos colaterales: generación de O_2 (reacción anódica) y expulsión de Al^{3+} al medio (pérdida del metal sin incorporarlo en la capa del óxido). Es importante saber el rendimiento de la corriente de estos procesos anódicos, η_{Al2O3}, η_{O2}, $\eta_{Al\,perdido}$, para poder controlar la eficiencia del anodizado. El cálculo de estos parámetros se determina utilizando la Ley de Faraday junto con las medidas de masa de la probeta antes y después de anodizado, y la masa de la probeta tras la eliminación de la capa de óxido con un reactivo de decapado apropiado (Figura 118).

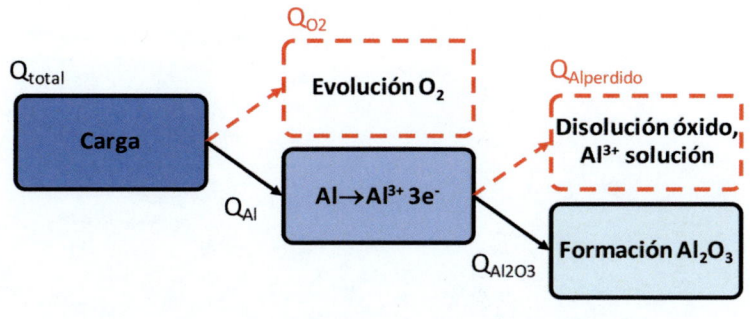

$$Q_{total} = Q_{O2} + Q_{Al}$$
$$Q_{Al} = Q_{Al2O3} + Q_{Al\ perdido}$$

$$\%\eta_{Al2O3} = \frac{Q_{Al_2O_3}}{Q_{total}} 100 \qquad\qquad \%\eta_{O2} = \frac{Q_{O_2}}{Q_{total}} 100$$

$$\%\eta_{Alperdido} = \frac{Q_{Al_{perdido}}}{Q_{total}} 100$$

Figura 118. Esquema del proceso para el cálculo del rendimiento del proceso de anodizado y distribución de la carga (Q = It) en los diversos procesos. Fuente: elaboración propia.

Calcular $\%\eta_{Al2O3}$, $\%\eta_{Al\ perdido}$ y $\%\eta_{O2}$ para un proceso de anodizado realizado con una densidad de corriente constante de 20 mA/cm^2 durante 20 min. Datos:

$$m_{inicial} = 10,1342\ g$$
$$m_{anodizado} = 10,1480\ g$$
$$m_{sustrato\ decapado} = 10,1122\ g$$
$$A = 15\ cm^2,\ M(Al_2O_3) = 101,96\ g/mol,\ M_{Al} = 26,98\ g/mol,\ F=96500\ C/mol$$

3. Calcular la fracción de porosidad para un proceso de anodizado con los siguientes datos: espesor = 20 μm, Área = 40 cm^2, $m_{inicial}$ = 13,5200 g, $m_{anodizado}$ = 13,8022 g, $m_{sustrato\ decapado}$ = 13,6125 g, $\rho(Al_2O_3)$ = 3,14 g/cm^3, $M(Al_2O_3)$ = 101,96 g/mol, M_{Al} = 26,98 g/mol, F=96500 C/mol.

Colecciones de aleaciones

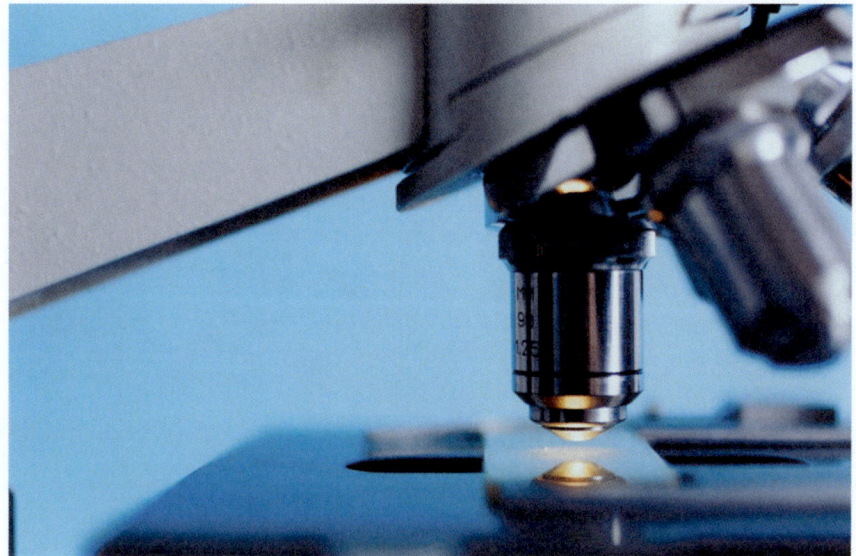

Fuente: Pixabay.

https://dx.doi.org/10.5209/docm.001.05
Laboratorio Integrado. Raúl Arrabal Durán. © Ediciones Complutense, 2025.

Aceros

AC1 Acero F114 (bruto de colada)

Composición: 0,40-0,50 C; 0,50-0,80 Mn; 0,15-0,40 Si; <0,035 P; <0,035 S.
   Procesado: moldeo. Bruto de colada.
   Ataque: inmersión durante 15-30s en nital al 2%.
   Las micrografías en la Figura 119 muestran la microestructura típica de un acero bruto de colada sin laminar o forjar. A esas velocidades de enfriamiento, al no cumplirse totalmente el equilibrio, las cantidades de ferrita primaria y perlita se modifican y no se corresponden con las calculadas por el diagrama de equilibrio (Figura 130). En un acero de 0,40% C la cantidad de ferrita primaria es aproximadamente del 50%, mayor que la observada en las micrografías. Así mismo, la elevada velocidad de enfriamiento afecta a la nucleación y crecimiento de la ferrita primaria originada a partir de la austenita. Nuclea en los límites de grano y crece en forma de agujas hacia el interior de los granos de austenita (microestructura Widmanstätten).
   Esta microestructura acicular disminuye la tenacidad del acero y, por tanto, no se debe utilizar en piezas con cierta responsabilidad. Por tanto, es necesario eliminarla mediante tratamientos térmicos de recocido o normalizado o por laminación en caliente.
   Este tipo de acero es ideal para realizar endurecimiento por temple y posterior revenido (austenización a 840-860 °C/temple aceite/revenido 550 – 660 °C). También se puede emplear para piezas templadas por inducción que requieran durezas superficiales de 55 HRC, ideal para soportar procesos de desgaste localizados. De esta manera, se emplea para elementos mecánicos de responsabilidad media tales como piezas estampadas, palancas ejes, arandelas de regulación, engranajes, bielas, discos de embrague, etc.
   La elevada concentración de carbono y su facilidad de temple hace que este acero no tenga buenas características de soldabilidad.

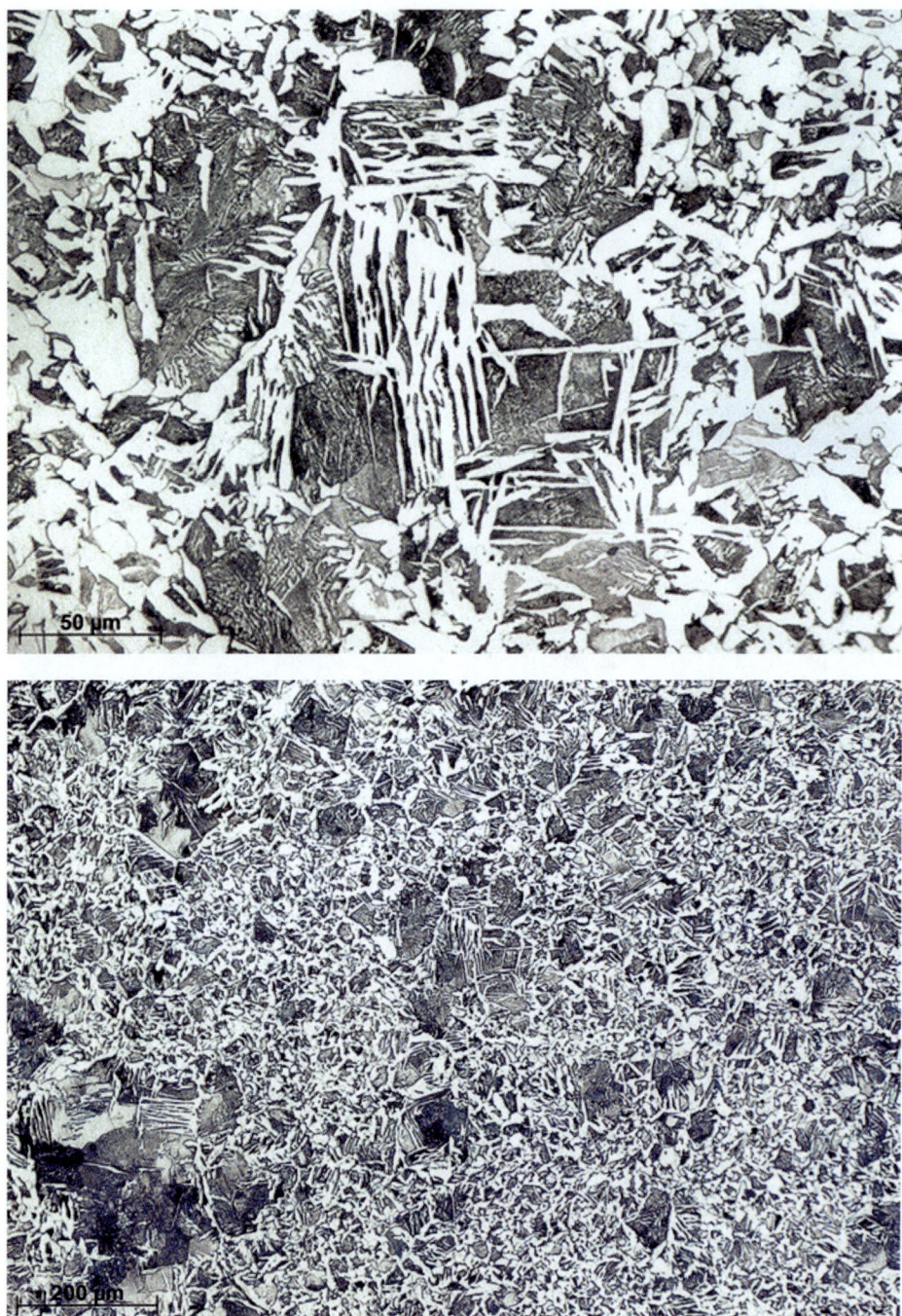

Figura 119. Micrografías del acero AC1 (Arrabal 2017).

AC2 Acero F212 (bruto de laminación)

Composición: acero de fácil mecanización. 0,10-0,14 C; 1,10-1,50 Mn; < 0,06 Si; < 0,11 P; <0,34-0,40 S; 0,20-0,35 Pb.

Procesado: laminación en caliente y enfriamiento al aire.

Ataque: inmersión durante 15-30s en nital al 2%.

Las micrografías en la Figura 120 muestran la microestructura típica de laminación con una cantidad de ferrita primaria del orden del 87% y un 13% de perlita. Se observan asimismo compuestos intermetálicos de MnS orientados en la dirección del laminado. Además, puede observarse pequeñas partículas globulares y dispersas de Pb.

Acero de fácil mecanización alto en azufre y con pequeñas adiciones de Pb (< 0,35%). Mientras que los aceros convencionales generan una viruta larga y rizada durante el mecanizado a causa de su elevada tenacidad, la adición de S induce la formación del compuesto intermetálico MnS que genera una viruta fragmentada y pequeña que favorece la mecanización. Además, el S reduce el coeficiente de fricción entre la viruta y la herramienta, alargando la vida en servicio de esta última.

Por otra parte, la adición de Pb en un porcentaje de alrededor del 0,25% también favorece la maquinabilidad. Esta mejora puede estimarse entre un 20-30% con respecto a aceros con la misma composición sin este elemento. El Pb es insoluble en acero a bajas temperaturas y forma una dispersión de partículas finas que favorecen el desprendimiento de la viruta durante el proceso de mecanizado. Adicionalmente el Pb actúa de lubricante entre la viruta y la herramienta.

Estos aceros son susceptibles de endurecimiento superficial por tratamientos termoquímicos tales como cementación o carbonitruración, seguidos de temple y revenido.

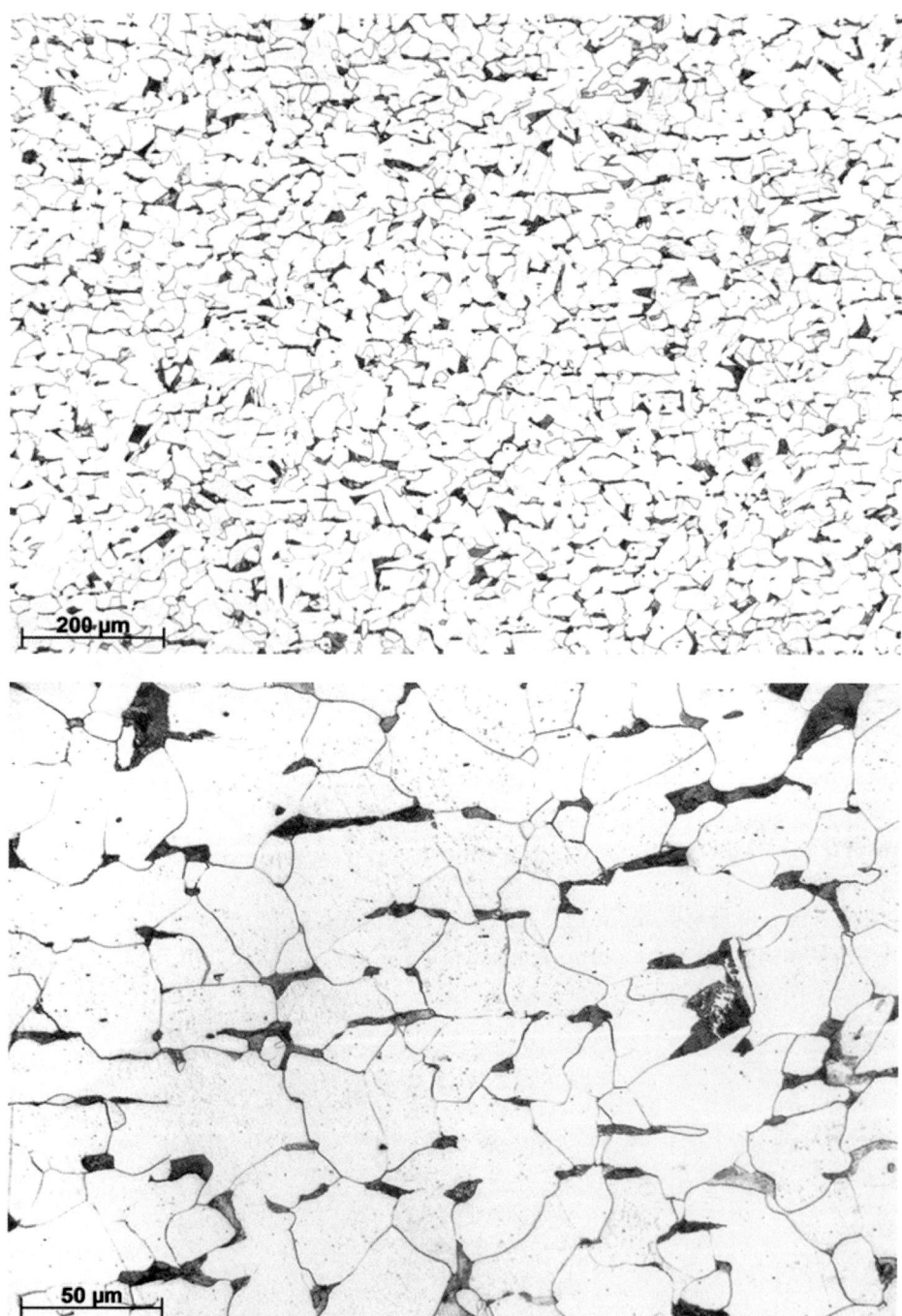

Figura 120. Micrografías del acero AC2 (Arrabal 2017).

AC3 Acero F513 (martensita y troostita)

Composición: 0,70-0,80 C; 0,25-0,50 Mn; <0,25 Si; <0,03 P; <0,03 S.

Procesado: recocido a 950 °C - 20 min y temple en agua.

Ataque: inmersión durante 15-30s en nital al 2%.

La composición de este material corresponde a la de un acero al carbono para herramientas tales como brocas, cinceles y cortafríos. En el caso de que se hubiera llevado a cabo la operación de temple correctamente, las micrografías deberían mostrar únicamente martensita y austenita retenida. En este caso, sin embargo, la temperatura de partida excesivamente alta ha dado lugar a una velocidad de enfriamiento inferior a la crítica de temple (mínima velocidad necesaria para que toda la austenita transforme a martensita), resultando en la formación adicional de perlita fina con morfología nodular en los límites de grano de la austenita inicial (Figura 121). Esta perlita fina, constituida por ferrita y finas laminillas radiales de cementita con un espaciado próximo a los 100 nm, no puede resolverse mediante microscopía óptica lo que explica que durante mucho tiempo se considerase como un microconstituyente distinto, denominado troostita en honor a Louis-Joseph Troost. Conviene mencionar que esta perlita fina o troostita, término en desuso hoy en día, también puede obtenerse por transformación isotérmica a temperaturas comprendidas entre 500 y 600 °C.

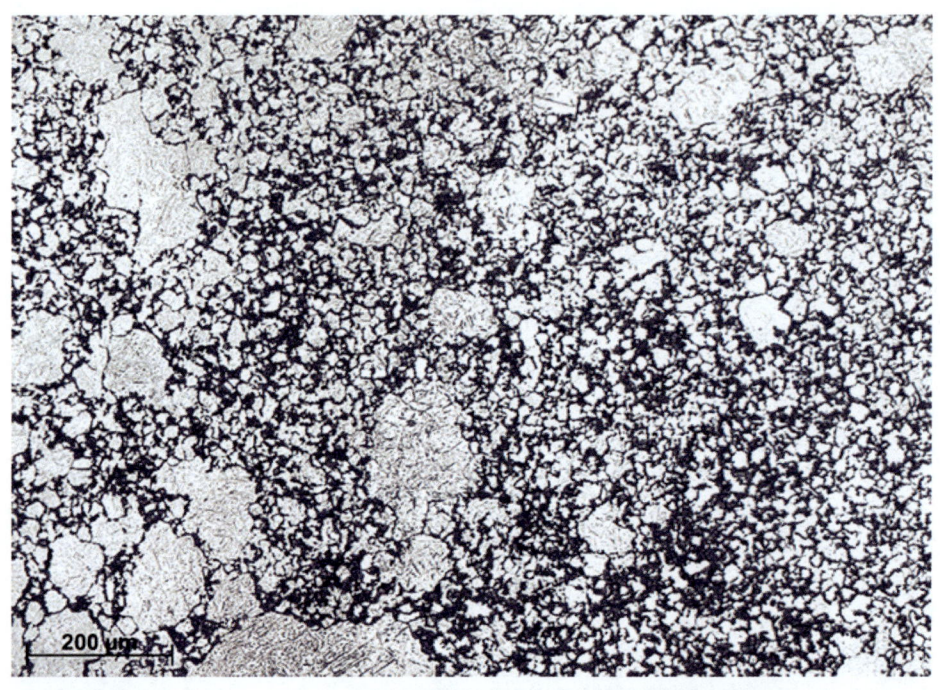

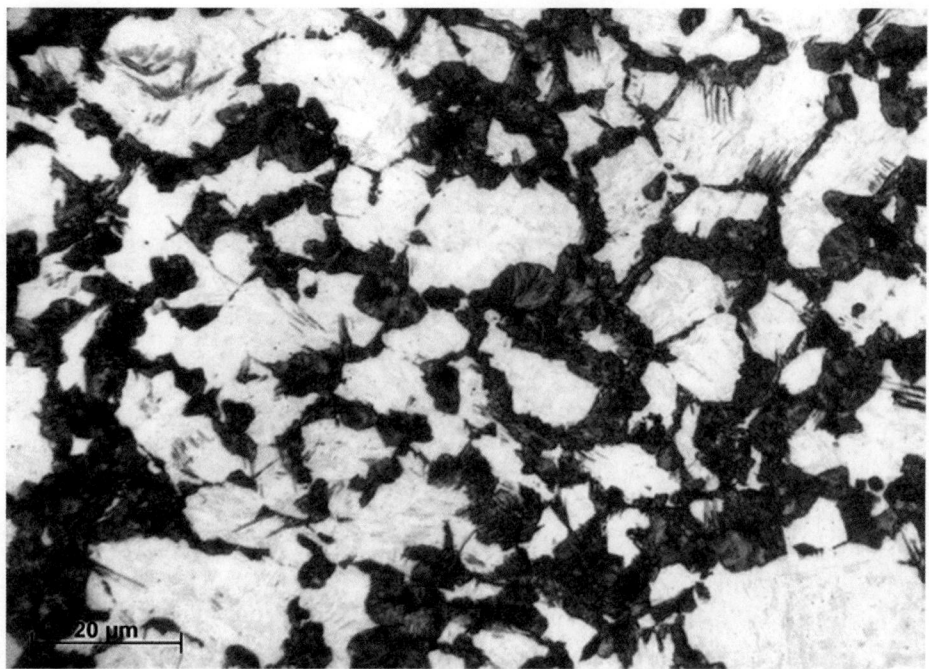

Figura 121. Micrografías del acero AC3 (Arrabal 2017).

AC4 Acero F513 (grieta de temple)

Composición: 0,70-0,80 C; 0,25-0,50 Mn; <0,25 Si; <0,03 P; <0,03 S.
Procesado: recocido a 950 °C - 20 min, temple en agua e impacto.
Ataque: inmersión durante 15-30s en nital al 2%.

Se trata de la misma muestra que la probeta AC3 pero con impacto posterior a la operación de temple y que ha provocado la formación de grietas debido a la fragilidad del material. En las micrografías se observa martensita en forma de placas/listones y perlita fina en los límites de grano junto con grietas poco ramificadas y de contornos rectilíneos (Figura 122). La formación de grietas a veces ocurre en la superficie del material durante la propia operación de temple. Gran parte de las tensiones que producen este agrietamiento se originan por diferencias de velocidad de enfriamiento entre la superficie e interior de la pieza. Inicialmente, la superficie se enfría más rápidamente, formándose martensita cuando se alcanza la temperatura Ms. Al continuar el enfriamiento, el interior del material intenta expandirse (por transformación de la austenita a martensita) en un grado mayor que el que le permite la martensita formada en la periferia de la muestra, generándose tensiones de tracción en superficie. En ocasiones el agrietamiento no ocurre durante el temple sino en operaciones posteriores de mecanizado, de ahí la importancia de realizar un revenido justo después del temple.

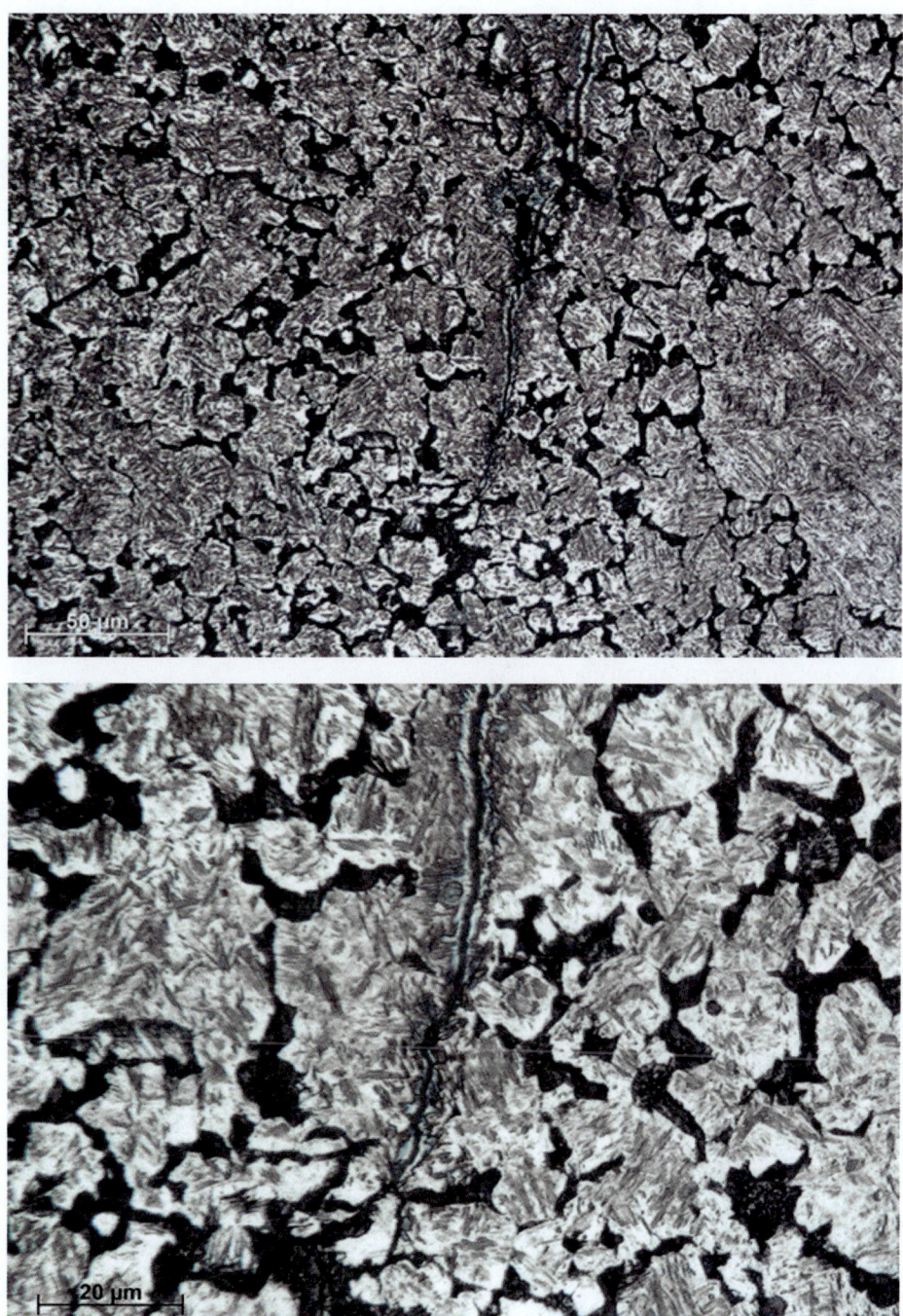

Figura 122. Micrografías del acero AC4 (Arrabal 2017).

AC5 Aceros F513 Y F115 (descarburación)

Composición:

F513 0,7-0,8 C; 0,25-0,50 Mn; <0,03 P; <0,03 S; 0,10-0,25 Si.

F115 0,52-0,60 C; 0,50-0,60 Mn; <0,03 P; <0,03 S; <0,30 Si.

Procesado: recocido a 960 °C - 24 h y enfriamiento en el horno.

Ataque: inmersión durante 15-30s en nital al 2%.

Las micrografías en la Figura 123 muestran un defecto habitual que se produce en aceros sometidos a elevadas temperaturas; la descarburación. Este efecto es especialmente perjudicial en aceros para herramientas con gran porcentaje en carbono, puesto que la zona descarburada después del temple da muy poco rendimiento en el corte y resistencia al desgaste como consecuencia de su baja dureza. La descarburación, consistente en la pérdida de carbono en la superficie del material por reacción con oxígeno u otras especies, se produce en procesos de forja y laminación, y también en tratamientos térmicos. Puede evitarse con un control de la atmósfera del horno o mediante rectificado posterior, aunque en algunos casos puede ser ventajosa y no se elimina la capa descarburada. La profundidad de esta zona puede medirse según criterios establecidos en normas como la ASTM E1077.

En ocasiones, en función de la temperatura, velocidad de enfriamiento y tipo de acero, es posible observar la formación de granos de ferrita alargados, más o menos columnares, y de gran tamaño. Este es el caso del acero F513 mostrado en las micrografías. En este acero también se observa muy claramente la diferente cantidad de perlita en la superficie de la muestra con respecto al centro de la pieza.

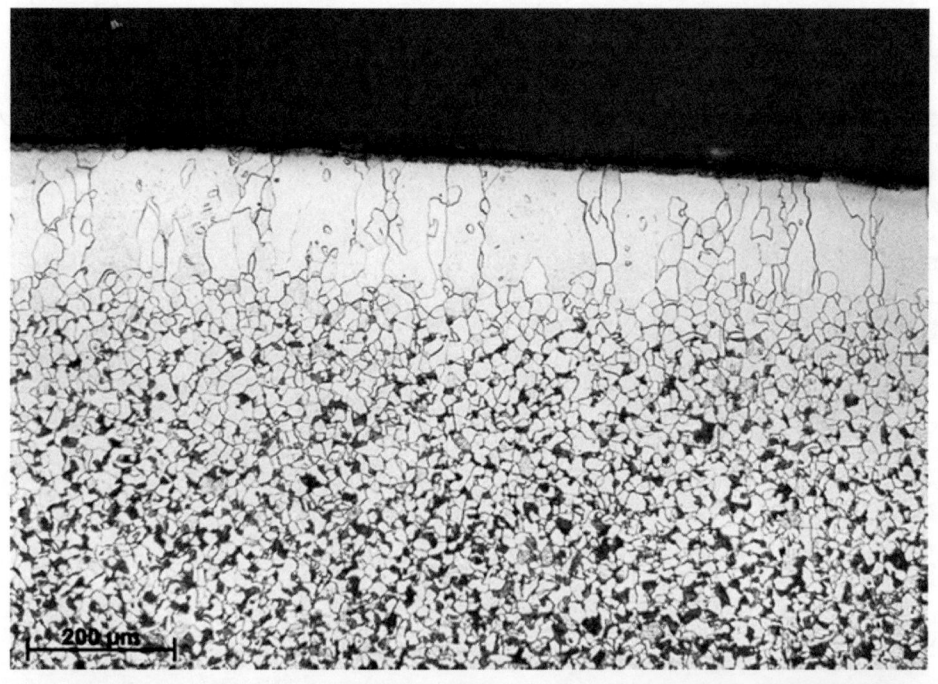

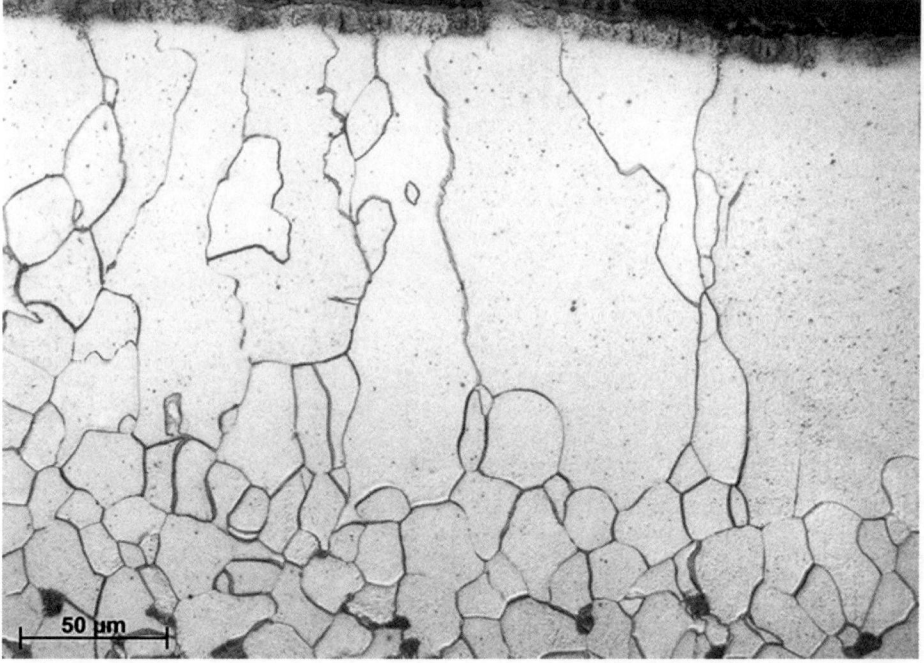

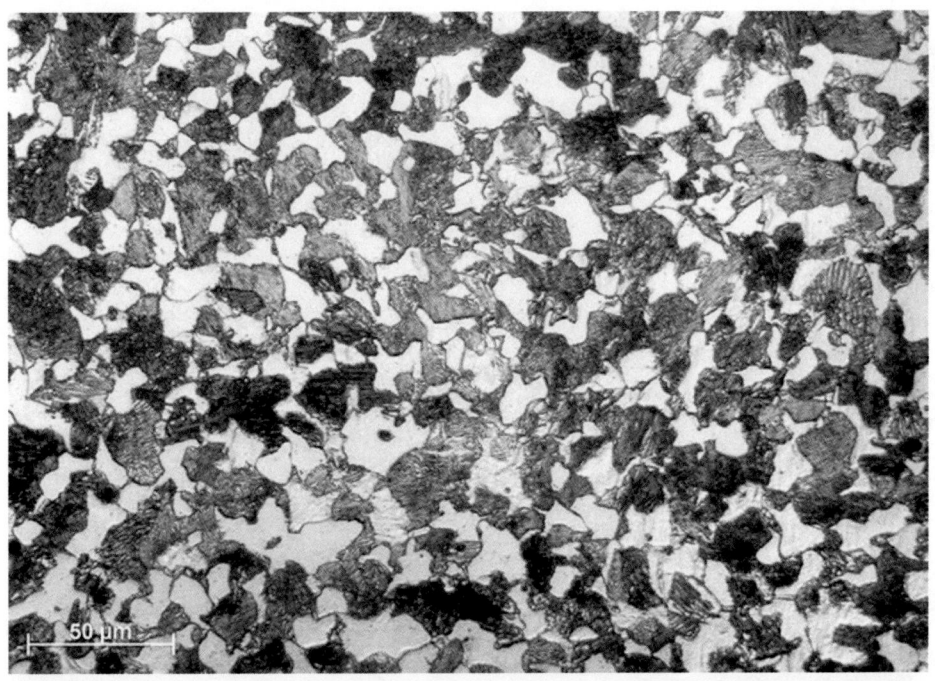

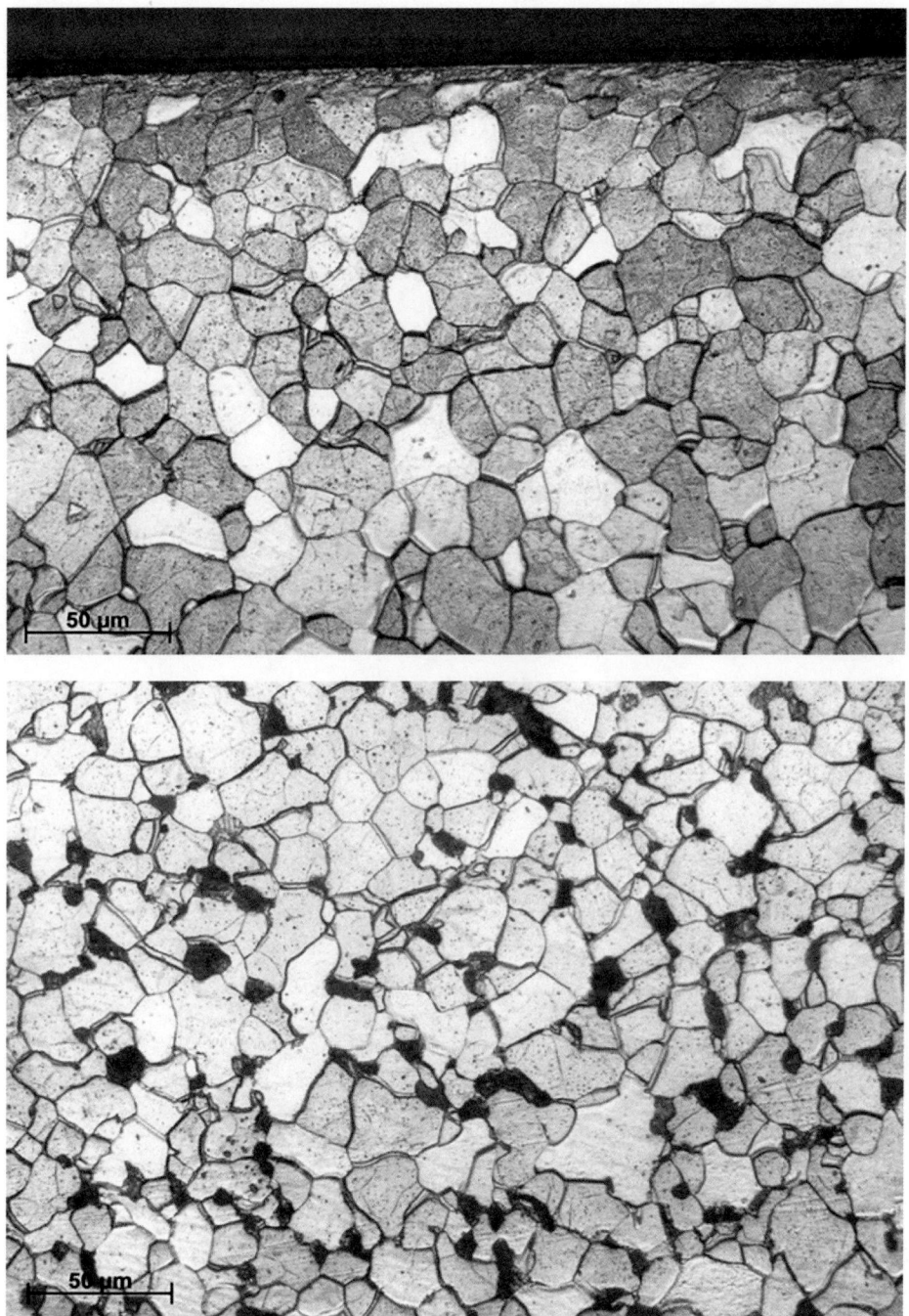

Figura 123. Micrografías del acero AC5 (Arrabal 2017).

AC6 Acero F513 (grieta y descarburación)

Composición: 0,70-0,80 C; 0,25-0,50 Mn; <0,25 Si; <0,03 P; <0,03 S.

Procesado: recocido a 950 °C – 20 min, temple en agua, impacto, recocido a 960ºC – 20 min y enfriamiento en el horno.

Ataque: inmersión durante 15-30 s en nital al 2%.

Esta probeta presenta de forma combinada dos defectos observados en las probetas AC4 y AC5. A pocos aumentos se distingue claramente una grieta que recorre la periferia de la muestra y cierta descarburación en superficie (Figura 124). De nuevo, la grieta se produce como resultado de un impacto posterior al temple, mientras que la descarburación se debe a la difusión y combinación del carbono con el oxígeno de la atmósfera del horno. Más interesante en esta probeta es el fenómeno de descarburación que se observa en la vecindad de la grieta. Este hecho permite afirmar que la grieta no ha nucleado y crecido durante el último tratamiento térmico, sino en una etapa previa.

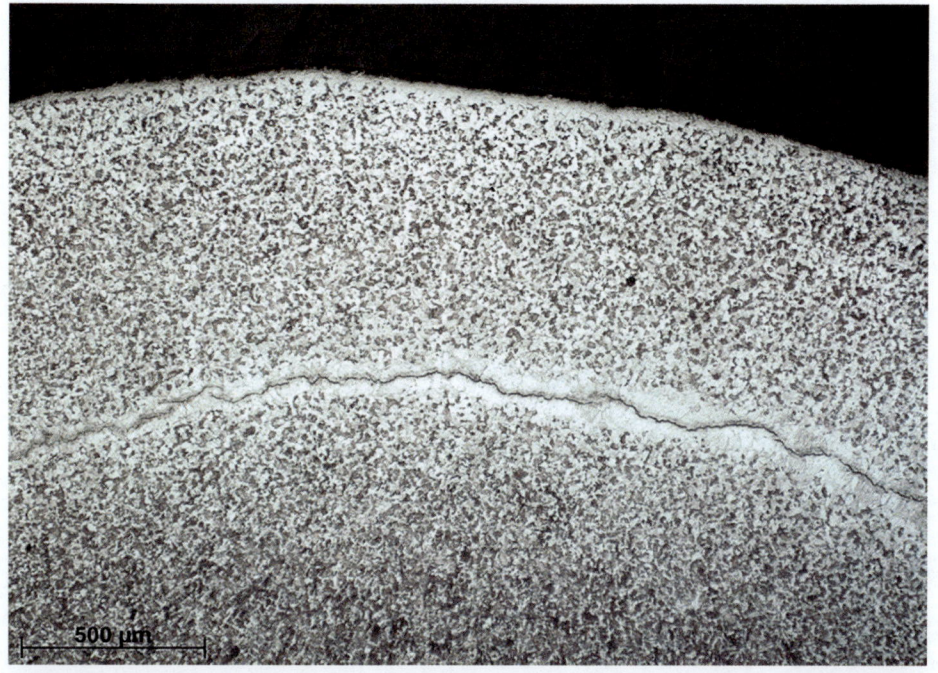

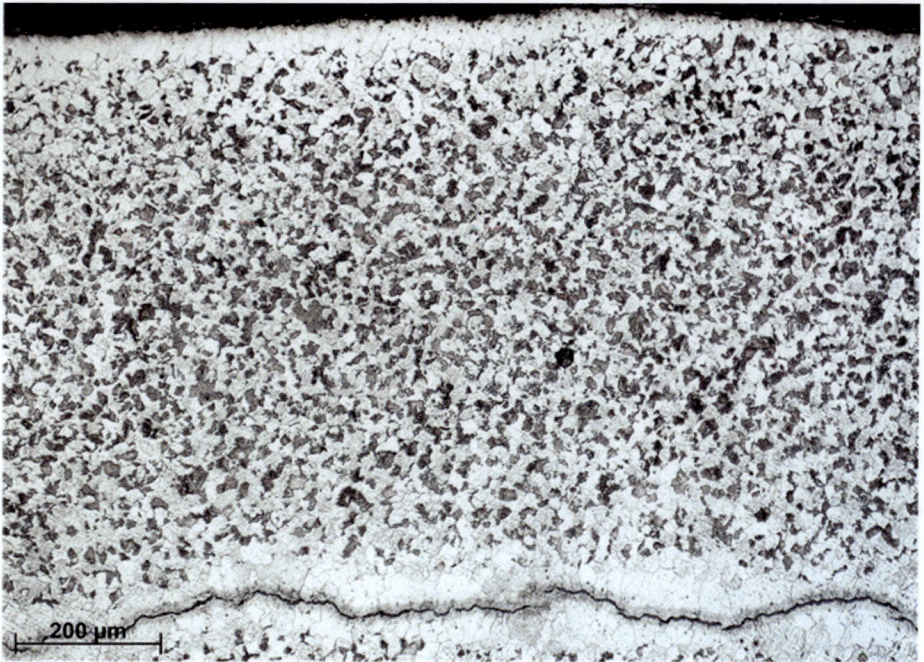

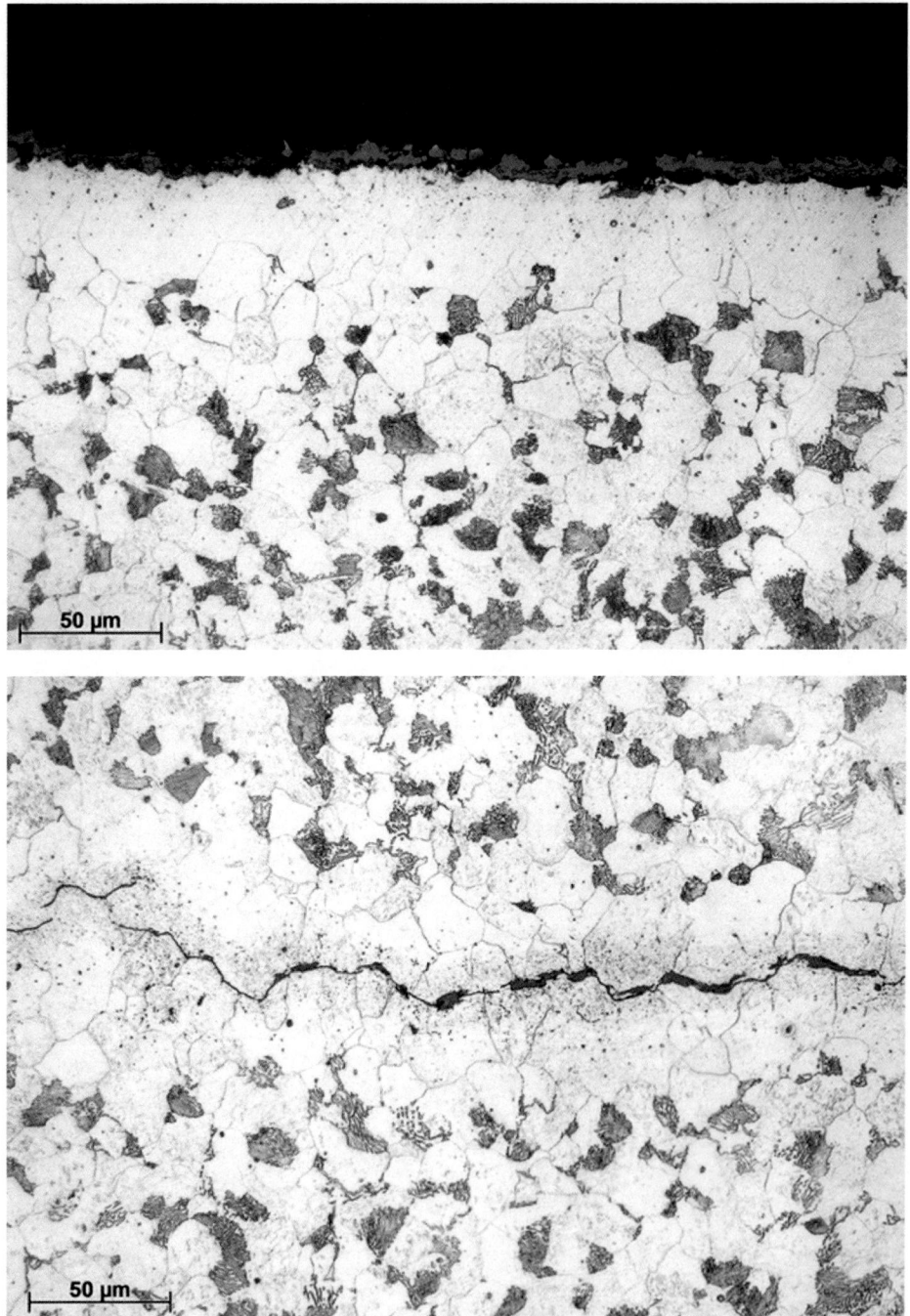

Figura 124. Micrografías del acero AC6 (Arrabal 2017).

AC7 Acero F114 (globulizado)

Composición: 0,40-0,50 C; 0,50-0,80 Mn; 0,15-0,40 Si; <0,035 P; <0,035 S.
   Procesado: F114. Tratamiento de globulización.
   Ataque: inmersión durante 15-30s en nital al 2%.

El estudio metalográfico muestra la microestructura típica de un acero glo-bulizado, es decir, una matriz ferrítica y glóbulos de Fe_3C (cementita) unifor-memente distribuidos (Figura 125). Para conseguir esta microestructura se procedió al siguiente tratamiento térmico: a) austenización entre 830-850 °C y posterior temple. La elevada velocidad de enfriamiento inhibe los procesos de difusión y favorece la transformación martensítica; b) posterior tratamiento térmico de la martensita a 710 °C durante 72 horas y enfriamiento lento (10 °C/h) hasta 650ºC dejando, a partir de esta temperatura, enfriar el acero en el horno. Con este tratamiento se favorece la globulización de la cementita.

El mecanismo de la formación de glóbulos de Fe_3C está favorecido por la elevada energía de deformación asociada a la formación de la martensita. La martensita generada mediante una transformación no difusional contiene apro-ximadamente un 0,45% C en solución sólida. El hierro, en estado de equilibrio, disuelve solo 0,008% C a temperatura ambiente. Esta diferencia en la compo-sición de carbono, en solución sólida, genera grandes tensiones que son alivia-das con el tratamiento térmico reseñado, favoreciéndose la segregación del carbono en forma de Fe_3C globular, nucleado en las maclas de la martensita. Este tratamiento elimina las fuertes tensiones generadas durante la transforma-ción martensítica.

Este acero puede ser endurecido superficialmente por tratamientos termo-físicos tales como inducción, láser o llama y posterior temple y revenido. Con estos tratamientos superficiales se consigue que el acero tenga un buen com-portamiento a la fricción manteniendo una elevada tenacidad. Se usa funda-mentalmente para piezas de maquinaria tales como ejes, bielas, manivelas, manguitos, tornillos, material ferroviario, etc.

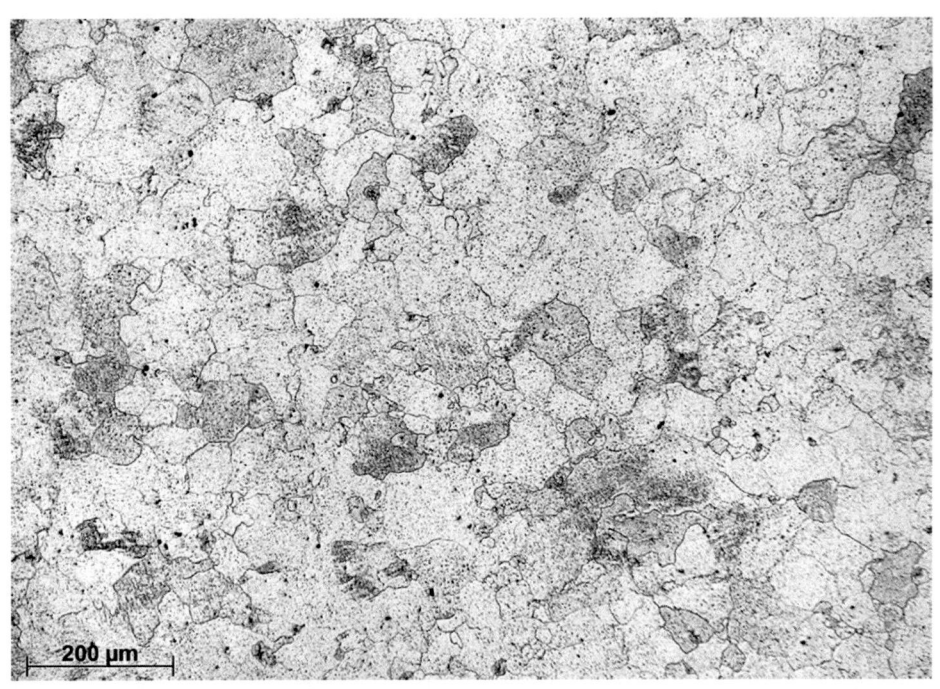

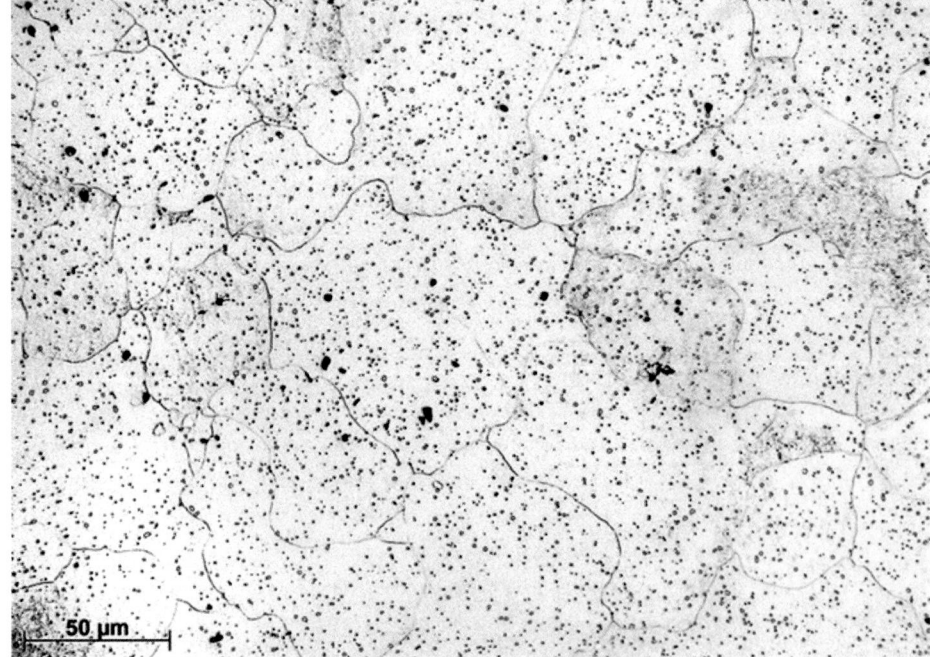

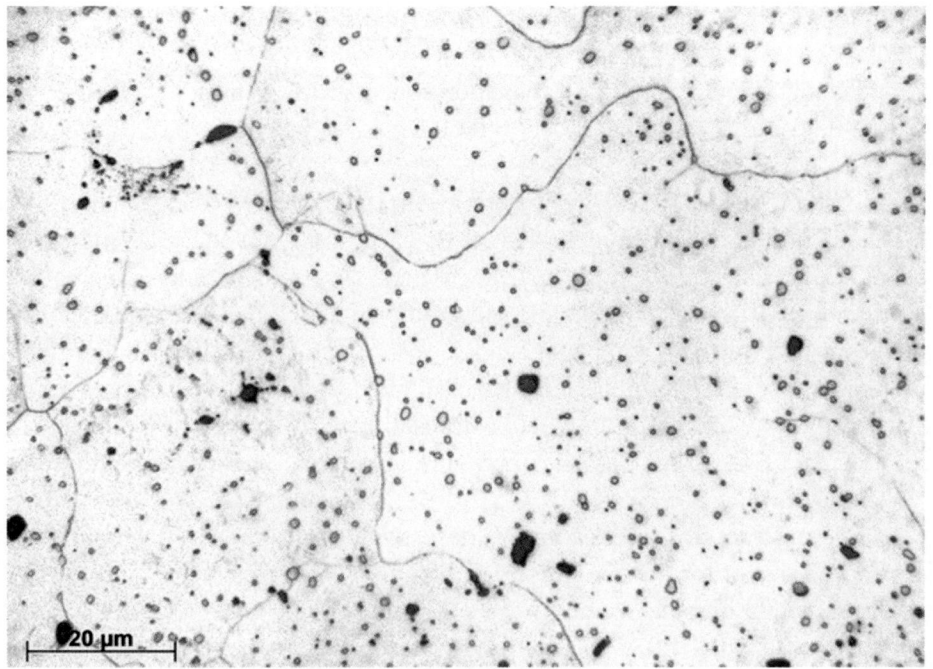

Figura 125. Micrografías del acero AC7 (Arrabal 2017).

AC8 Acero F521 (carburos heterogéneos)

Composición: acero indeformable para herramientas de alta aleación (1,40-1,50 C; 0,10-0,60 Mn; 11,0-12,0 Cr; 0,10- 0,60 Si; 0,7-1,20 Mo; < 0,03 P; < 0,03 S;0,50-1,10 V).

Procesado: forja a 1050 °C y posterior enfriamiento lento (ceniza u horno).

Ataque: inmersión durante 20-40s en nital al 2%. La elevada concentración de Cr (11,5%) hace que, a veces, este acero haya sido considerado semi-inoxidable, aunque esta concentración no sea suficiente para llegar a ser inoxidable. Este acero indeformable tiene una elevada resistencia al desgaste y baja resistencia al impacto. Se emplea para herramientas de corte de gran precisión (matrices y punzones), herramientas para estampado y embutición profunda, cilindros para laminación en frío para trenes de laminación de cajas múltiples, etc.

La microestructura, con una dureza de 310 HV, muestra la direccionalidad del proceso de conformación (forja y laminación). Así mismo, se observa la presencia de carburos de cromo gruesos formados durante el proceso de conformación realizado a 1050 °C orientados en la dirección del laminado (Figura 126). El posterior enfriamiento lento favorece la precipitación de carburos más pequeños con tendencia esferoidal en una matriz de ferrita (Figura 131).

Trabajando convenientemente este material y aplicando los tratamientos térmicos adecuados es posible conseguir una distribución fina y uniforme de los carburos en una matriz martensítica pudiendo alcanzar durezas del orden de 63-65 HRC. Este tratamiento sería: forja y laminación a 1050 °C y posterior enfriamiento al aire o aceite para obtener una microestructura martensítica. Posterior revenido a 500 °C para favorecer la precipitación copiosa y homogénea de carburos de cromo en una matriz martensítica.

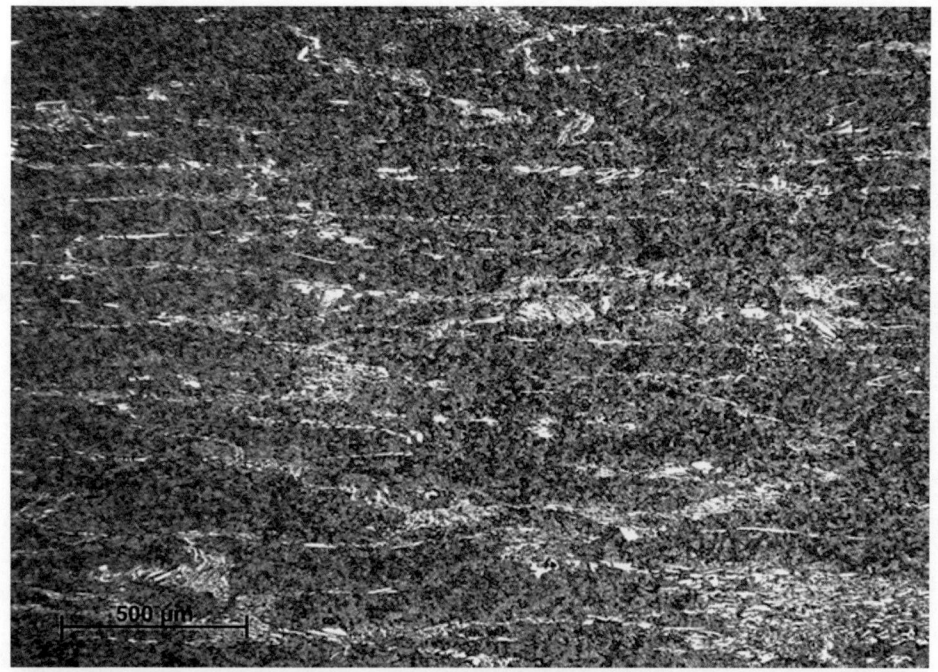

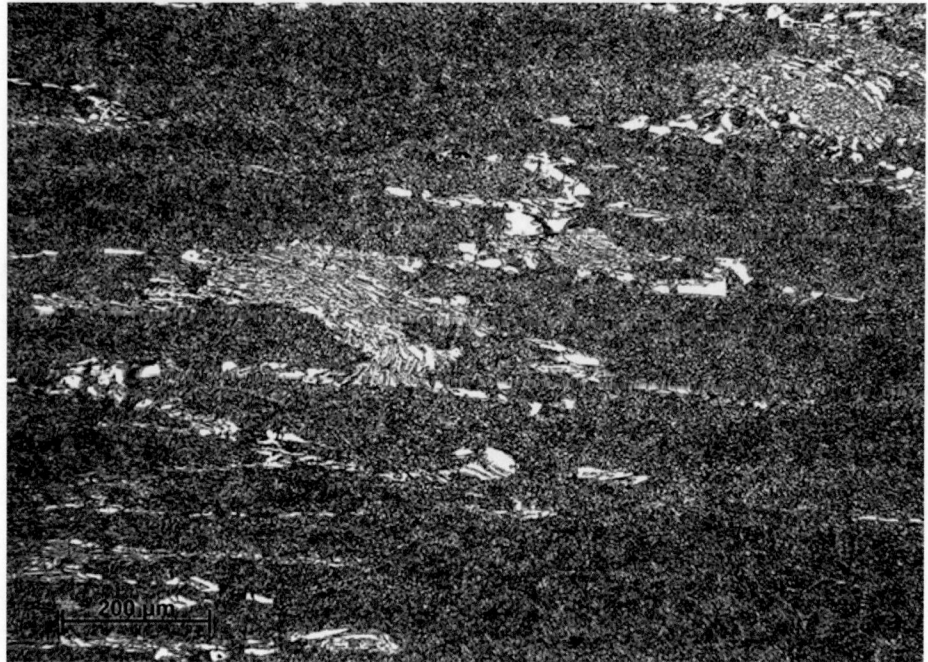

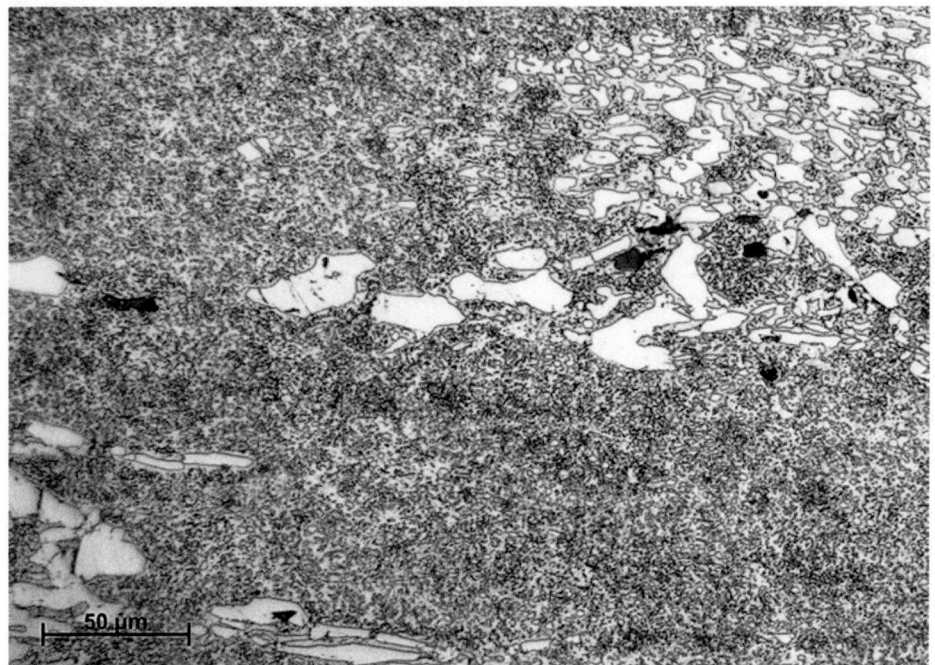

Figura 126. Micrografías del acero AC8 (Arrabal 2017).

AC9 Acero F522 (carburos homogéneos)

Composición: acero indeformable para herramientas (0,9-1,0 C; 1,0-1,2 Mn; <0,30 Si; <0,3 P; <0,3 S; 0,40-0,60 Cr; 0,5 W; 0,12 V).

Procesado: forja 1050 °C, enfriamiento hasta 850 °C y posterior enfriamiento en horno (10-20 °C/h hasta 600 °C).

Ataque: inmersión durante 20-40s en nital al 2%.

Acero al carbono de baja aleación perteneciente a la familia de aceros para herramientas para trabajado en frío. Si se realiza un tratamiento térmico correcto es prácticamente indeformable. Trabaja a compresión y a tracción con características algo inferiores a otros aceros indeformables. Se utiliza para fabricar prioritariamente herramientas de corte tales como herramientas indeformables, calibres, matrices y punzones de corte frío, taladros, fresas, etc.

La microestructura muestra la direccionalidad del proceso de laminado realizado a 1050 °C (Figura 127). Una velocidad de enfriamiento a través de la transformación eutectoide baja favorece la esferoidización de los carburos, prioritariamente Fe_3C (Figura 132). El resultado es una matriz ferrítica con carburos uniformemente globulizados y restos de perlita aún sin globulizar. Con este tratamiento se obtiene una dureza de 250-270 HV (25-28 HRC).

Este tipo de acero es susceptible de tratamientos térmicos para alcanzar durezas superiores (63-65 HRC) mediante un tratamiento de temple desde 780-820 °C y posterior revenido entre 200-250 °C en baño de sales.

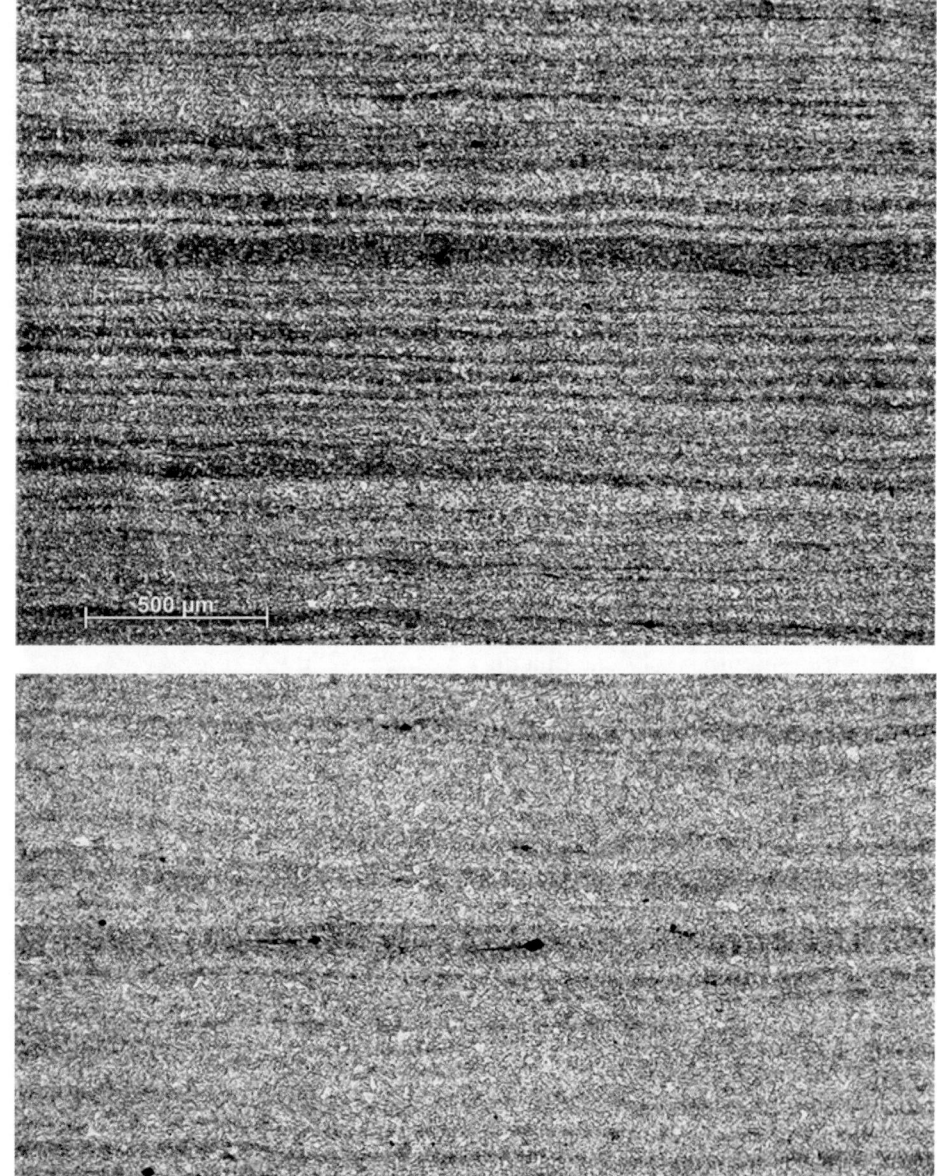

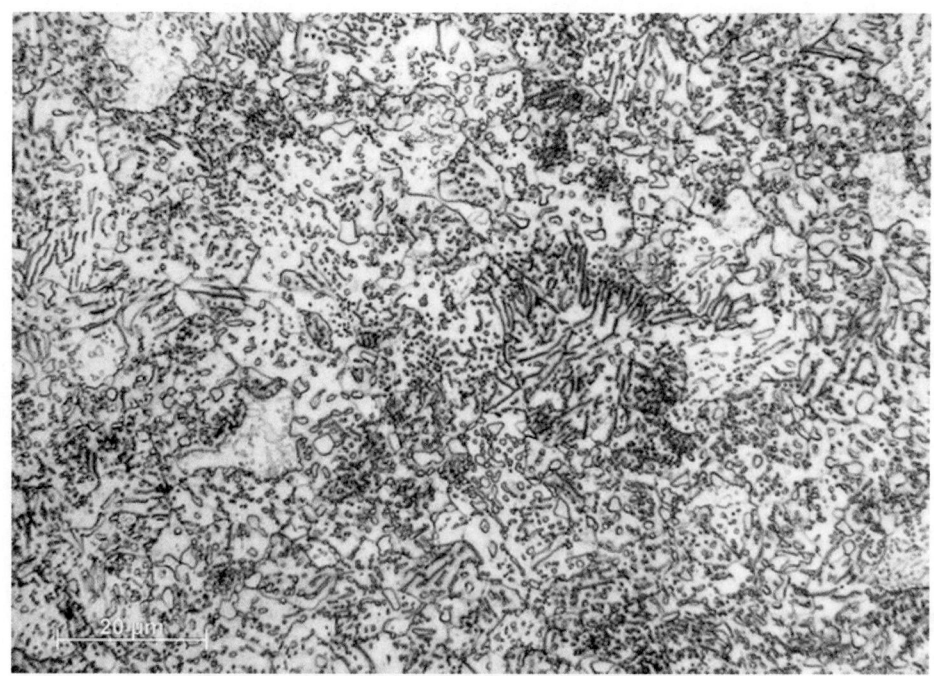

Figura 127. Micrografías del acero AC9 (Arrabal 2017).

AC10 Acero corrugado (sección transversal)

Composición: acero corrugado (sección transversal). 0,22%C-0,7%Mn-0,1%-Si- 0,05%S-0,05%P. %Ceq= 0,34. La composición está dentro de los valores que establece la norma UNE 36 068, en la que la composición del acero es 0,24 %C máx., 0,52 %Ceq, 0,055 %P máx., 0,055 %S máx. y 0,013 %N máx. Siendo la ecuación con la que se calcula el %Ceq = %C + (%Mn/6) + {(%Cr + %Mo + %V)/5) + ((%Ni + %Cu)/15}.

Procesado: reducción de sección de palanquillas en trenes de laminación y obtención de corrugas en trenes de acabado con rodillos que están diseñados para tal función. El tratamiento térmico que sufren las barras se muestra en la Figura 133, en la que hay una representación esquemática del perfil de temperaturas y la evolución microestructural en el tratamiento térmico de las barras corrugadas, REBAR (*Reinforcing Bar*).

El proceso se denomina TEMPCORE y está especialmente desarrollado para proporcionar a las barras elevada conformabilidad. Las barras se enfrían con agua a presión. La capa exterior se enfría desde 1000 °C hasta 300 °C. El calor del corazón de la barra recalienta la zona exterior y la martensita se reviene. El proceso proporciona un corazón de ferrita y perlita, un área de transición, y una capa exterior de martensita revenida.

Ataque: inmersión durante 20-40 s en nital al 2%.

La macroestructura muestra una zona exterior, dos coronas concéntricas más claras y un corazón, cuya microestructura ferrítico-perlítica se muestra en las micrografías a mayores aumentos (Figura 128).

La microestructura de la zona de transición se muestra también a mayores aumentos, en la que se observa martensita revenida.

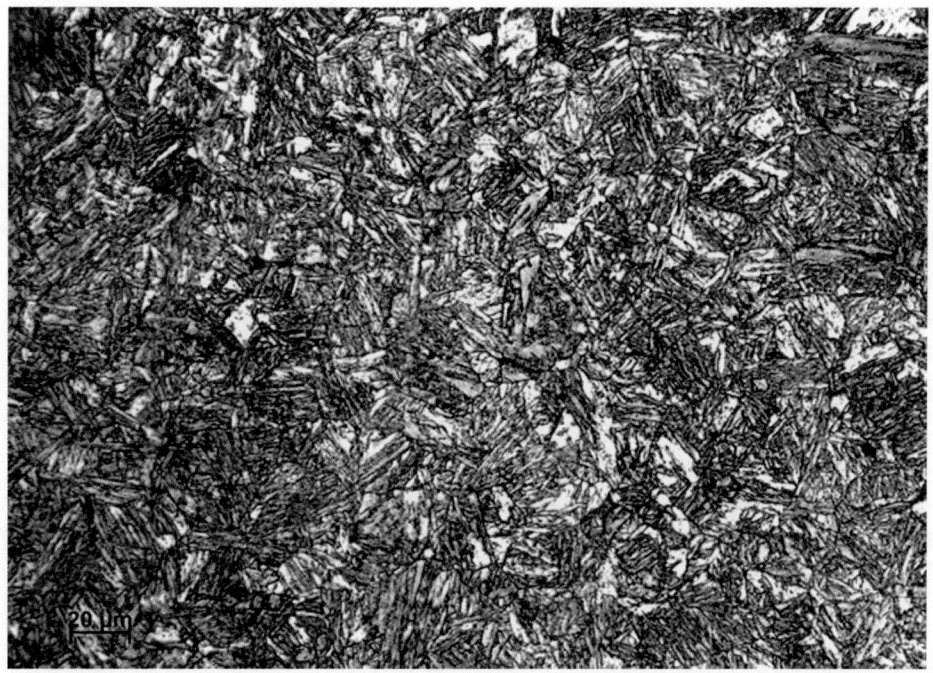

Figura 128. Macrografía y micrografías del acero AC10 (Arrabal 2017).

AC11 Acero corrugado (sección longitudinal)

Composición, procesado y ataque: igual que en AC10.

Las microestructuras observadas tras ataque con nital revelan la estructura en bandas ferrítico-perlítica y una inclusión muy clara a lo largo de la sección interna de la muestra (Figura 129). Una de las micrografías muestra la zona de transición. En ésta se observa a la derecha la zona de ferrita-perlita, a continuación, la perlita se va desdibujando adquiriendo formas globulares, pasando finalmente a martensita revenida. El aspecto de la martensita revenida se presenta en la última micrografía.

En la sección longitudinal sin ataque se revela las inclusiones alargadas de gran tamaño en la dirección de la laminación. Corresponden a silicatos de Fe y Mn. En la micrografía a mayores aumentos también se observan partículas pequeñas y de color gris claro, correspondientes a sulfuros de Mn. Para una determinación e identificación de las inclusiones más detallada se recomienda seguir las indicaciones de la norma ASTM E45.

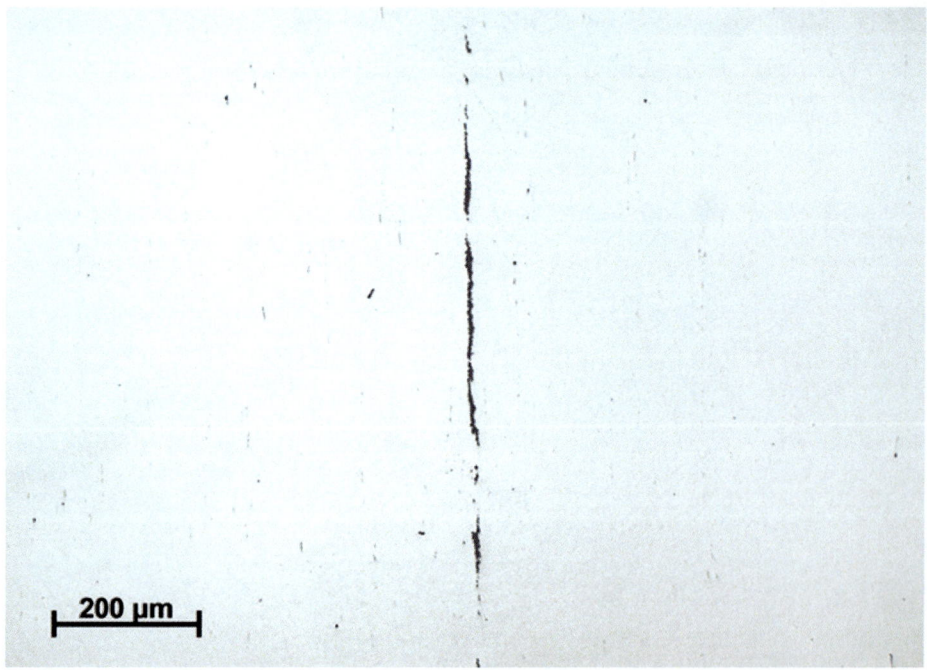

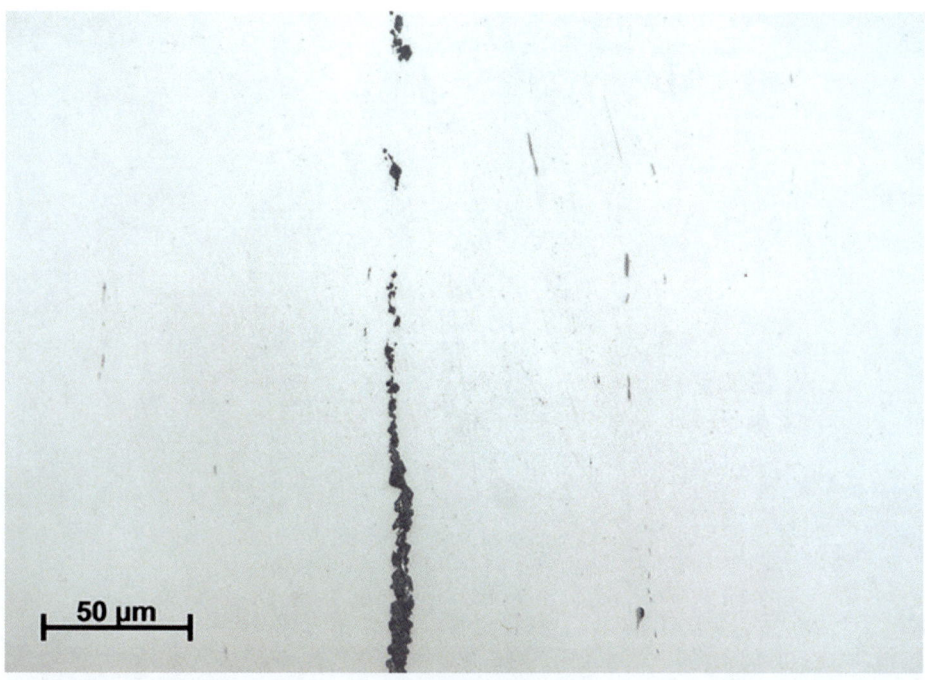

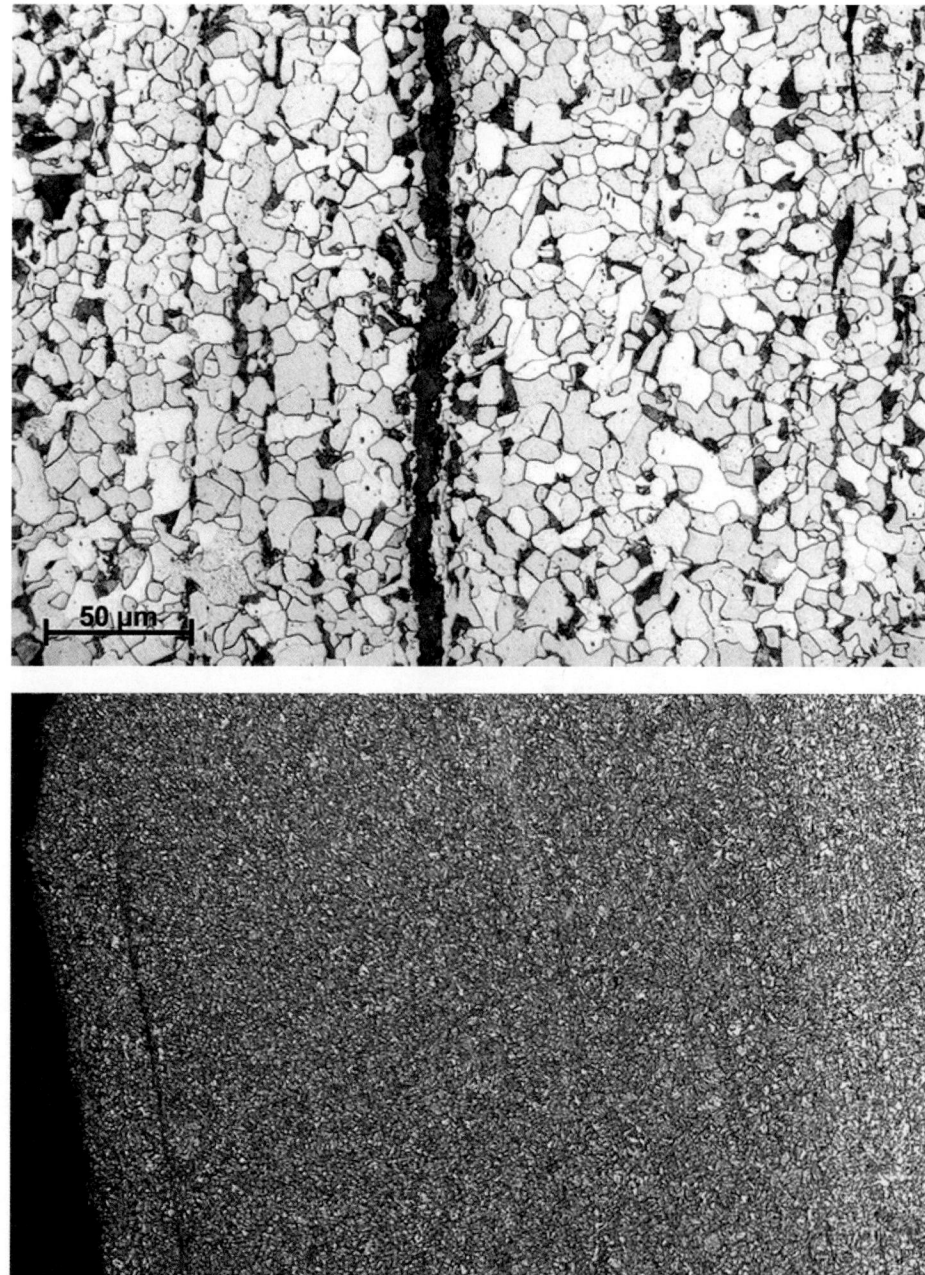

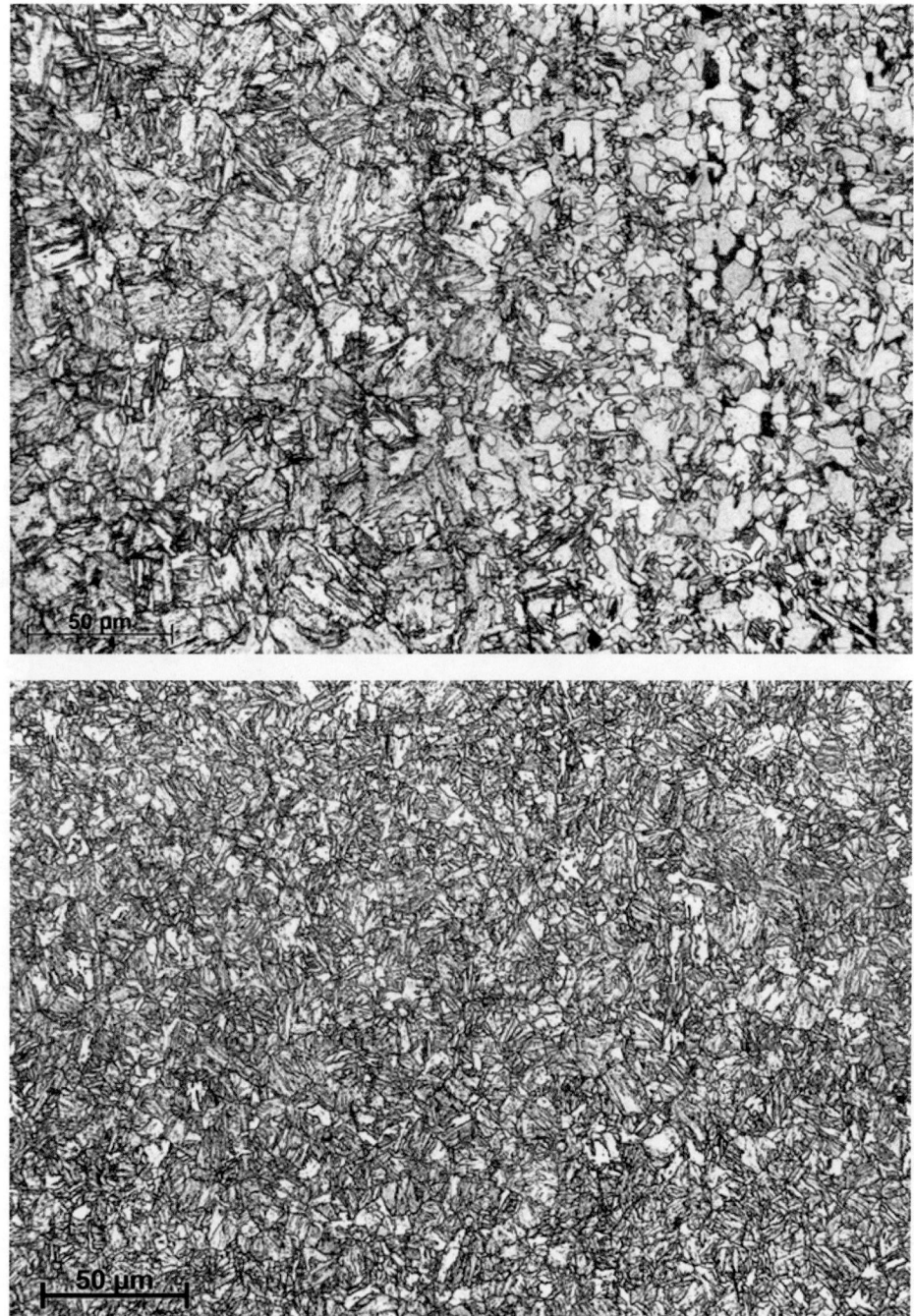

Figura 129. Micrografías del acero AC11 (Arrabal 2017).

Diagramas para aceros

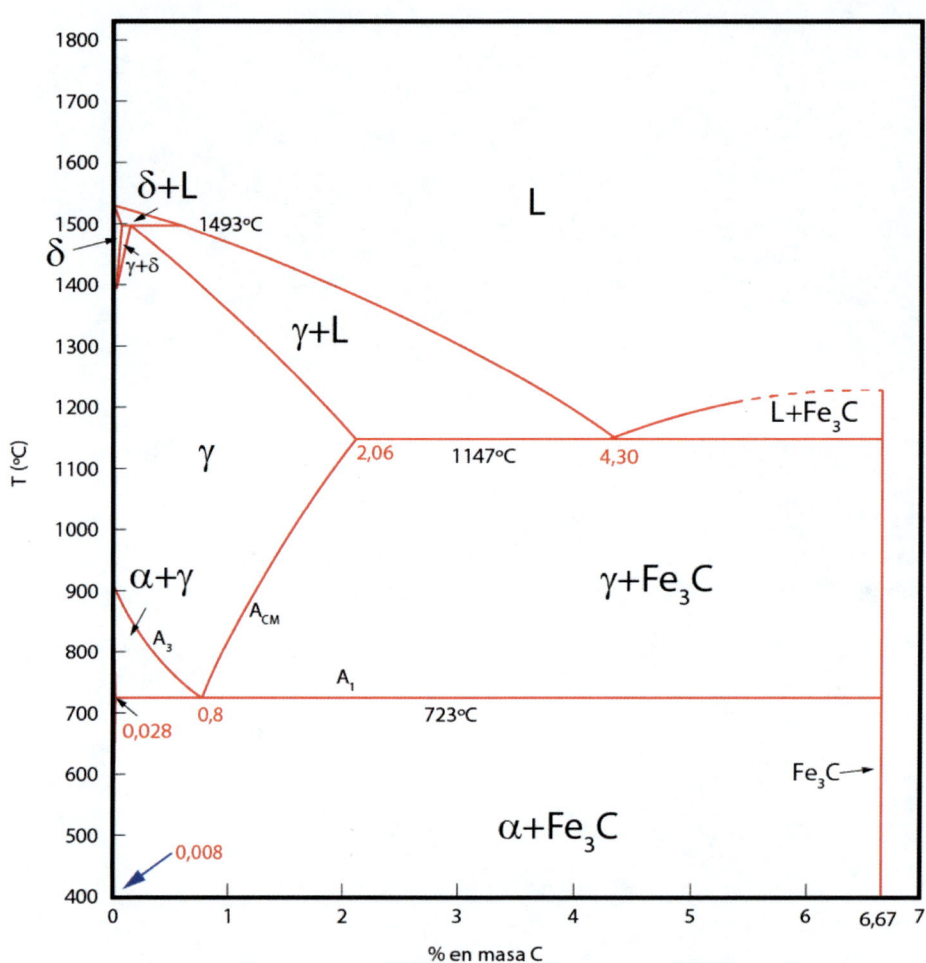

Figura 130. Diagrama Fe-Fe$_3$C (Arrabal 2017).

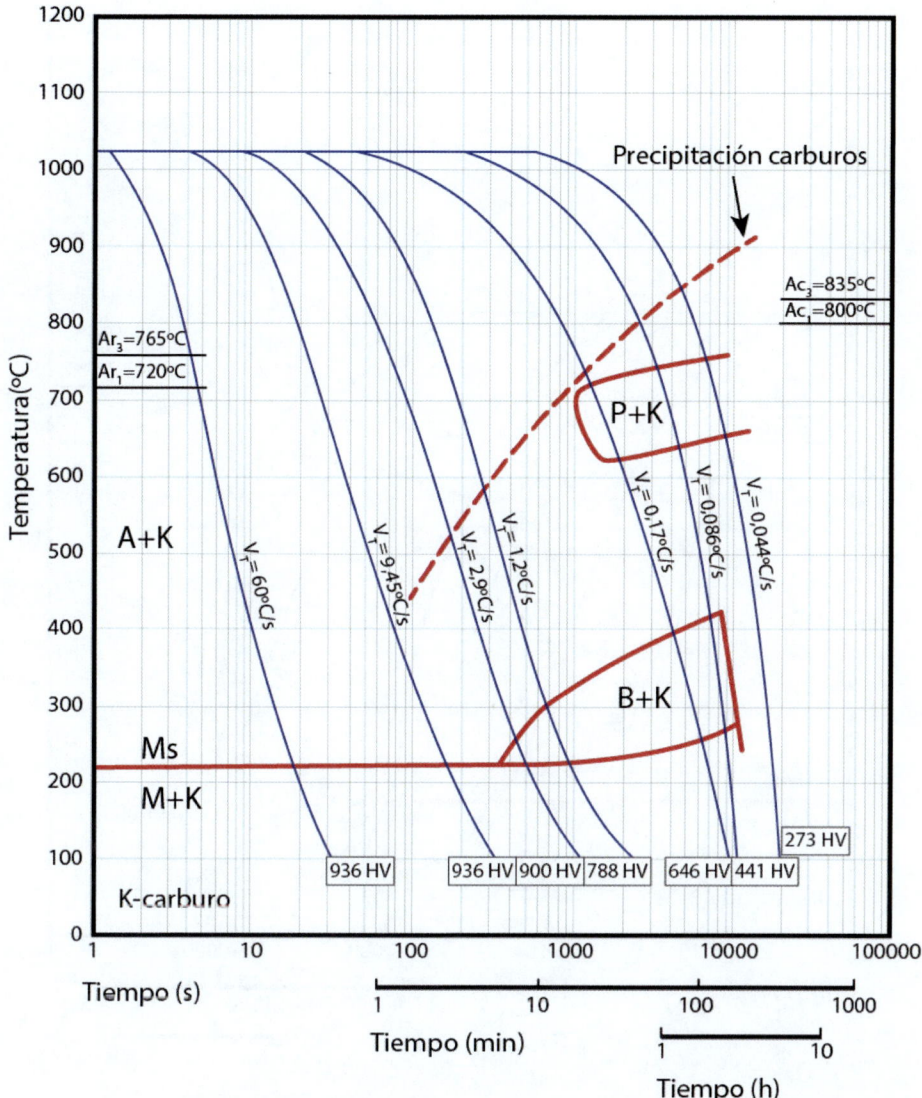

Figura 131. Diagrama de enfriamiento continuo del acero F521 (Arrabal 2017).

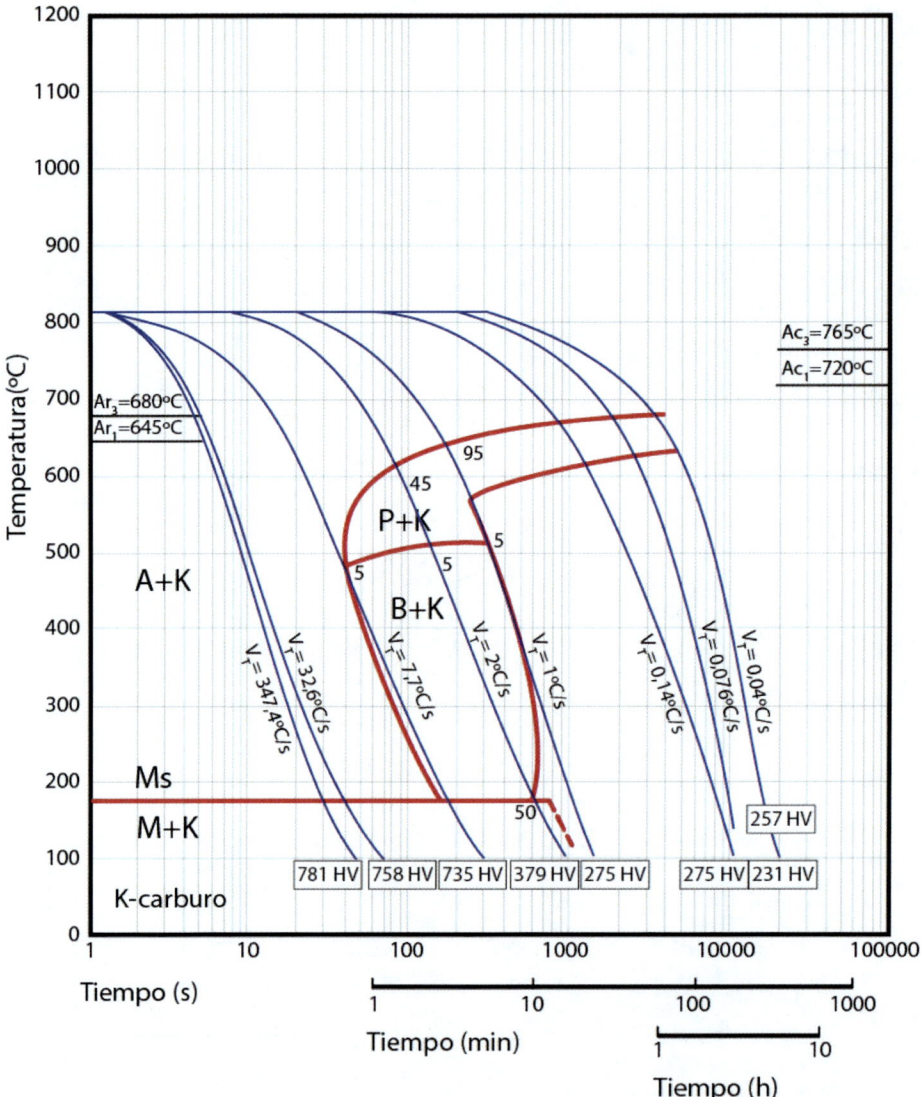

Figura 132. Diagrama de enfriamiento continuo del acero F522 (Arrabal 2017).

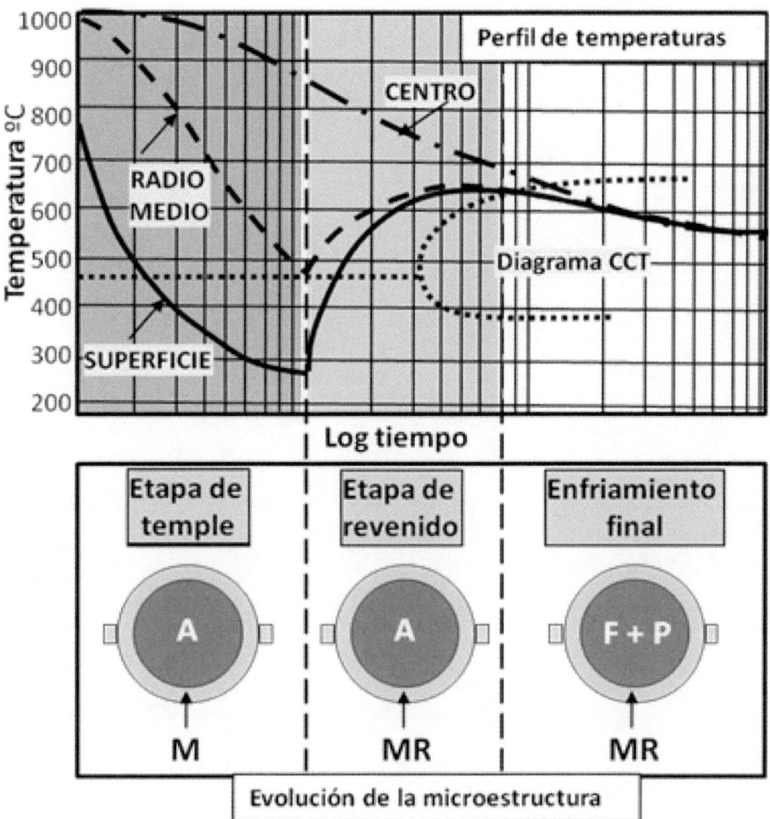

Figura 133. Perfil de temperaturas y evolución microestructural en el tratamiento térmico de barras corrugadas (rebar) (Arrabal 2017).

Fundiciones

F1 Fundición gris laminar (matriz perlítica)

Composición: hipoeutéctica.
 Procesado: moldeo.
 Ataque: inmersión durante 10-30s en nital al 2%.

La microestructura de la muestra consiste en láminas de grafito formadas durante el proceso de solidificación en una matriz perlítica formada durante el enfriamiento a través de la transformación eutectoide (Figura 134). La velocidad de enfriamiento a través de la transformación eutectoide ha sido alta. También se distinguen en la micrografía inclusiones de MnS de pequeño tamaño y el eutéctico esteadita.

Para favorecer el proceso de grafitización las fundiciones grises deben contener entre un 2,5/2,7% de Si y el enfriamiento durante el proceso de solidificación debe ser moderado o lento a través de la transformación eutéctica.

La microestructura de todas las fundiciones grises se corresponde con distintas morfologías de grafito en una matriz de acero. La fundición gris laminar se utiliza habitualmente donde se necesite una gran capacidad de disipación de energía vibratoria junto con una elevada resistencia a esfuerzos de compresión. La resistencia a la tensión es mucho menor que a la compresión debido a que las láminas de grafito actúan como elevadores de tensiones favoreciendo la formación de grietas. Si se quiere disminuir el tamaño de las láminas de grafito, para mejorar sus propiedades mecánicas, se deben añadir al caldo elementos inoculantes, tales como FeSi, Al o Ca.

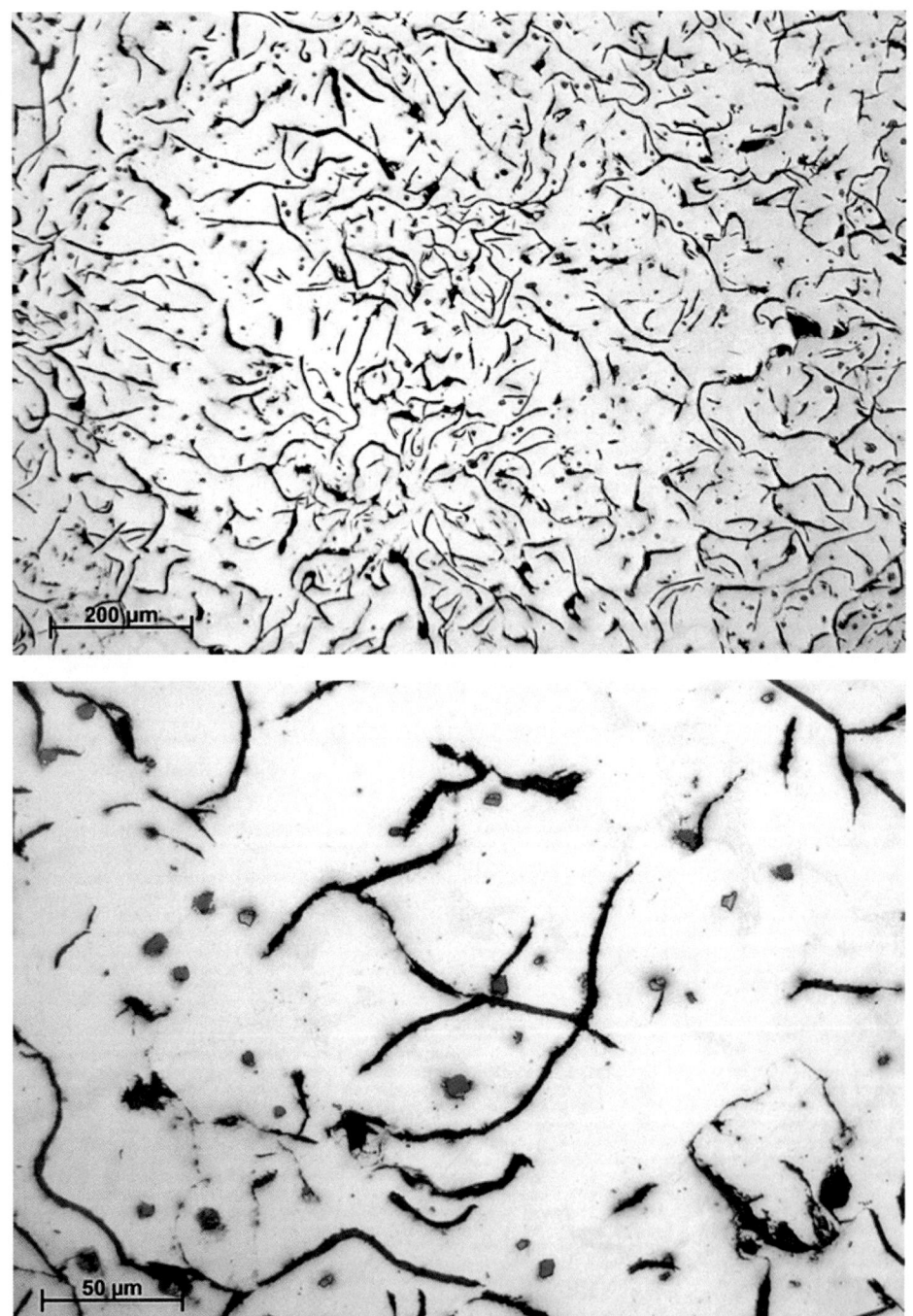

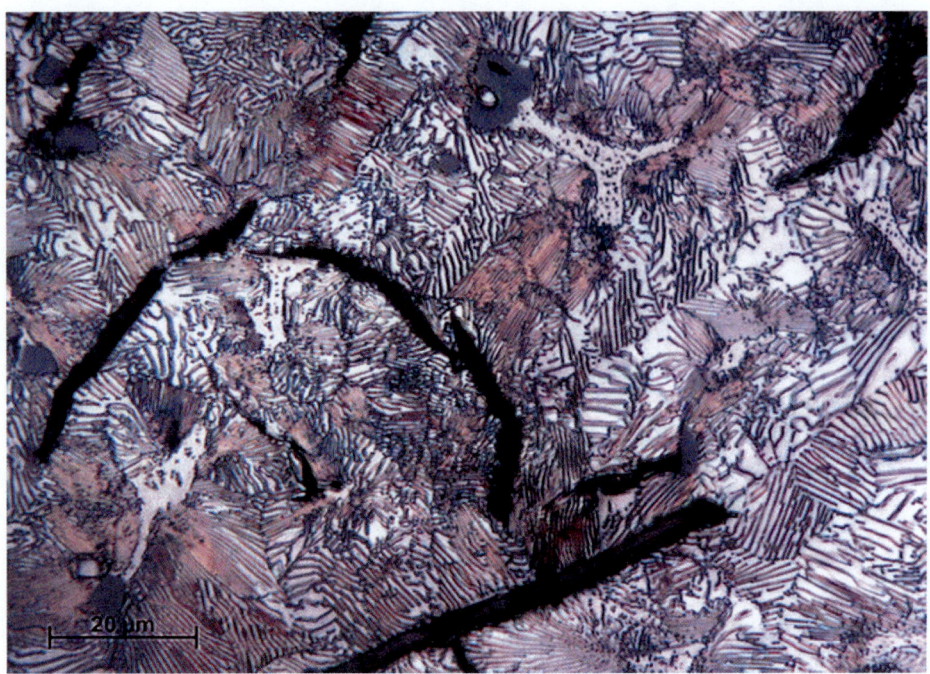

Figura 134. Micrografías de la fundición F1 (Arrabal 2017).

F2 Fundición gris con grafito tipo A y tipo D (matriz perlítica)

Composición: hipoeutéctica.

Procesado: moldeo.

Ataque: inmersión durante 10-30s en nital al 2%.

Fundición con composición muy similar a la muestra F1 pero que, como puede observarse claramente en la muestra pulida y sin atacar, presenta grafito con dos morfologías distintas según la norma ASTM A247:

-Grafito tipo A: en forma de láminas u hojuelas. Dentro de las fundiciones grises laminares es el tipo de grafito que confiere mejores propiedades mecánicas, por lo que su presencia es deseable.

-Grafito tipo D: en forma de pequeñas láminas o puntos situados entre dendritas de austenita transformada. Común en fundiciones obtenidas con altas velocidades de enfriamiento o con falta de inoculantes. Es por ello que su formación se produce con frecuencia en zonas próximas a la superficie y en piezas de pequeño espesor. Este tipo de grafito es indeseable debido a las inferiores propiedades mecánicas del producto final.

El ataque con nital revela una matriz perlítica, resultado de la transformación eutectoide de la austenita, y cuyo espaciado laminar es inferior al observado en la probeta F1, algo lógico teniendo en cuenta la mayor velocidad de enfriamiento en la probeta F2 (Figura 135). En algunas zonas del material y a grandes aumentos es posible distinguir pequeñas zonas ferríticas rodeando al grafito tipo D y pequeñas partículas de MnS y de eutéctico esteadita. Éste último en mucha menor proporción que en la muestra F1.

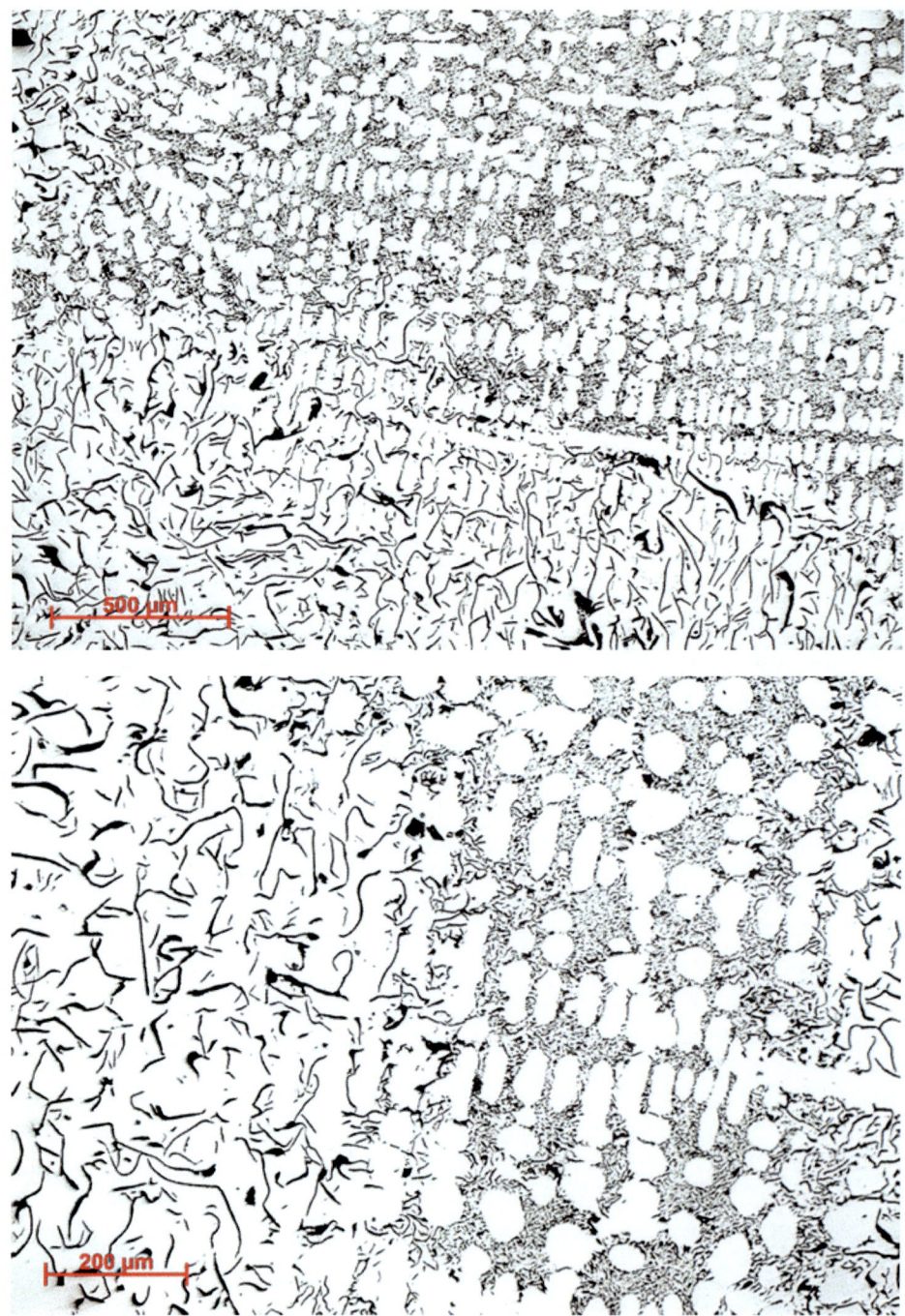

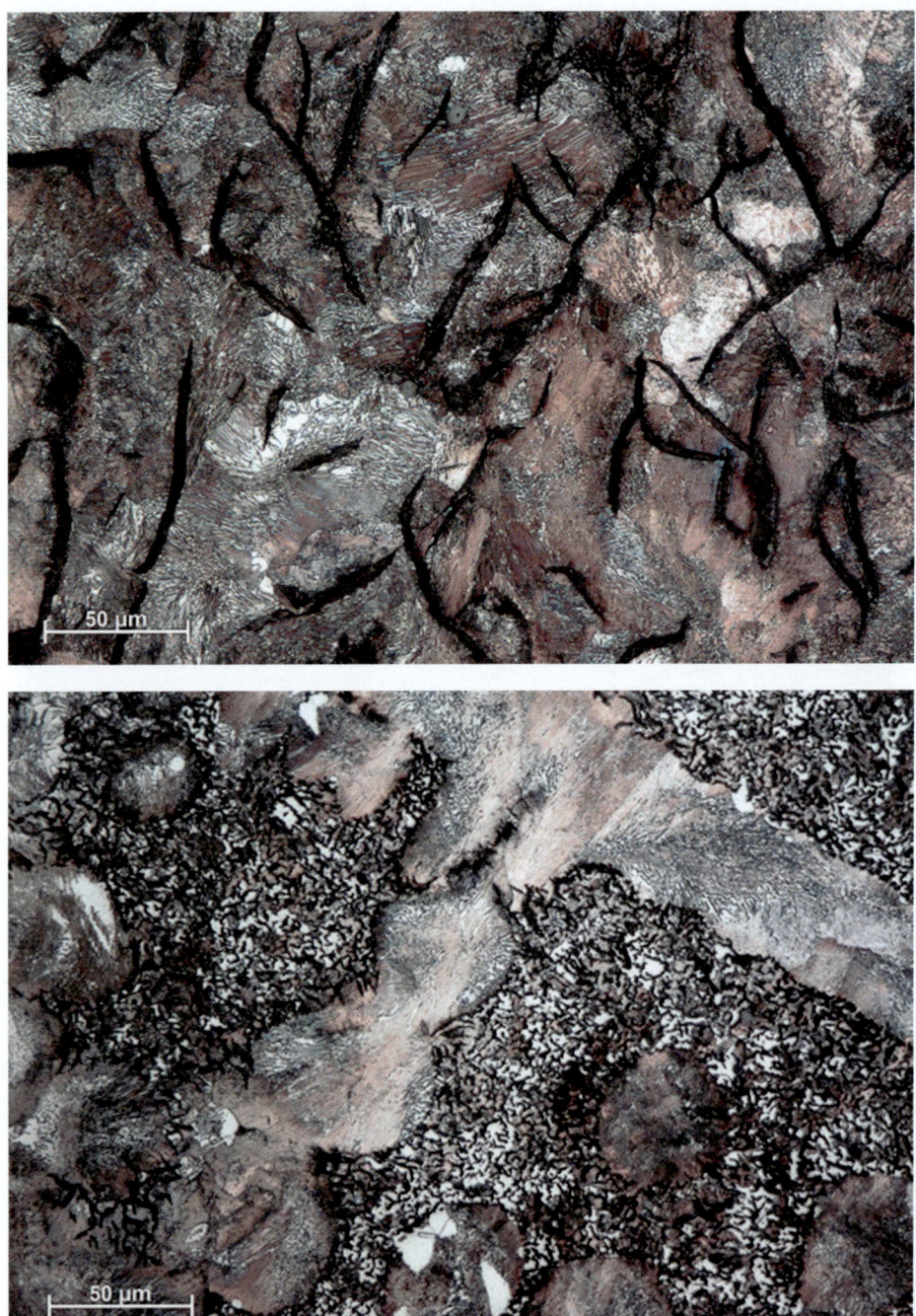

Figura 135. Micrografías de la fundición F2 (Arrabal 2017).

F3 Fundición blanca hipoeutéctica

Composición: fundición blanca hipoeutéctica (2,90% C; 0,30% Si; 0,29% Mn; 0,022% P).

Procesado: moldeada en arena.

Ataque: inmersión durante 10-30 s en nital al 2%.

Las fundiciones blancas son aleaciones Fe-C cuya microestructura se interpreta mediante el diagrama metaestable $Fe-Fe_3C$ (Figura 140). Las micrografías muestran dendritas primarias de austenita (γ), transformada en perlita (α + Fe_3C), y el agregado eutéctico ledeburita (γ + Fe_3C), también con transformación de la austenita a perlita. Este microsconstituyente, con su forma característica de panal de abeja, se designa habitualmente como ledeburita transformada. Teóricamente, en esta muestra, debería haber cantidades muy similares de fase primaria y eutéctico ledeburita. En el interior de las dendritas, pueden distinguirse fácilmente las colonias de perlita junto con agujas de carburo de hierro. También se puede observar un cierto grado de degeneración en la ledeburita, esto es, regiones de carburo libres de perlita (Figura 136).

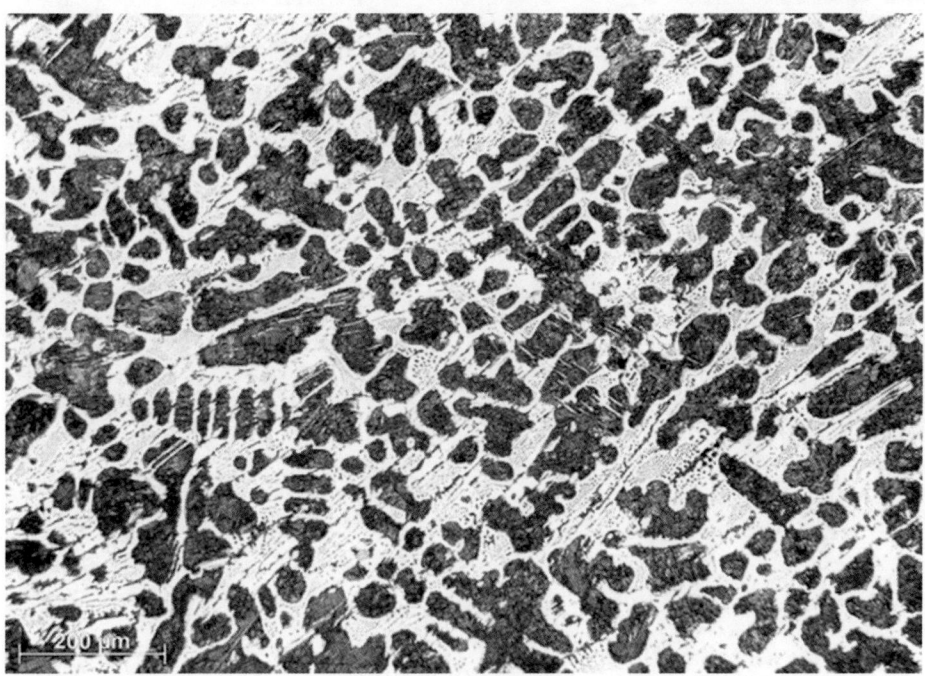

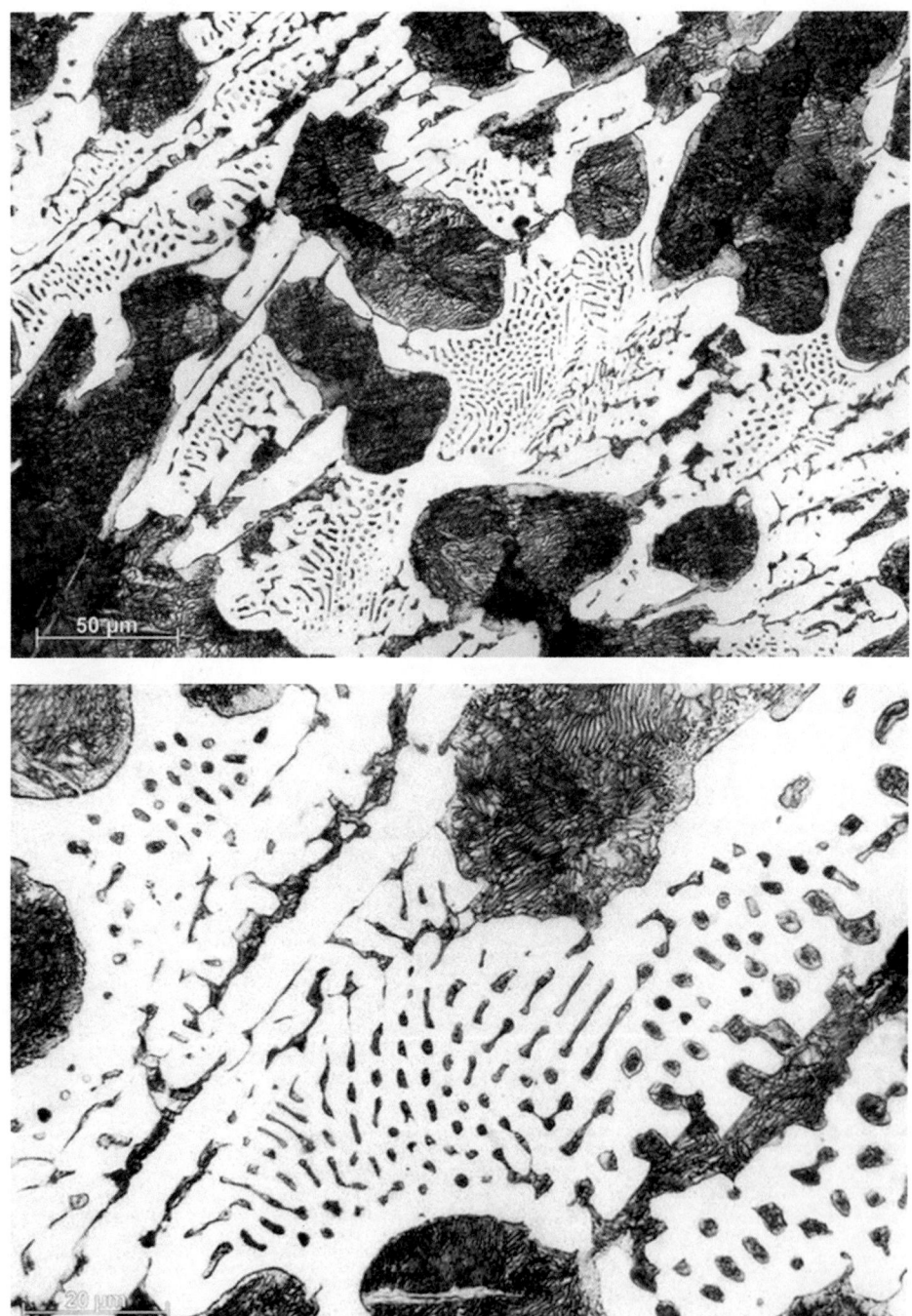

Figura 136. Micrografías de la fundición F3 (Arrabal 2017).

F7 Fundición maleable de corazón negro

Composición: fundición maleable de corazón negro (2,80% C; 1,20% Si; 0,40% Mn; 0,10% S; 0,05% P).

Procesado: moldeada en arena y tratamiento de maleabilización.

Ataque: inmersión durante 10-30 s en nital al 2%.

Esta fundición, que inicialmente era blanca, se transformó mediante un tratamiento térmico de recocido en una microestructura más tenaz y dúctil, de ahí su calificativo de maleable. Este término induce a confusión, puesto que no se busca la obtención de una fundición forjable. El tratamiento térmico de maleabilización de la fundición blanca de partida consiste en dos etapas: una primera de grafitización (calentamiento de austenización, normalmente a 900-920 °C durante 60 h), que persigue la descomposición de la cementita en grafito, y una segunda etapa de enfriamiento que condiciona el tipo de matriz (ferrítica, ferrítica-perlítica o perlítica en función de una menor o mayor velocidad de enfriamiento respectivamente).

La microestructura muestra rosetas irregulares de grafito, granos de ferrita, colonias perlíticas y algunas inclusiones de MnS (Figura 137). La velocidad de enfriamiento fue tal que las zonas que rodean los nódulos de carbono están ferritizadas mientras que las más distantes presentan una estructura totalmente perlítica. Debido al aspecto que presenta al microscopio, se conocen frecuentemente como estructuras tipo ojo de buey.

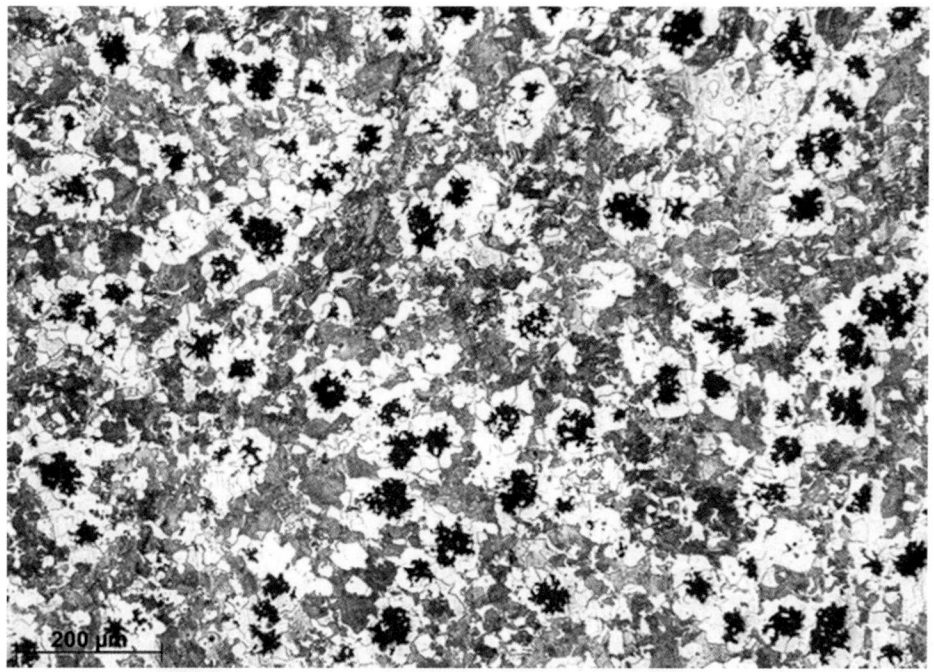

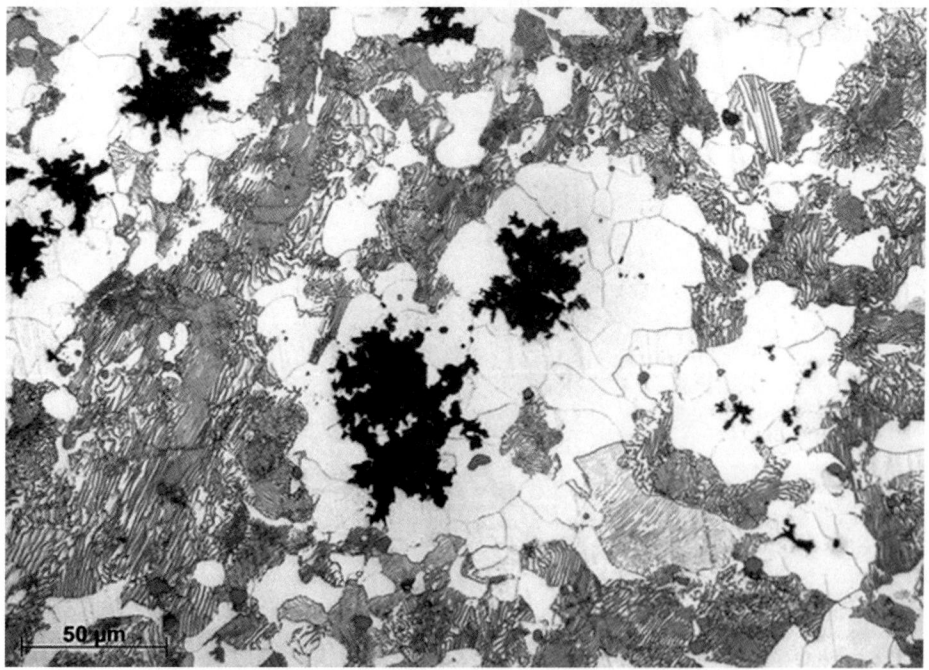

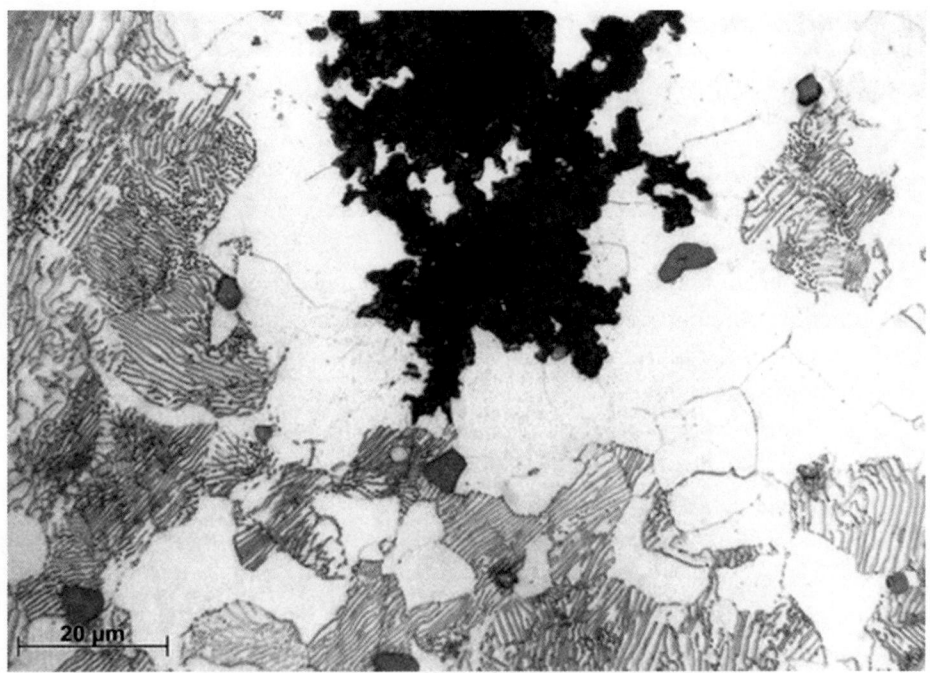

Figura 137. Micrografías de la fundición F7 (Arrabal 2017).

F8 Fundición dúctil (matriz ferrítica con perlita residual)

Composición: 3,52C-2,51Si-0,49Mn-0,2P-0,02S-0,06Mg (Carbono equivalente = 4,36).

Procesado: moldeo.

Ataque: inmersión durante 10-30s en nital al 2%.

La microestructura corresponde a una fundición dúctil con matriz ferrítica con algo de perlita residual (en proporción variable según la probeta y la correspondiente velocidad de enfriamiento). La relativamente elevada ductilidad de estas fundiciones se debe a la forma esferoidal o nodular del grafito y que habitualmente se consigue por inoculación del material fundido con una pequeña cantidad de magnesio. Aunque en la práctica industrial es común obtener matrices mixtas, es posible controlar las proporciones relativas de ferrita y perlita mediante el ajuste de la composición del material de partida, control de la velocidad de enfriamiento durante la solidificación o utilizando tratamientos térmicos. Así, por ejemplo, un recocido y posterior enfriamiento lento en horno da lugar a una matriz ferrítica, mientras que un normalizado (enfriamiento al aire tras austenización) puede dar lugar a una matriz completamente perlítica (ver probeta F9).

En algunas zonas del material es posible observar los característicos «ojos de buey» (nódulos de grafito rodeados de matriz ferrítica) formados durante el proceso de solidificación y esteadita (eutéctico ternario de aspecto blanquecino formado por ferrita, cementita y fosfuro de hierro) (Figura 138). Este último constituyente se forma para contenidos de P superiores al 0,15% y reduce la tenacidad de la fundición debido a su fragilidad.

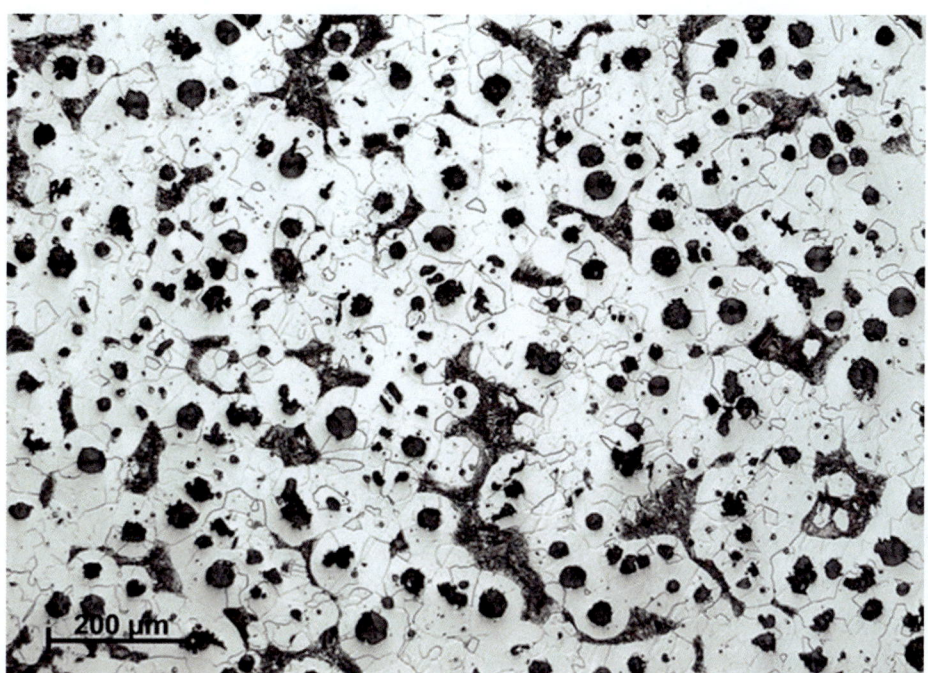

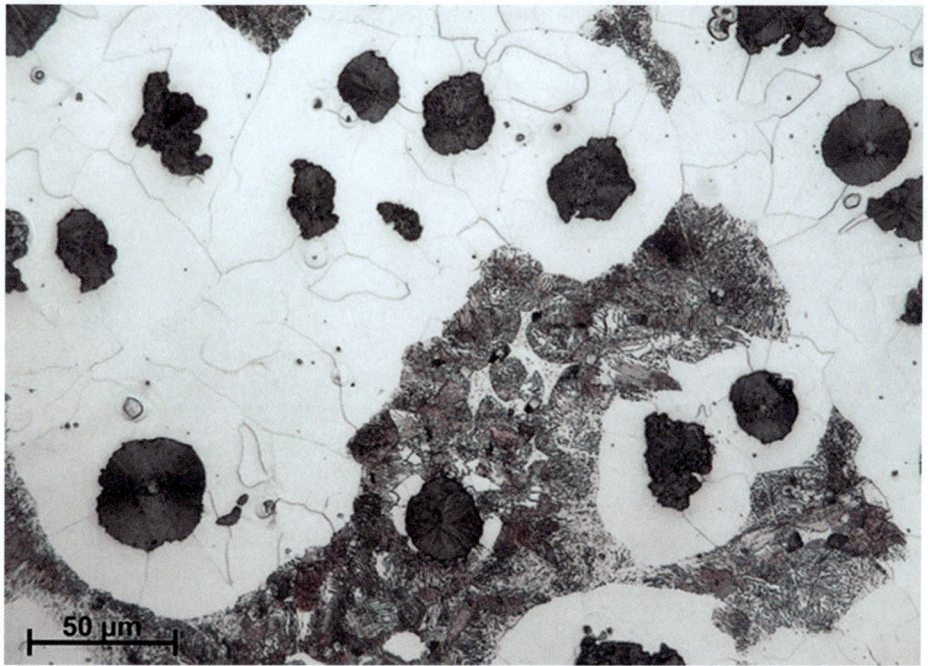

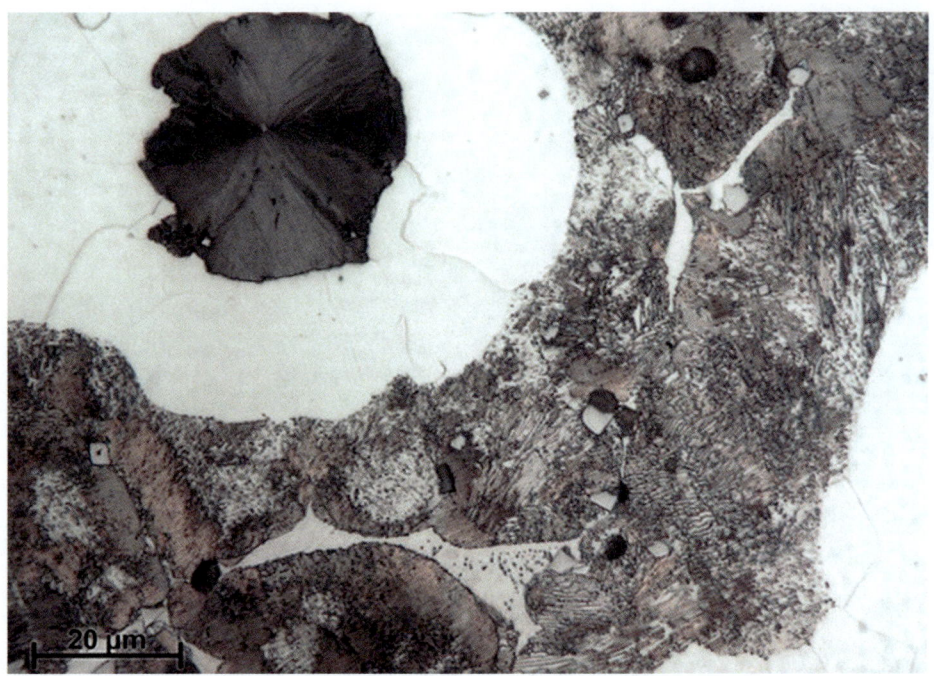

Figura 138. Micrografías de la fundición F8 (Arrabal 2017).

F9 Fundición dúctil (matriz perlítica)

Composición: 3,52C-2,51Si-0,49Mn-0,2P-0,02S-0,06Mg (Carbono equivalente = 4,36).

Procesado: moldeo seguido de recocido posterior a 910 °C-2h y enfriamiento al aire (normalizado).

Ataque: inmersión durante 10-30s en nital al 2%.

Microestructura correspondiente al mismo material que el de la probeta F8,
pero con un tratamiento térmico posterior de normalizado (Figura 139). Debido a que la fase γ (austenita) disuelve más carbono que la fase α (ferrita), durante el calentamiento de la probeta F8 a una temperatura superior a la
transformación eutectoide se produce la disolución del Fe_3C de la perlita esta-
bilizando una microestructura de austenita y grafito esferoidal. El enfriamiento posterior al aire promueve la transformación eutectoide según el diagrama
metaestable ($\gamma \rightarrow \alpha + Fe_3C$) resultando en la formación de perlita fina (Figura 140). Debido a la atmósfera oxidante durante el recocido se observa cierta
decarburación en superficie, donde la matriz es fundamentalmente ferrítica.

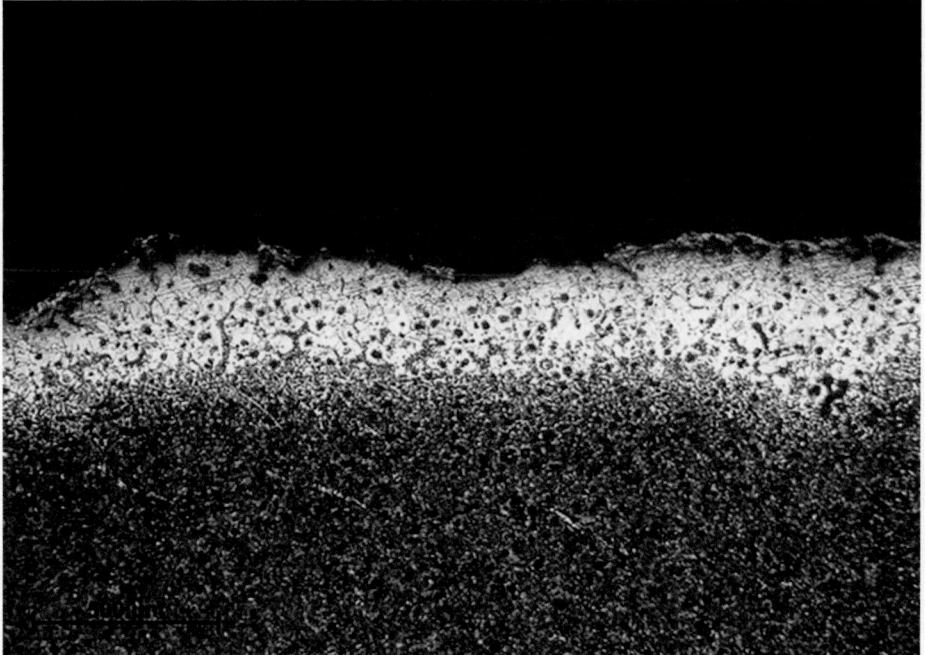

Figura 139. Micrografías de la fundición F9 (Arrabal 2017).

Diagramas para fundiciones

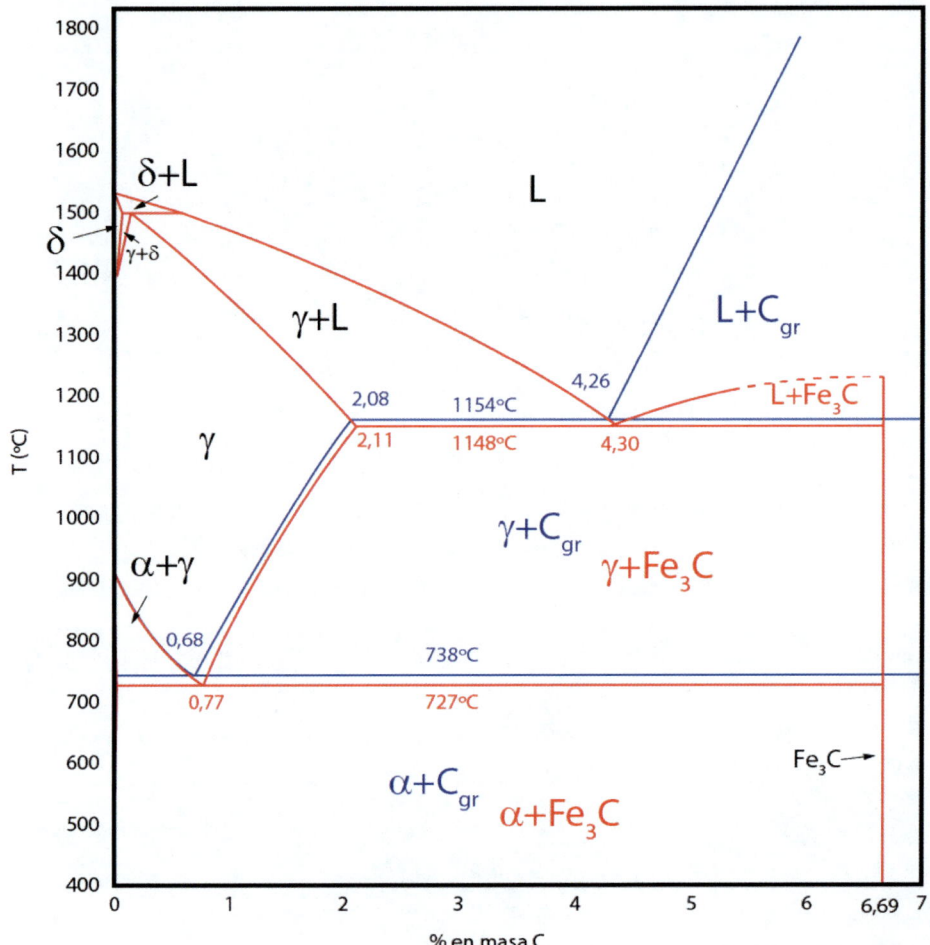

Figura 140. Diagramas estable (azul) y metaestable (rojo) en el sistema Fe-C (Arrabal 2017).

Aleaciones de aluminio

A361 Aleación Al-Si moldeada a presión

Composición: Al-10,5%Si-0,53%Fe-0,35%Mg-0,12%Mn-0,10%Cu.
   Procesado: moldeo a presión (*Pressure die casting*).
   Ataque: inmersión durante 10-45s en una disolución de HF al 0,5%.
   Microestructura dendrítica característica de las aleaciones de moldeo donde se observan dendritas primarias de fase α-Al y un eutéctico Al-Si situado en los espacios interdendríticos (Figura 141, Figura 150). En la micrografía a mayores aumentos se observa la morfología acicular del Si eutéctico, así como la presencia de un compuesto intermetálico en forma de gruesas agujas identificado como β-AlFeSi. Éste se forma como consecuencia de la presencia de impurezas de Fe y resulta perjudicial tanto desde el punto de vista de la resistencia mecánica, ya que puede actuar como elevadores de tensiones, como a la corrosión, debido a su comportamiento catódico.

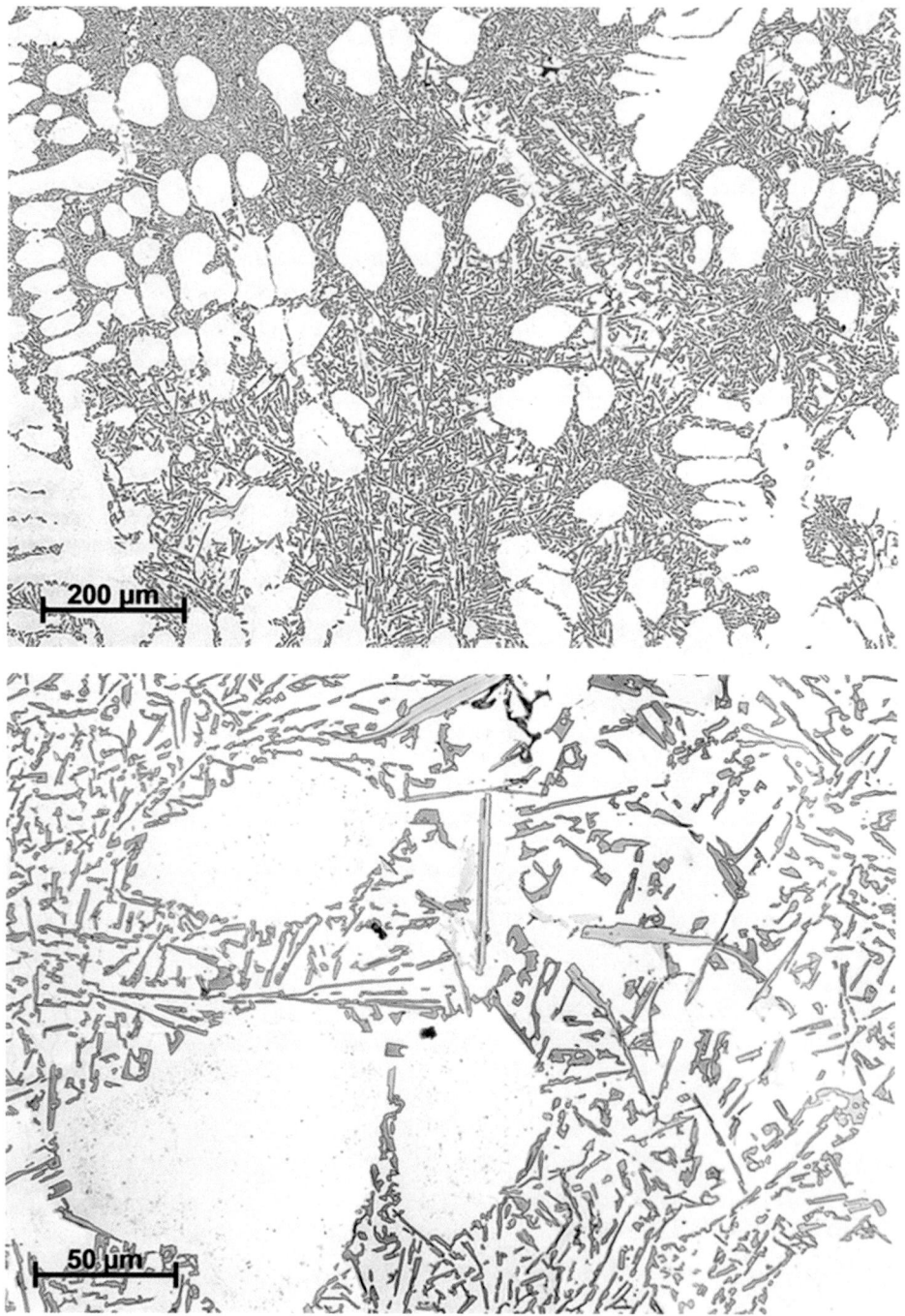

Figura 141. Micrografías de la aleación de aluminio A361 (Arrabal 2017).

A356-M Aleación Al-Si moldeada en molde metálico

Composición: Al-6,8%Si-0,153%Fe-0,37%Mg-0,0006%Mn-0,14%Ti-0,0004%Sr.

Procesado: moldeo.

Ataque: inmersión durante 10-45s en una disolución de HF al 0,5%.

Se trata de una aleación Al-Si hipoeutéctica fabricada por moldeo y que presenta dendritas de fase primaria (α-Al) y un eutéctico (Al-Si) situado en los espacios interdendríticos (Figura 142). El Si que forma parte del eutéctico aparece en forma de pequeñas escamas o glóbulos debido al efecto modificador del Sr. El eutectico modificado mejora la resistencia y ductilidad de la aleación. Esta aleación presenta, además, tres tipos de compuestos intermetálicos, todos ellos localizados en la región interdendrítica:

- Agujas o placas de β-AlFeSi.
- El compuesto π-AlFeSiMg con morfología de escritura china y que presenta una tonalidad clara.
- Pequeños glóbulos de Mg_2Si de tonalidad oscura y que debido a su baja proporción son difíciles de identificar mediante microscopía óptica.

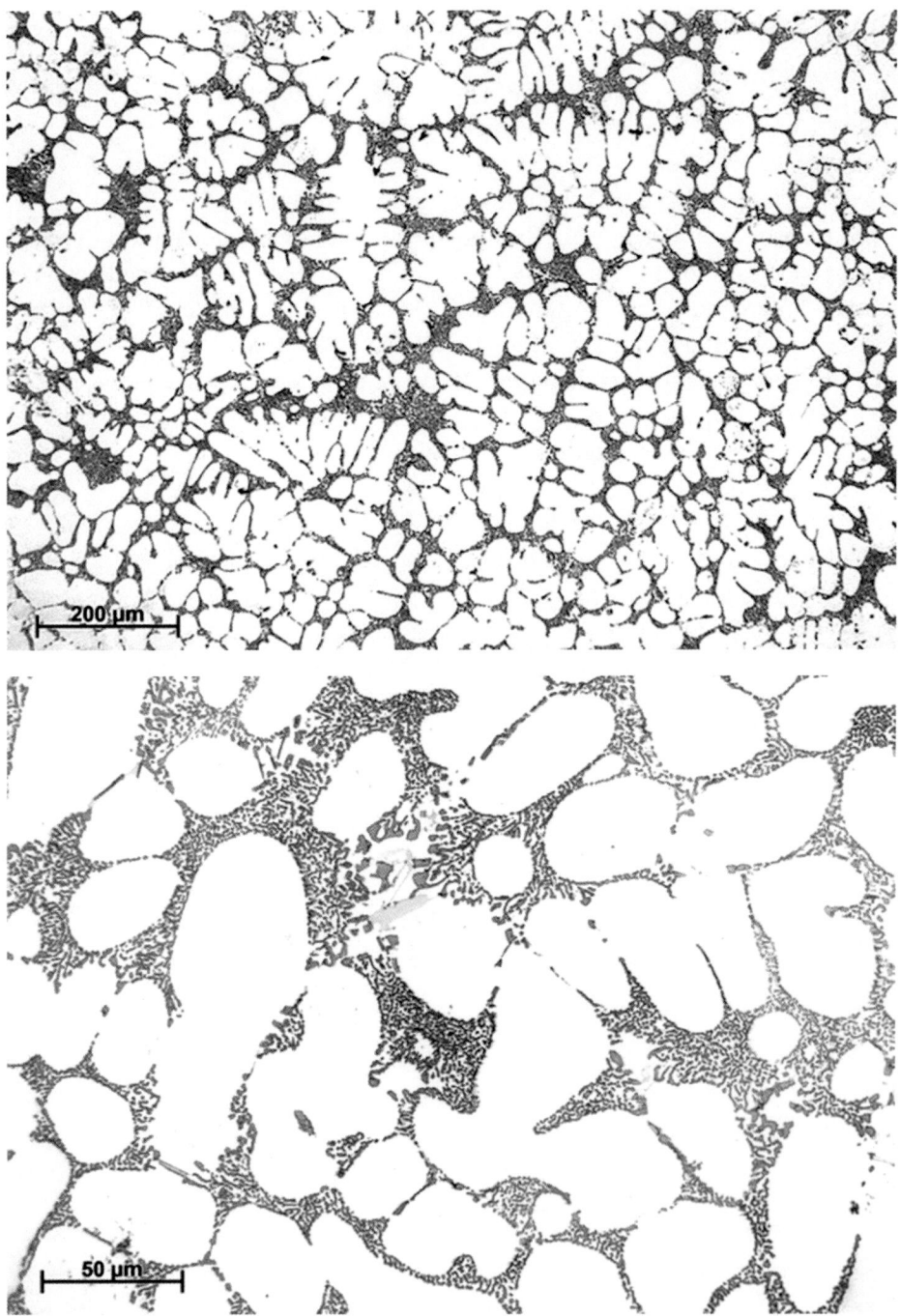

Figura 142. Micrografías de la aleación de aluminio A356-M (Arrabal 2017).

A356-RC Aleación Al-Si moldeada por vía semisólida

Composición: Al-6,7%Si-0,37%Mg-0,15%Fe-0,15%Ti.

Procesado: moldeo en estado semisólido (Rheocasting).

Ataque: inmersión durante 10-15s en una disolución de HF al 0,5%.

Microestructura globular formada como consecuencia de la agitación durante el procesado, lo que provoca la ruptura de las dendritas y el refinamiento microestructural (Figura 143). Se identifican glóbulos de α-Al y un eutéctico refinado Al-Si, presentándose el Si en forma de finas fibras. También se identifican compuestos intermetálicos ricos en Fe, el β-AlFeSi en forma de aguja, y el π-AlFeSiMg con morfología de escritura china, éste último en mayor proporción. Al comparar esta aleación con la A361, se observa claramente la influencia del método de procesado en la microestructura; el procesado en estado semisólido modifica la fase primaria de dendritas a glóbulos, y el Si eutéctico de agujas a finas fibras, lo que resulta en microestructuras más homogéneas y con mejores propiedades.

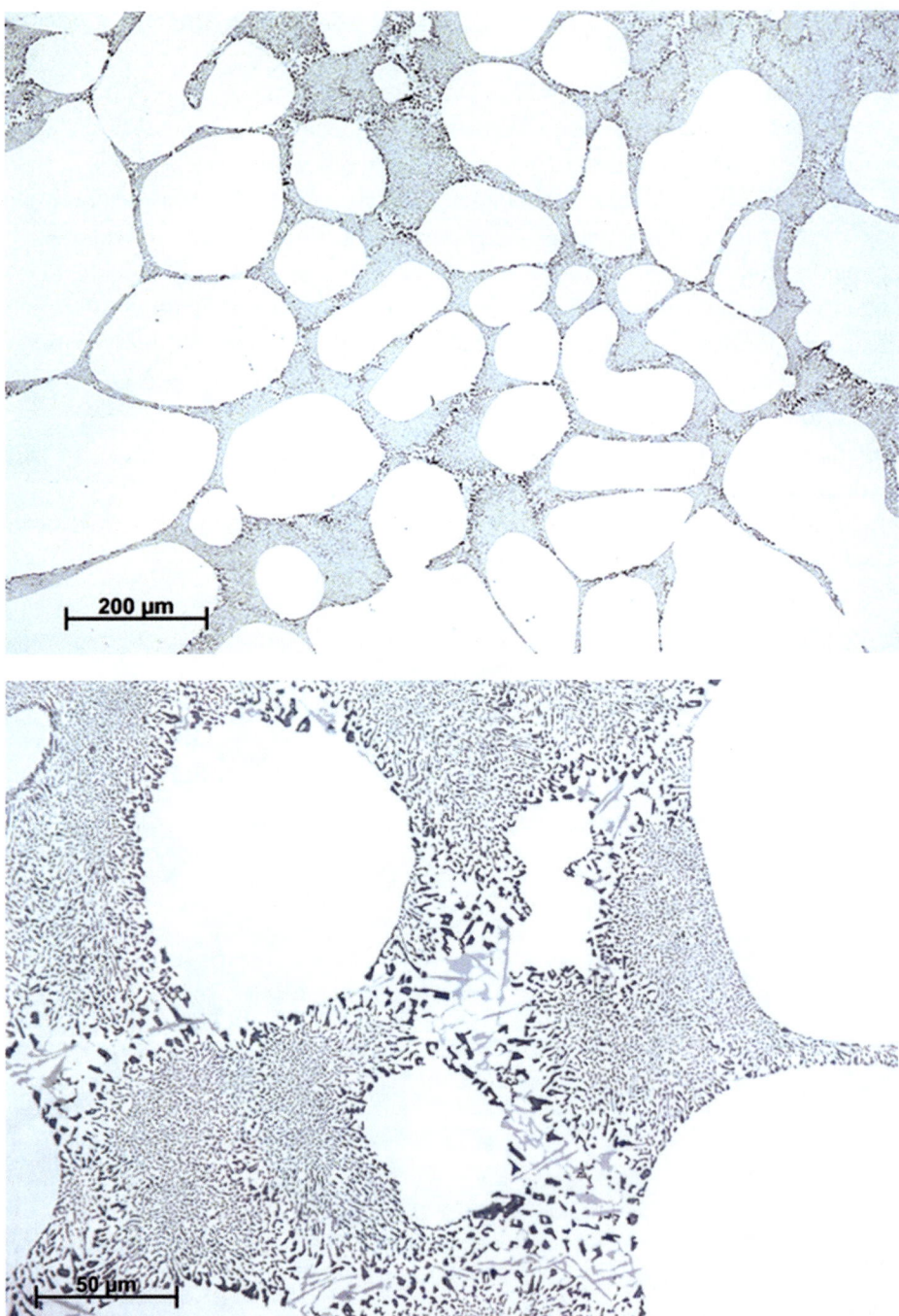

Figura 143. Micrografías de la aleación de aluminio A356-RC (Arrabal 2017).

Al-14Si Aleación Al-Si hipereutéctica

Composición: Al-14%Si-0,5%Fe-0,10%Mn.

Procesado: moldeo.

Ataque: inmersión durante 10-30s en una disolución de HF al 0,5%.

Aleación Al-Si hipereutéctica compuesta por gruesas agujas o placas de Si cristalino primario dispersas en una matriz eutéctica Al/Si$_{eut}$ (Figura 144). La interfase entre el Si primario y la matriz es incoherente, lo que resulta en zonas susceptibles a la formación y propagación de fisuras. En la segunda micrografía se puede observar un enriquecimiento en Al (zonas blanquecinas) en las inmediaciones del Si primario. El Si eutéctico aparece en forma de finas agujas dispersas por la matriz y orientadas de forma aleatoria. En la región eutéctica se observan dos tipos de compuestos intermetálicos ricos en Fe, el α-AlFeSi, con una morfología de escritura china, y el β-AlFeSi en forma de finas agujas. Ambos se reconocen fácilmente en la micrografía a mayores aumentos con un color ligeramente más claro que el Si eutéctico. Este tipo de compuestos intermetálicos se forman como consecuencia de la presencia de impurezas de hierro y su formación es poco deseable, ya que resultan perjudiciales tanto desde el punto de vista de corrosión como mecánico.

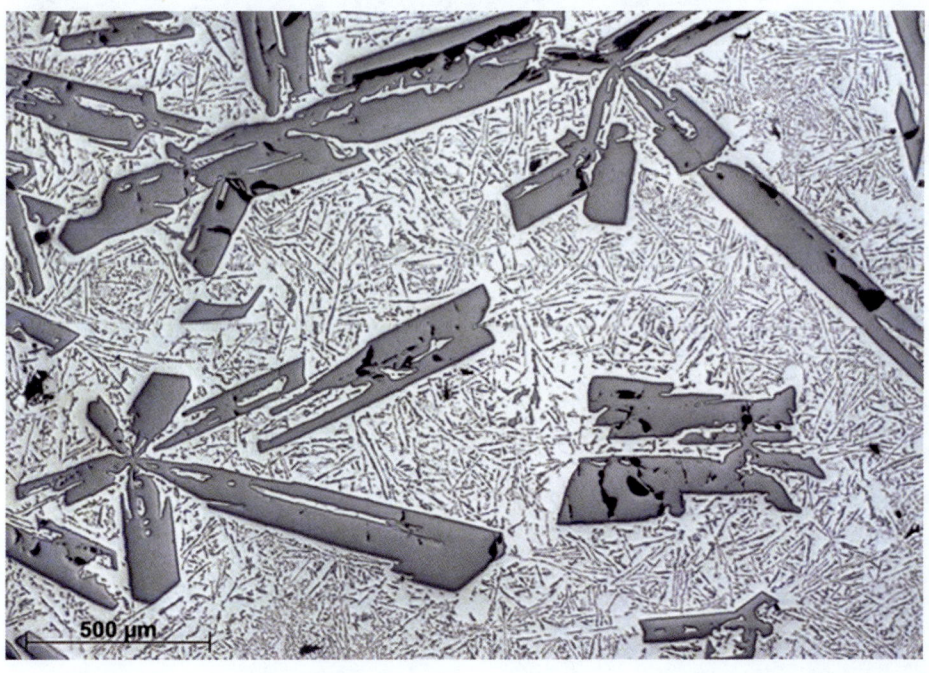

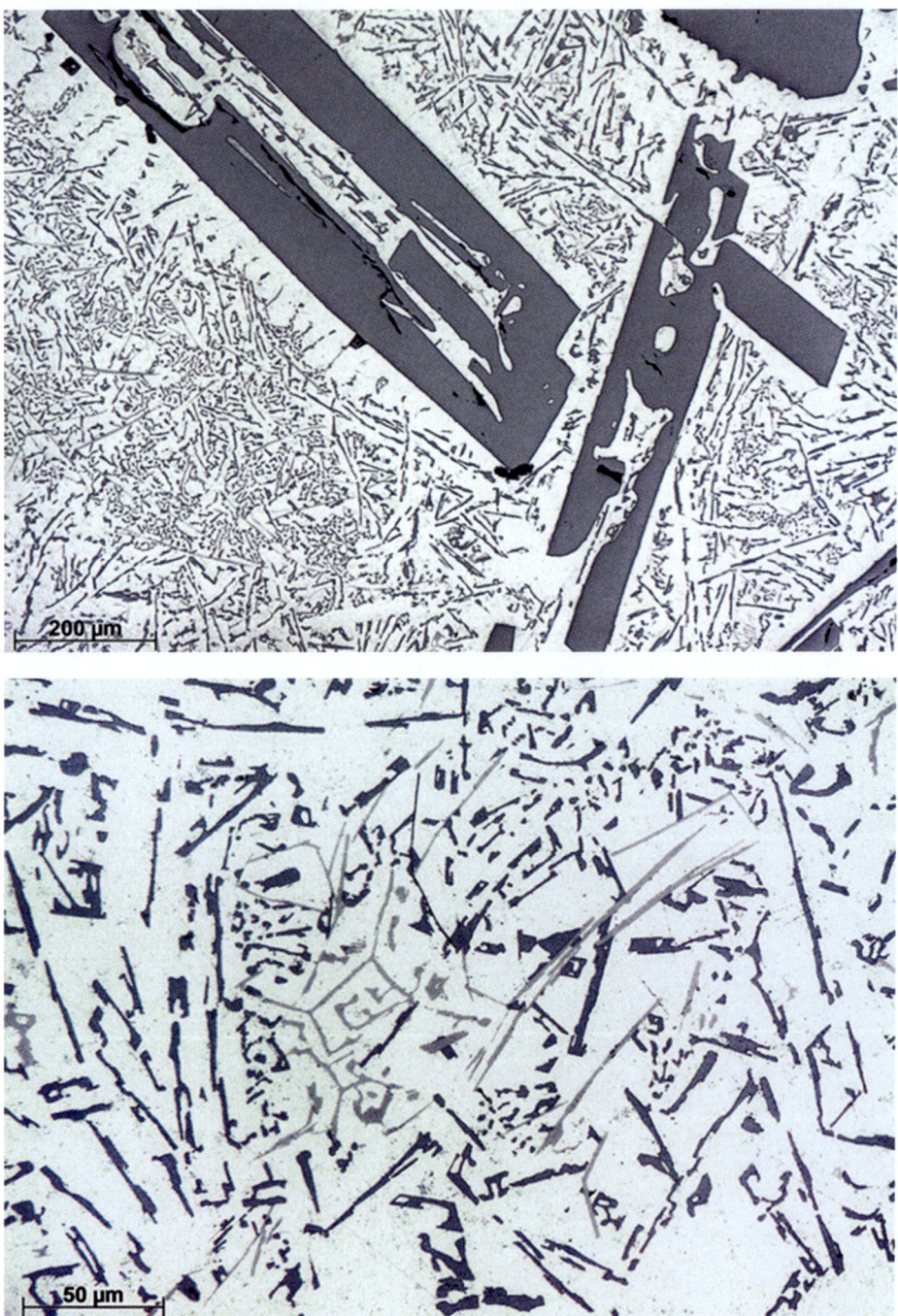

Figura 144. Micrografías de la aleación de aluminio Al-14Si (Arrabal 2017).

5086-ST Aleación Al-Mg solubilizada y templada

Composición: 4,1 Mg; 0,45 Mn; 0,10 Cr; 0,34 Fe; 0,24 Si; 0,03 Cu y balance de Al.

Procesado: forja, laminación, solubilización (430 °C - 8h) y temple.

Ataque: inmersión durante 30-120 s en mezcla de ácidos ($HCl+HF+HNO_3$).

Las aleaciones de la serie 5xxx (Al-Mg) poseen la resistencia mecánica más alta dentro de las aleaciones de aluminio no tratables térmicamente y, debido a su buena soldabilidad y resistencia a la corrosión, a menudo se utilizan en aplicaciones marítimas. En las micrografías correspondientes a la muestra pulida sin ataque se distinguen dos tipos de compuestos intermetálicos alineados en la dirección de procesado; partículas ricas en hierro (Al_3Fe), que se reconocen por su color grisáceo, y partículas de color más oscuro que corresponden al compuesto intermetálico Mg_2Si (Figura 145). El ataque metalográfico no revela con claridad los granos equiaxiales de fase α-Al que constituyen esta aleación. Esto se debe en parte a que el tratamiento de solubilización y posterior temple evita la precipitación masiva de fase Al_3Mg_2 en límite de grano. En caso de producirse este fenómeno de sensibilización en aleaciones 5xxx aumenta el riesgo de corrosión intergranular y corrosión bajo tensión debido al carácter anódico de la fase Al_3Mg_2. Por este motivo debe evitarse el empleo continuado de este tipo de aleaciones en el rango de temperaturas comprendido entre 50 y 200 °C. Por su contenido en Mn y Cr, es posible que esta aleación muestre también dispersoides con Cr y/o Mn. (ej. $Al_6(Cr,Mn)$, $Al_{18}Mg_3Cr_2$), aunque no se distinguen con claridad en las micrografías aquí mostradas.

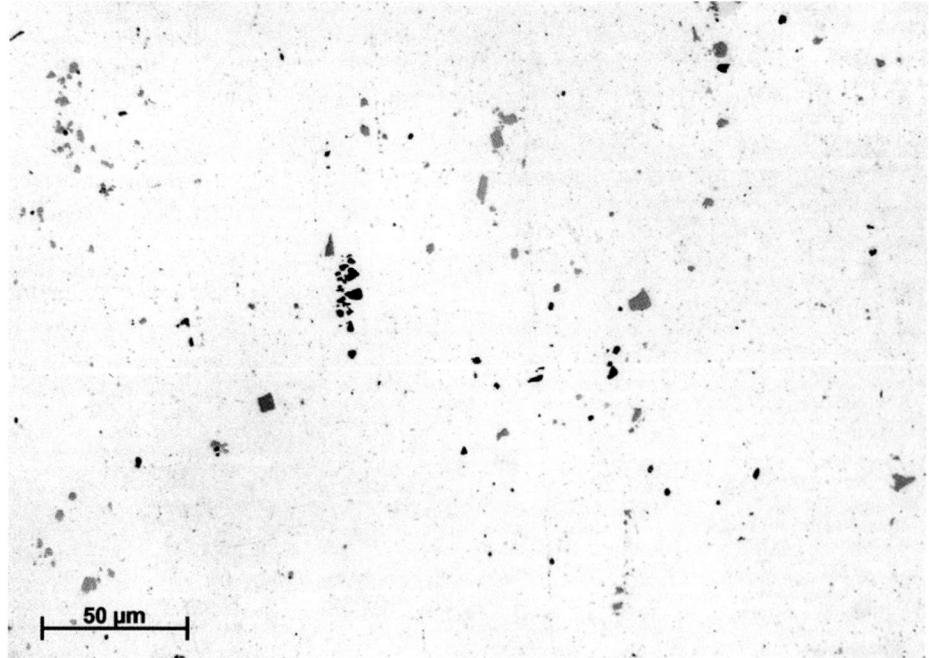

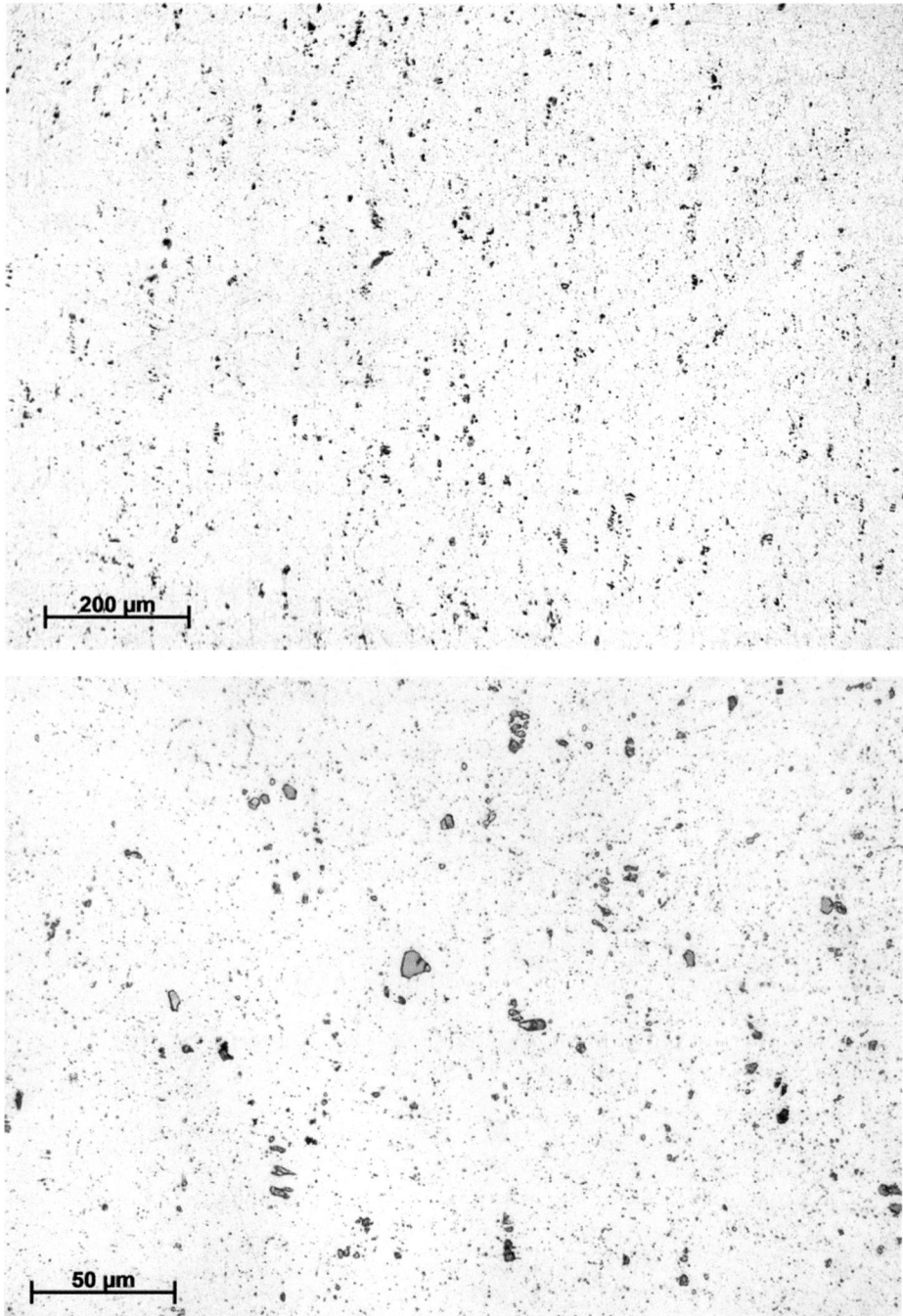

Figura 145. Micrografías de la aleación de aluminio 5086-ST (Arrabal 2017).

5086-SE Aleación Al-Mg solubilizada y sobreenvejecida

Composición: 4,1 Mg; 0,45 Mn; 0,10 Cr; 0,34 Fe; 0,24 Si; 0,03 Cu y balance de Al.

Procesado: forja, laminación, solubilización (430 °C - 8 h), temple en agua y sobreenvejecimiento (150 °C - 11 días).

Ataque: inmersión durante 30-120 s en mezcla de ácidos ($HCl+HF+HNO_3$).

Al igual que en la aleación 5086-ST, la microestructura se caracteriza por una matriz α-Al y compuestos intermetálicos Al_3Fe (color grisáceo) y Mg_2Si (color oscuro). Por su contenido en Mn y Cr, es posible que esta aleación muestre también dispersoides con Cr y/o Mn. (ej. $Al_6(Cr,Mn)$, $Al_{18}Mg_3Cr_2$). Debido al tratamiento de sobreenvejecimiento, y según el diagrama de equilibrio (Figura 151), se produce la precipitación de fase Al_3Mg_2 en límites de grano, lo que permite revelar claramente la forma equiaxial de los granos de fase α-Al (Figura 146). Hay que tener en cuenta que la etapa de sobreenvejecimiento es un efecto no deseado a evitar en el empleo de este tipo de aleaciones, especialmente para aquellas con un mayor contenido en Mg.

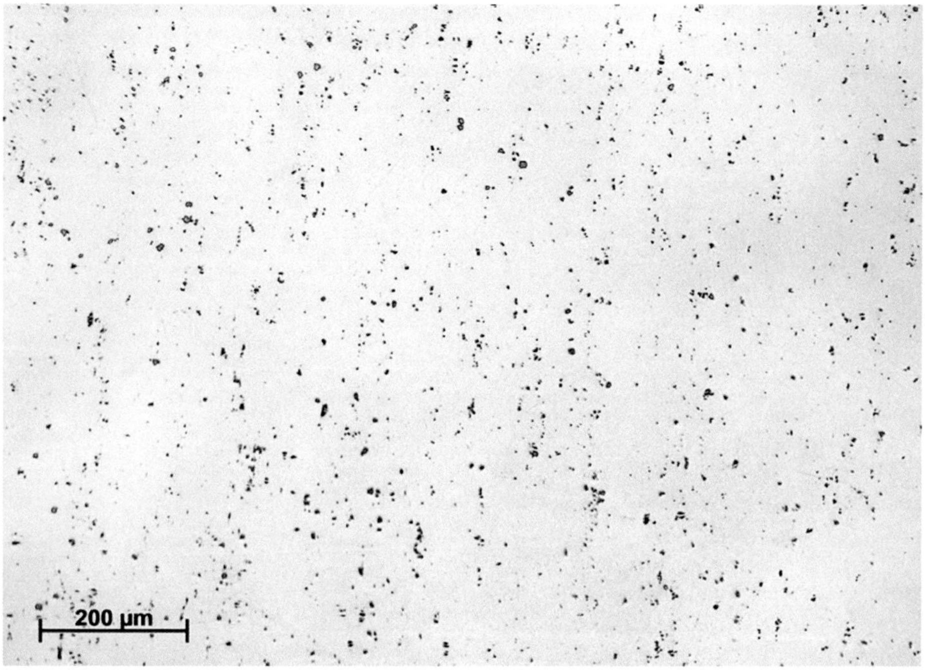

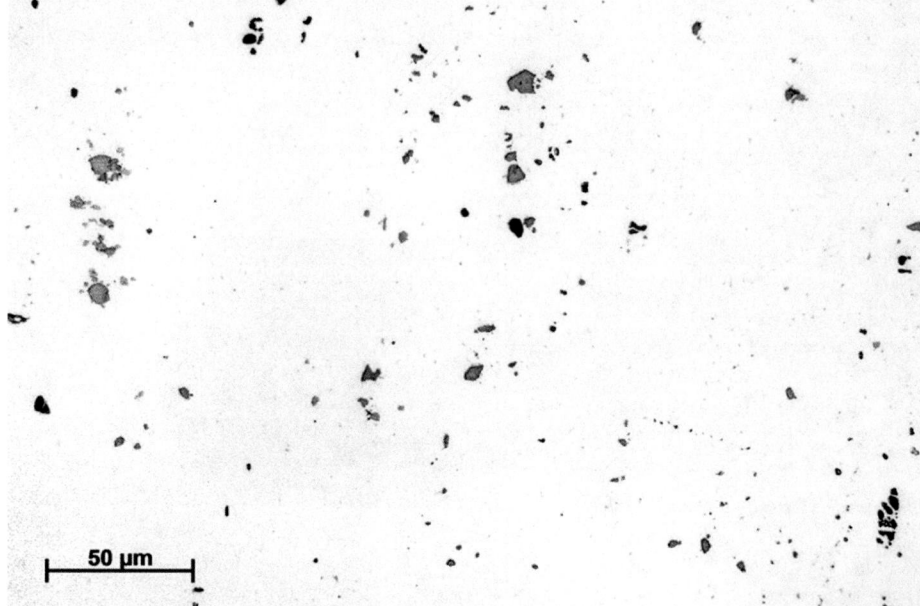

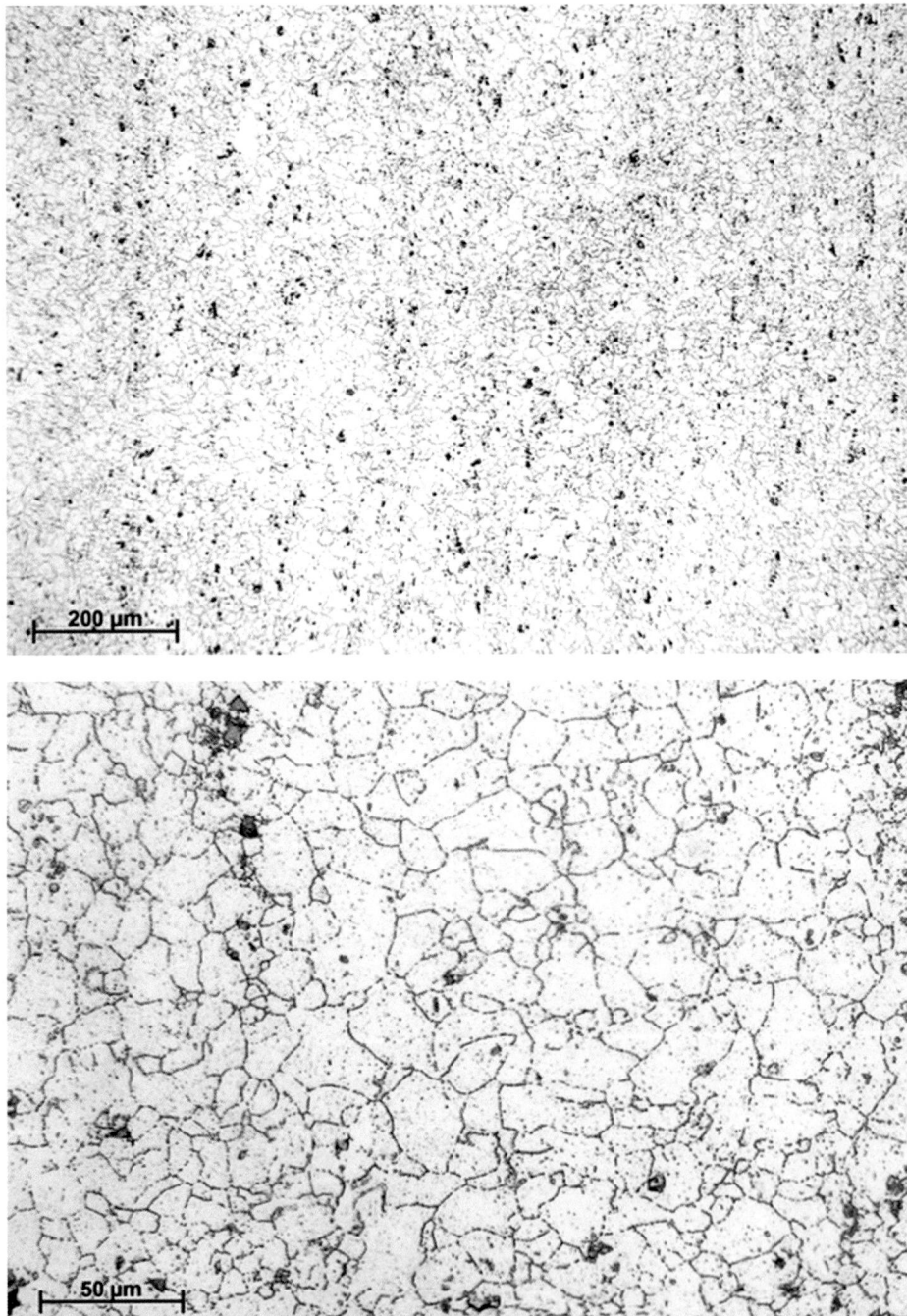

Figura 146. Micrografías de la aleación de aluminio 5086-SE (Arrabal 2017).

8090 Aleación Al-Li

Composición: Al-1,12%Li-0,82%Cu-0,06%Mg-0,04%Zr-0,02%Fe-0,024%Si.
Procesado: forja y endurecimiento por precipitación.
Ataque: inmersión durante 30s-120s en mezcla de ácidos (HCl+HF+HNO$_3$).
La aleación 8090 presenta una microestructura de granos equiaxiales de aproximadamente 1 µm de diámetro (no observables en esta micrografía) formada por una matriz α-Al y compuestos intermetálicos de un tamaño de 1-2 µm de diámetro orientados en la dirección del laminado (Figura 147). En la micrografía a mayores aumentos se identifican dos tipos de compuestos intermetálicos; por un lado, se encuentra la fase Al-Mg-Cu(Si) que probablemente corresponde a la fase S' (Al$_2$CuMg) y se identifica en la micrografía como las partículas grisáceas, ligeramente esféricas y de menor tamaño. El segundo tipo corresponde a fases ricas en impurezas de Fe, Al-Cu-Fe(Mg), y se reconocen por su color más oscuro, mayor tamaño y morfología poligonal. En este tipo de aleaciones es común la formación de la fase β' (Al$_3$Zr), sin embargo, debido a su pequeño tamaño, solo es identificable mediante microscopía de transmisión, al igual que los finos precipitados de fase metaestable δ'(Al$_3$Li) responsable del endurecimiento de la aleación.

En esta aleación de forja, la incorporación de Li como principal elemento aleante resulta en una disminución en la densidad de un 10 % y un aumento de un 11 % en el límite elástico en comparación con otras aleaciones de aluminio comúnmente utilizadas como la 2024. La aleación 8090 presenta superplasticidad debido a su pequeño tamaño de grano (<10 µm) por lo que resulta muy útil en el diseño de componentes de tecnología avanzada en el sector aeroespacial, así como en defensa y armamento.

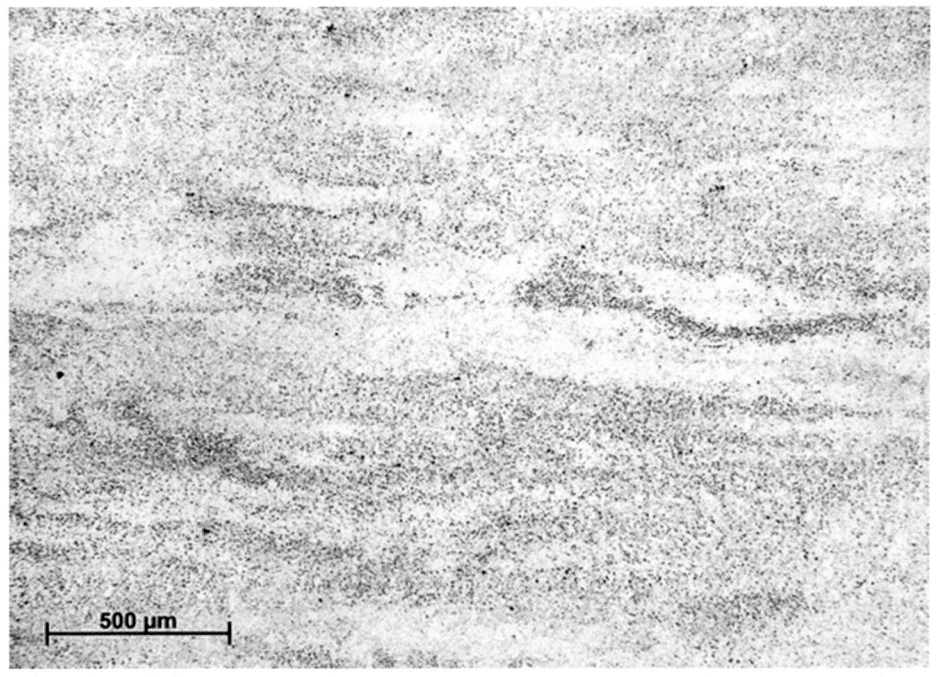

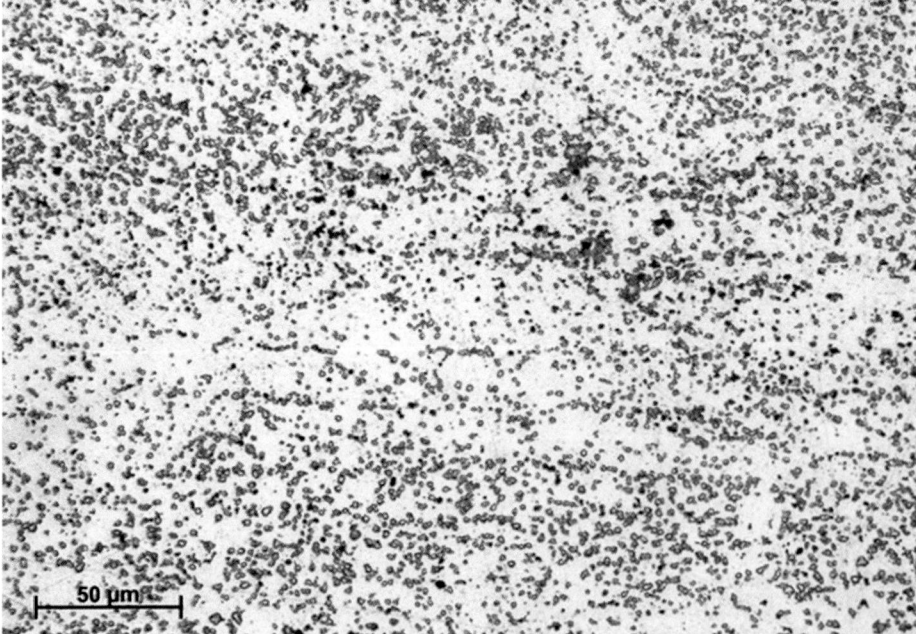

Figura 147. Micrografías de la aleación de aluminio 8090 (Arrabal 2017).

2024 Aleación Al-Cu forja

Composición: Al-4,54Cu-1,51Mg-0,63Mn-0,17Fe-0,08Zn-0,06Si-0,03Ti-0,01Cr.

Procesado: tratamiento térmico T3.

Ataque: inmersión durante 30-120s en mezcla de ácidos ($HCl+HF+HNO_3$).

La aleación 2024-T3 que se muestra en las micrografías presenta una microestructura de granos equiaxiales, formada por una matriz de α-Al y varios tipos de compuestos intermetálicos de dimensiones y morfología variable que se distinguen más fácilmente en la muestra pulida sin ataque (Figura 148, Figura 152);

- Fase S (Al_2CuMg, negro) y fase θ (Al_2Cu, gris-rosa): forma esférica, tamaño inferior a 10 µm.
- Fase α (Al-Cu-Fe-Mn-(Si)): forma poligonal/irregular, tamaño inferior a 20 µm, color marrón.
- Dispersoides (Al-Cu-Mn): forma esférica, tamaño entre 100 y 500 nm y difícilmente observables mediante microscopía óptica.
- Fase S (Al_2CuMg): submicrométrica. Se forma como consecuencia del tratamiento térmico de envejecimiento y aparece dispersa por toda la aleación, sin embargo, su pequeño tamaño (10- 600 nm de diámetro) dificulta su identificación.

Esta aleación es una de las más utilizadas en aeronáutica debido, principalmente, a su baja densidad y excelente resistencia específica. Sin embargo, la presencia de cobre hace a la aleación más susceptible al ataque por corrosión.

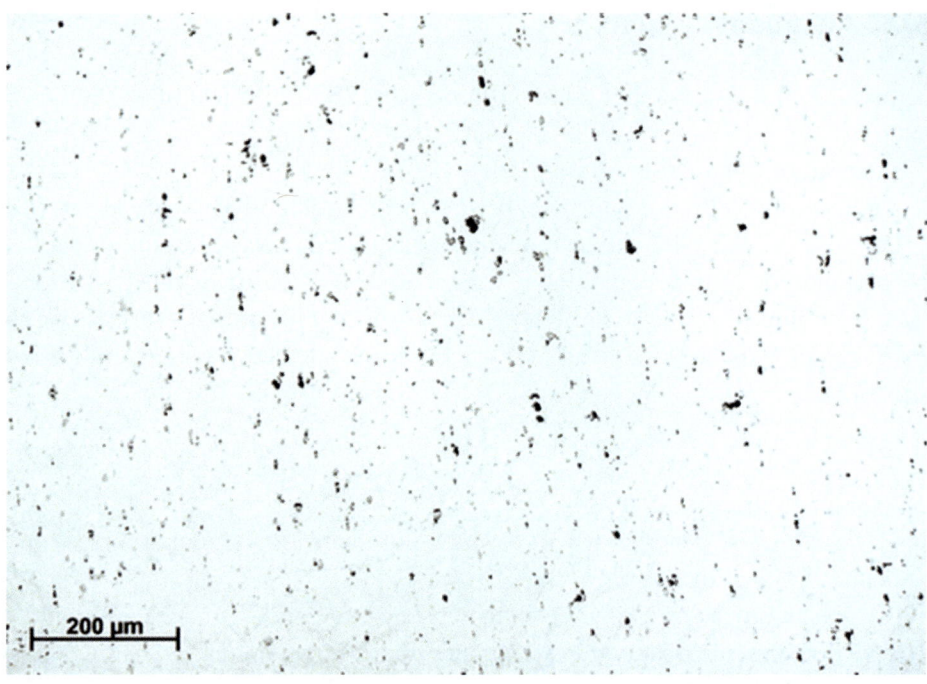

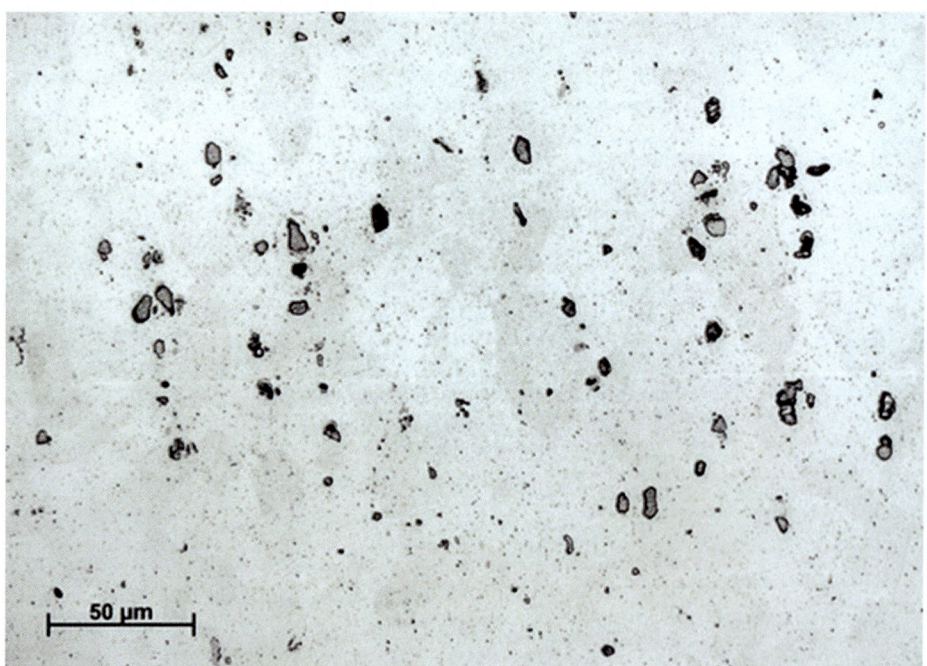

Figura 148. Micrografías de la aleación de aluminio 2024 (Arrabal 2017).

7075 Aleación Al-Zn-Mg-Cu

Composición: Al-5,6%Zn-2,5%Mg-1,6%Cu-0,2%Fe-0,2%Si-0,05%Ti-0,02%Mn-0,2%Cr-0,15%otros.

Procesado: extrusión y tratamiento térmico T73.

Ataque: inmersión durante 30-120 s en mezcla de ácidos ($HCl+HF+HNO_3$).

La aleación 7075 (Al-Zn-Mg-Cu) es una de las más utilizadas en la industria aeronáutica debido a su alta relación resistencia mecánica/densidad. En la muestra pulida y sin atacar se diferencian claramente, por su tonalidad y morfología, dos tipos de compuestos intermetálicos, ambos alineados en la dirección de procesado (Figura 149). Las partículas de color gris claro y morfología poligonal corresponden a compuestos intermetálicos ricos en Fe, fundamentalmente Al_7Cu_2Fe, mientras que las agrupaciones de pequeñas partículas globulares de tonalidad oscura corresponden al compuesto Mg_2Si.

El ataque prolongado con mezcla de ácidos dificulta la distinción de los compuestos intermetálicos anteriores, debido a su disolución y/o desprendimiento, aunque permite revelar la estructura de granos alargados y que es típica de un proceso de forja. La falta de brillo de los granos después del ataque se asocia a la presencia de dispersoides ($Al_{18}Cr_2Mg_3$) y de precipitados de tamaño submicrométrico formados como consecuencia del tratamiento térmico aplicado (T73; solubilización, temple y sobreenvejecimiento). Estos precipitados son responsables de la alta resistencia y dureza de la aleación en este estado y su composición exacta depende de la temperatura de envejecimiento y composición de la aleación, siendo los precipitados $MgZn_2$ los más comunes. La presencia de una gran cantidad de dispersoides dificulta el proceso de recristalización, lo que explica el aspecto alargado de los granos.

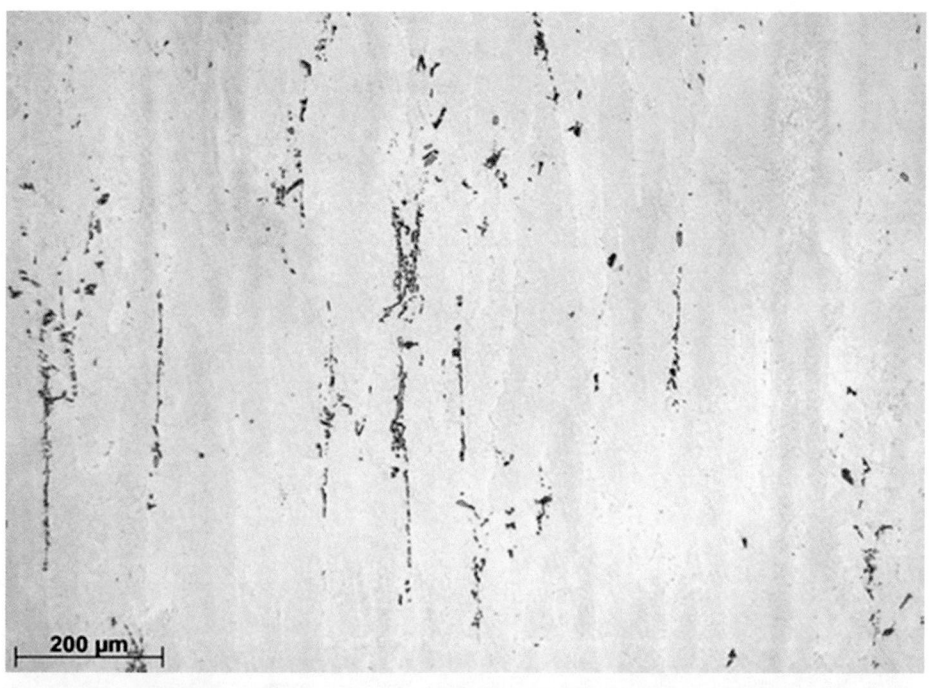

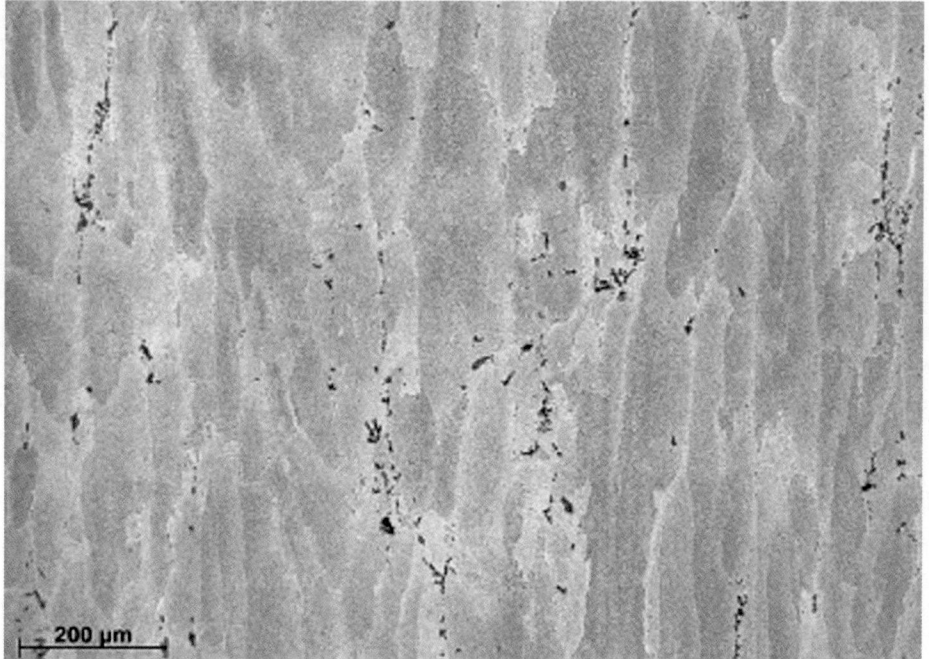

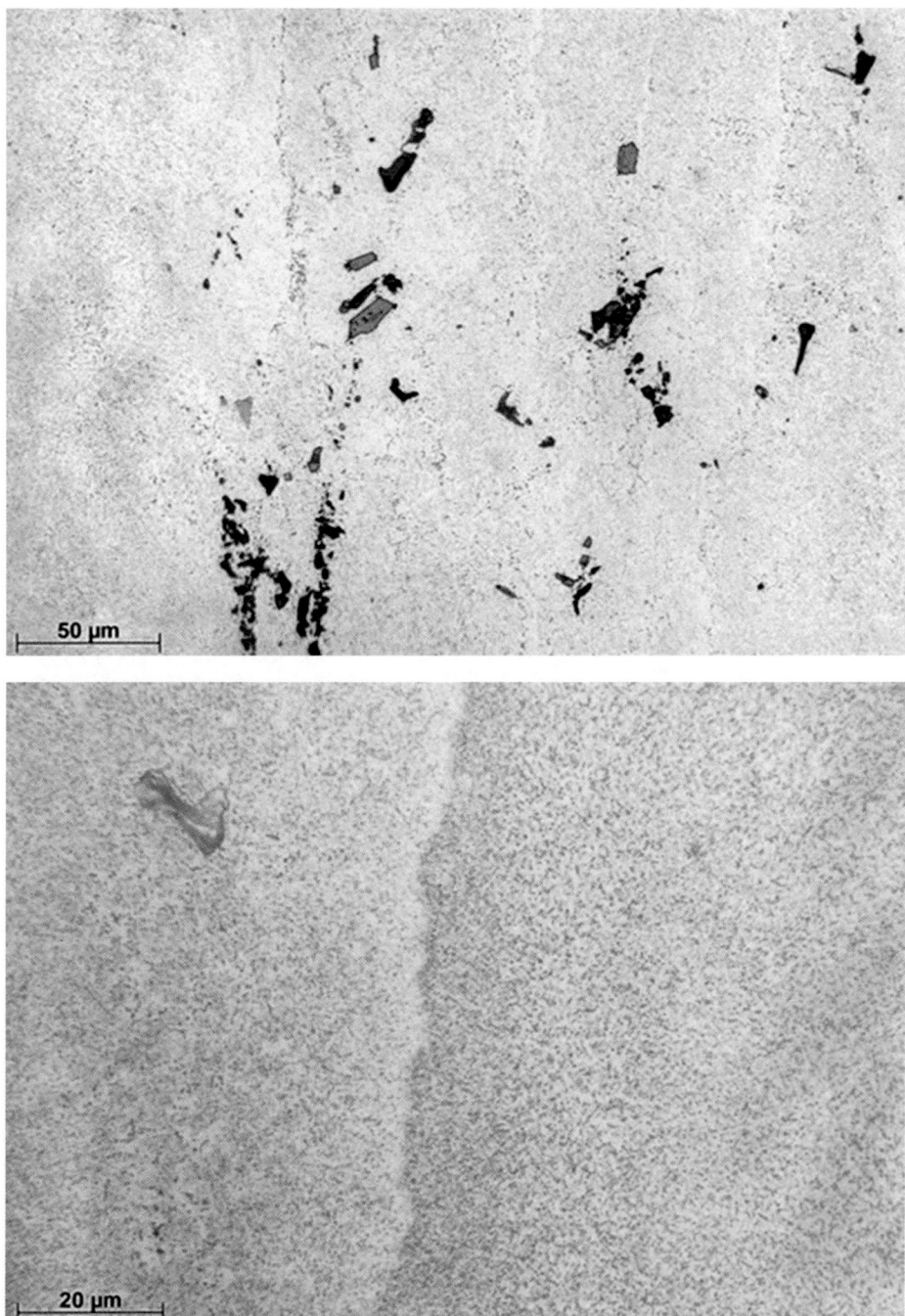

Figura 149. Micrografías de la aleación de aluminio 7075 (Arrabal 2017).

Diagramas para aleaciones de aluminio

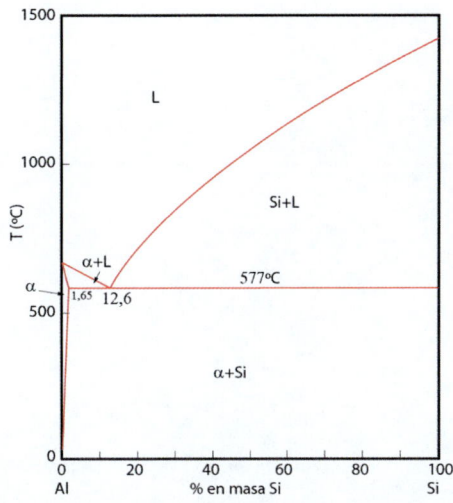

Figura 150. Diagrama Al-Si (Arrabal 2017).

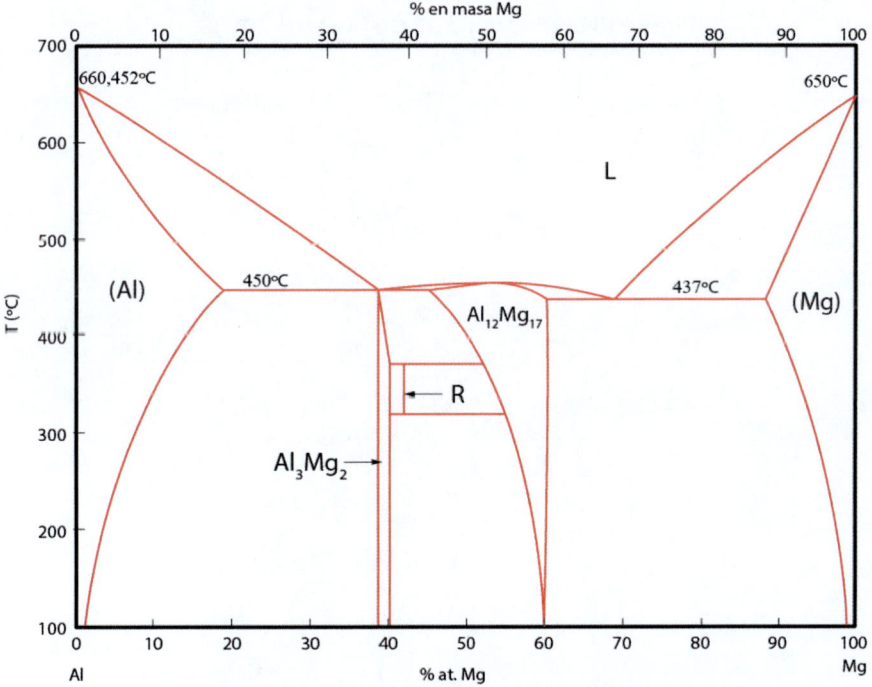

Figura 151. Diagrama Al-Mg (Arrabal 2017).

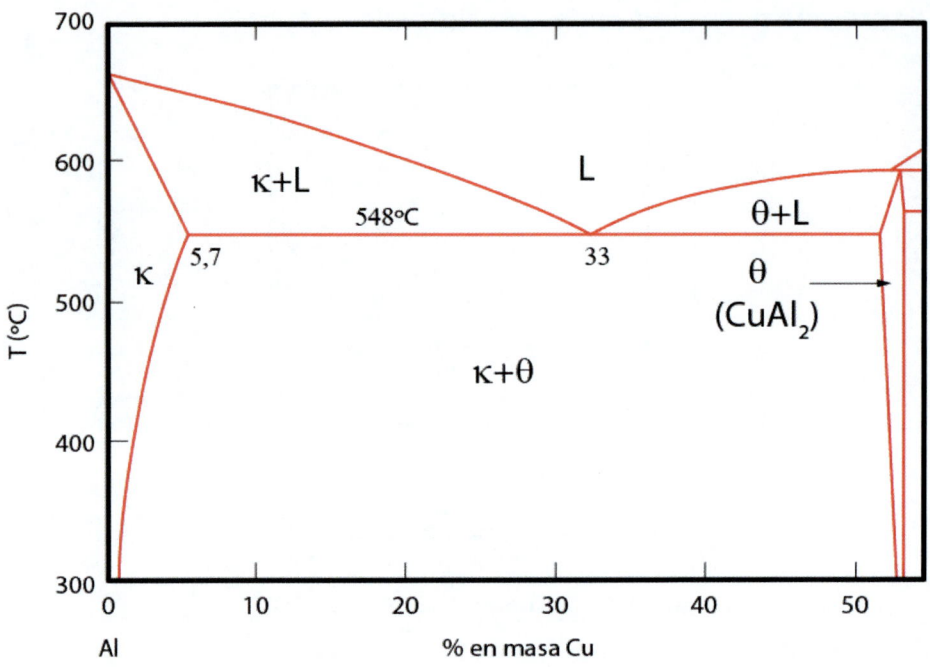

Figura 152. Diagrama Al-Cu (Arrabal 2017).

Aleaciones de magnesio

AZ80 Aleación Mg-8Al

Composición: Mg-8,2%Al-0,46%Zn-0,13%Mn-0,01%Si-<0,001%Cu-0,004%Fe, <0,30%otros.

Procesado: tratamiento térmico de homogeneización para obtener un tamaño de grano inferior a 200 μm.

Ataque: inmersión durante 10-30s en nital al 2%.

La aleación muestra una microestructura de granos de matriz α-Mg y granos de un agregado laminar α-Mg + β-$Mg_{17}Al_{12}$, en mayor proporción, y que se ha formado como consecuencia de una transformación celular en estado sólido (Figura 153). Esta precipitación en límite de grano difiere de otras más comunes como la alotriomórfica y las placas o agujas Widmanstätten observadas en otras probetas de la colección (Ej. X24 y X10). En el proceso de transformación celular, el límite de grano de la fase α-Mg se desplaza a la vez que avanzan las láminas del precipitado β-$Mg_{17}Al_{12}$ de forma que la fase α-Mg se empobrece continuamente en Al, formando un límite de grano continuo hasta que finaliza la precipitación. Morfológicamente, es muy similar a la reacción eutectoide aunque en este caso la reacción es del tipo α (sobresaturada) → α-Mg + β-$Mg_{17}Al_{12}$ (Figura 155). Esta transformación es típica de aleaciones Mg-Al enfriadas lentamente y la causa de la misma no está del todo clara.

Se observa también en la aleación precipitados de Al-Mn presentes tanto en la matriz como en el agregado laminar α-Mg + β-$Mg_{17}Al_{12}$.

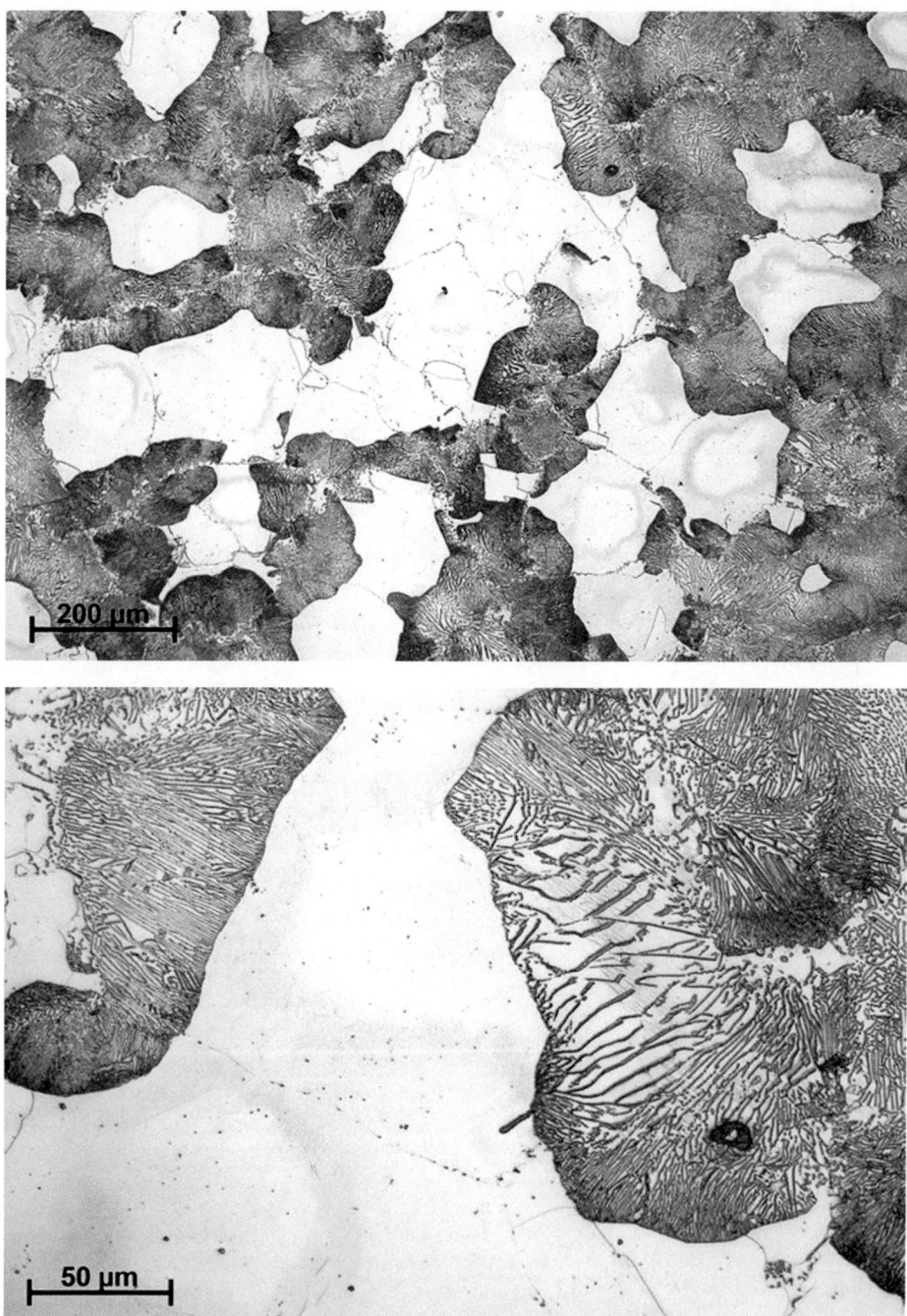

Figura 153. Micrografías de la aleación de magnesio AZ80 (Arrabal 2017).

AZ91D Aleación Mg-9Al-1Zn

Composición: Mg-8,8%Al-0,68%Zn-0,30%Mn-0,01%Si-<0,001%Cu-0,004%Fe, 0,008%-Ni<0,30%otros.

Procesado: moldeo.

Ataque: inmersión durante 10-30s en nital al 2%.

La aleación presenta una microestructura dendrítica de fase α-Mg con presencia de un eutéctico completamente divorciado (α-Mg + β-Mg$_{17}$Al$_{12}$) en los espacios interdendríticos debido a un proceso de solidificación fuera de las condiciones de equilibrio (Figura 154). Dependiendo de las condiciones de solidificación, es frecuente también encontrar en esta aleación el eutéctico en forma parcialmente divorciada (α-Mg/fase β-Mg$_{17}$Al$_{12}$). A mayores aumentos se observa en determinadas zonas un agregado laminar α-Mg + β-Mg$_{17}$Al$_{12}$ como consecuencia de una transformación celular en estado sólido a partir de la fase α-Mg (ver probeta AZ80).

También se identifican compuestos intermetálicos del tipo Al-Mn de pequeño tamaño y morfología poligonal.

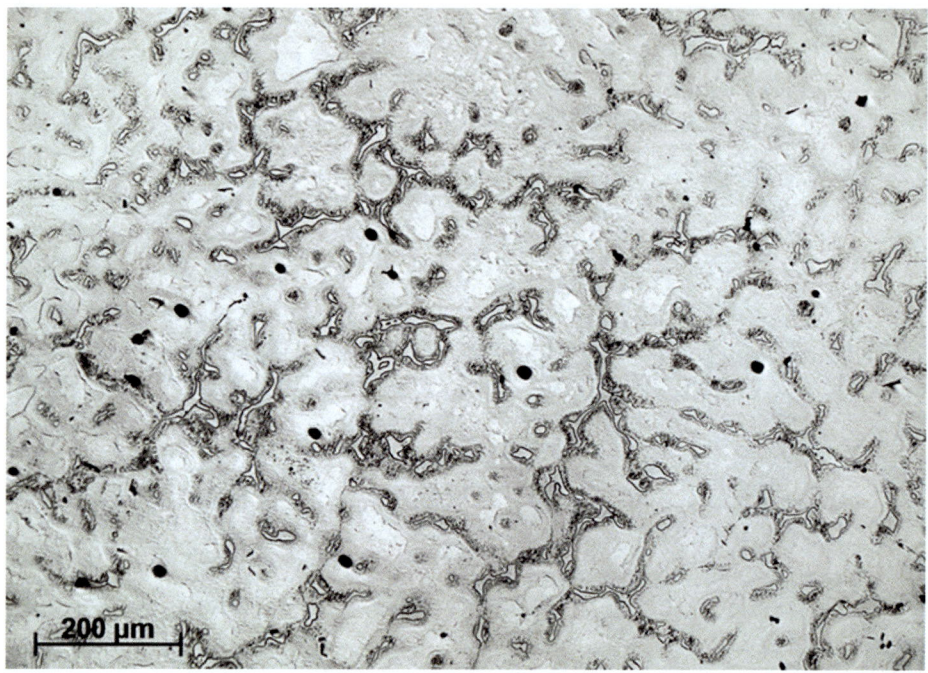

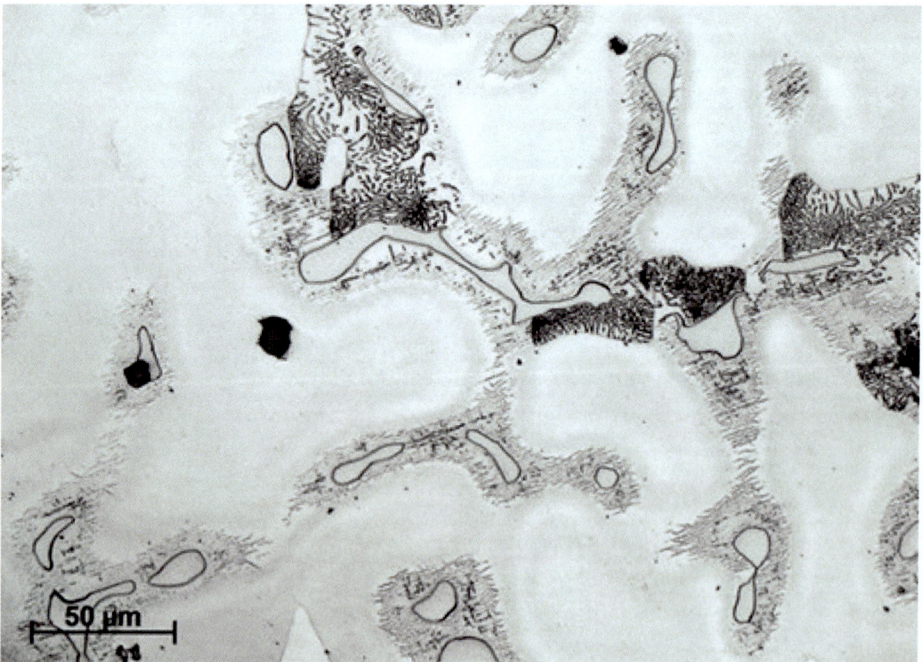

Figura 154. Micrografías de la aleación de magnesio AZ91D (Arrabal 2017).

Diagrama para aleaciones de magnesio

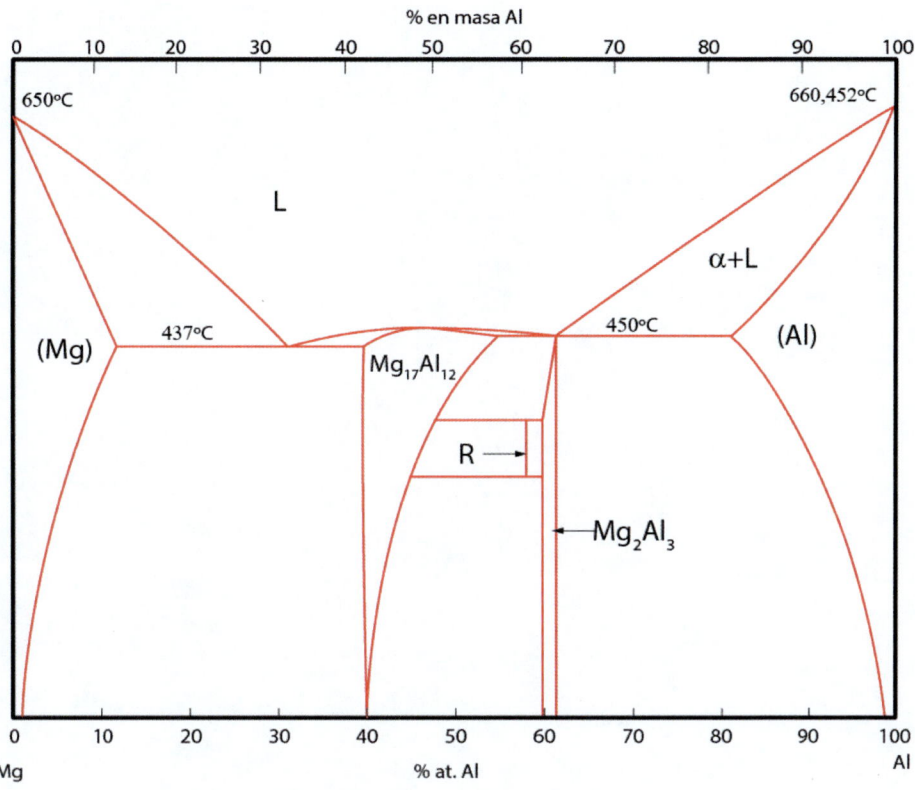

Figura 155. Diagrama Mg-Al (Arrabal 2017).

Aleaciones de titanio

Ti6Al4V-E Equiaxial (estado de recepción)

Composición: Ti-6%Al-4%V.

Procesado: estado de recepción.

Ataque: inmersión durante 30-120s en mezcla de ácidos (HCl+HF+HNO$_3$).

La microestructura presenta granos de fase α, con tonalidad clara y deformación apreciable, junto con unas formas angulosas situadas en los puntos triple y que corresponden a la fase β no transformada (Figura 156). El ataque empleado no define bien los bordes de granos α/α. Esta microestructura se obtiene por recocido de recristalización a partir de la aleación previamente homogeneizada y laminada. El recocido se realiza a una temperatura ligeramente por debajo de β-transus (999°C). El enfriamiento lento (50-55 °C/h) hasta ~760 °C con posterior enfriamiento al aire resulta en el crecimiento de α sin formación de lamelas de α dentro de los granos de fase β. Este tratamiento produce un tamaño de grano de fase α relativamente grande (~5 µm). El tamaño de grano α disminuye hasta ~2 µm, y por tanto mejoran las propiedades mecánicas tales como fatiga y limite elástico, si el recocido se realiza a temperaturas suficientemente bajas (800-850 °C); en este caso es imprescindible que el enfriamiento tras homogenización previa sea muy rápido, lo que requiere piezas de espesor muy pequeño, lo que no siempre es práctico y realizable a nivel industrial.

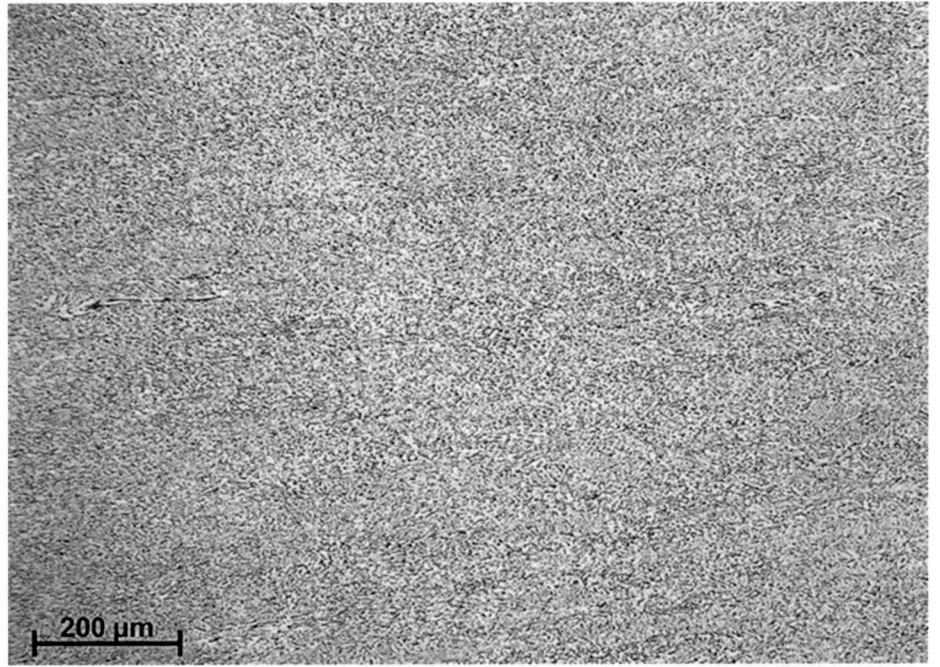

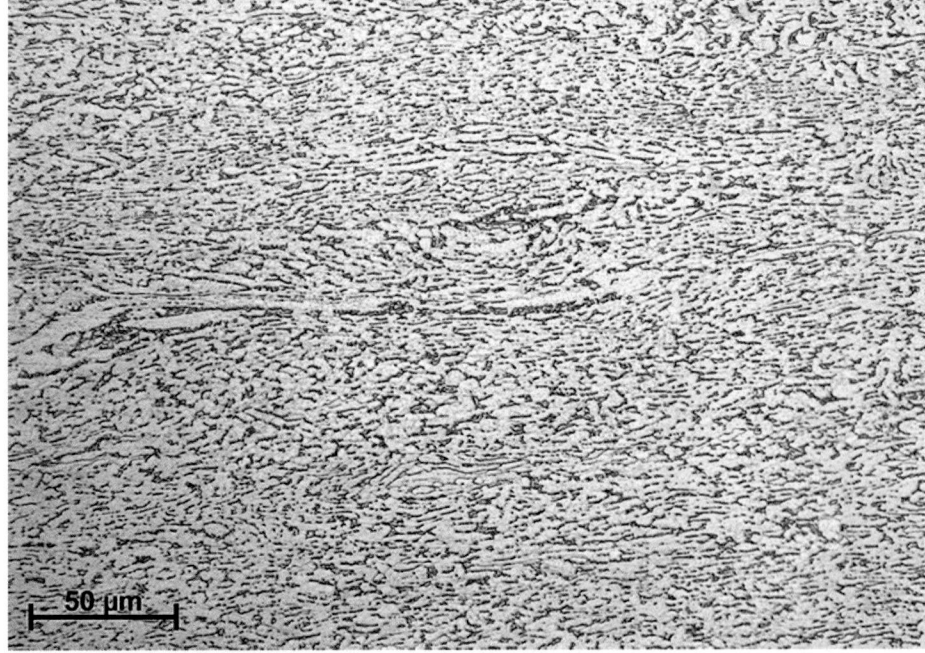

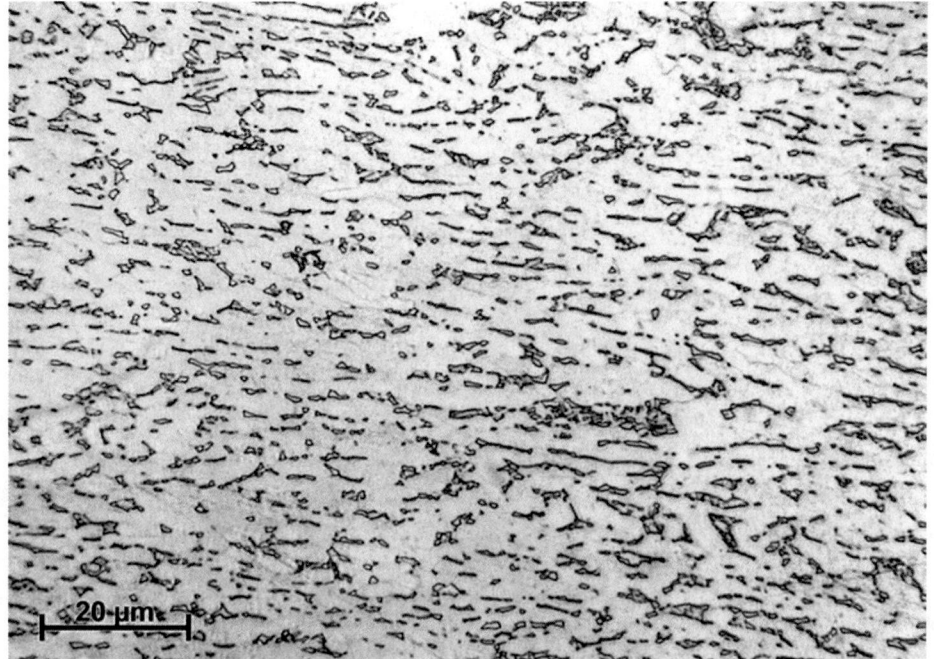

Figura 156. Micrografías de la aleación de titanio Ti6Al4V-E (Arrabal 2017).

Ti6Al4V-R Equiaxial (recocido)

Composición: Ti-6%Al-4%V.

Procesado: recocido 955 °C 1h y enfriamiento en horno.

Ataque: inmersión durante 30-120s en mezcla de ácidos (HCl+HF+HNO$_3$).

Cuando la muestra en estado de recepción (Ti6Al4V-E) se somete a un enfriamiento lento tras recocido en el campo α+β a 955 °C durante 1 h se favorece el crecimiento de grano (10 μm) de la fase α y la coalescencia de las partículas de fase β, cuya forma angulosa se distingue claramente en la micrografía a mayores aumentos (Figura 157). Este tipo de microestructura recibe el nombre de equiaxial o globular. El diagrama en la Figura 162 representa de forma simplificada la secuencia de tratamientos térmicos que se llevan a cabo para obtener este tipo de microestructura. Como puede observarse, es posible obtener también esta microestructura mediante un proceso de recristalización prolongado a temperaturas más bajas (Etapa III).

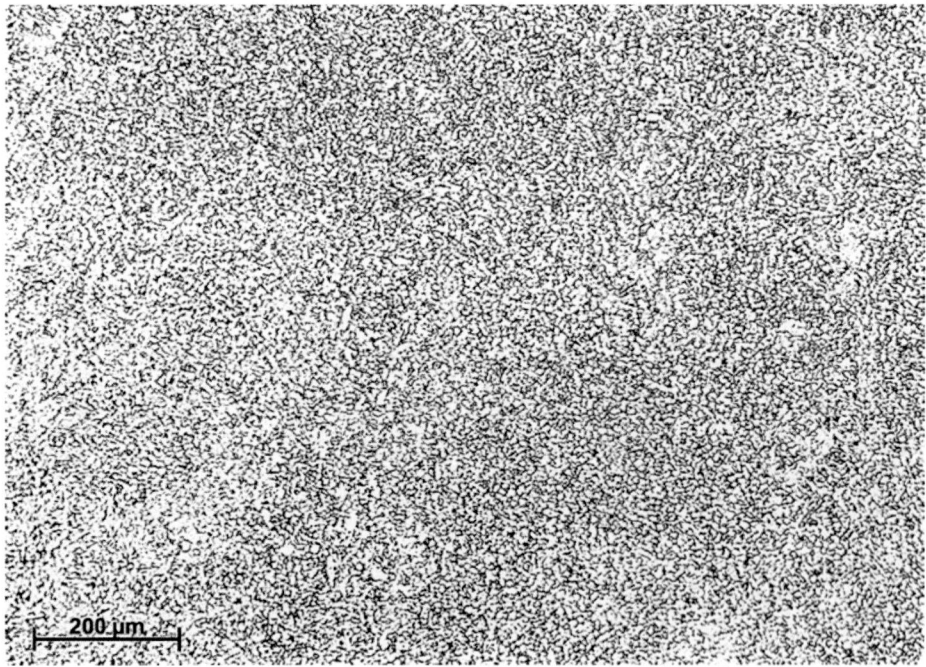

200 μm

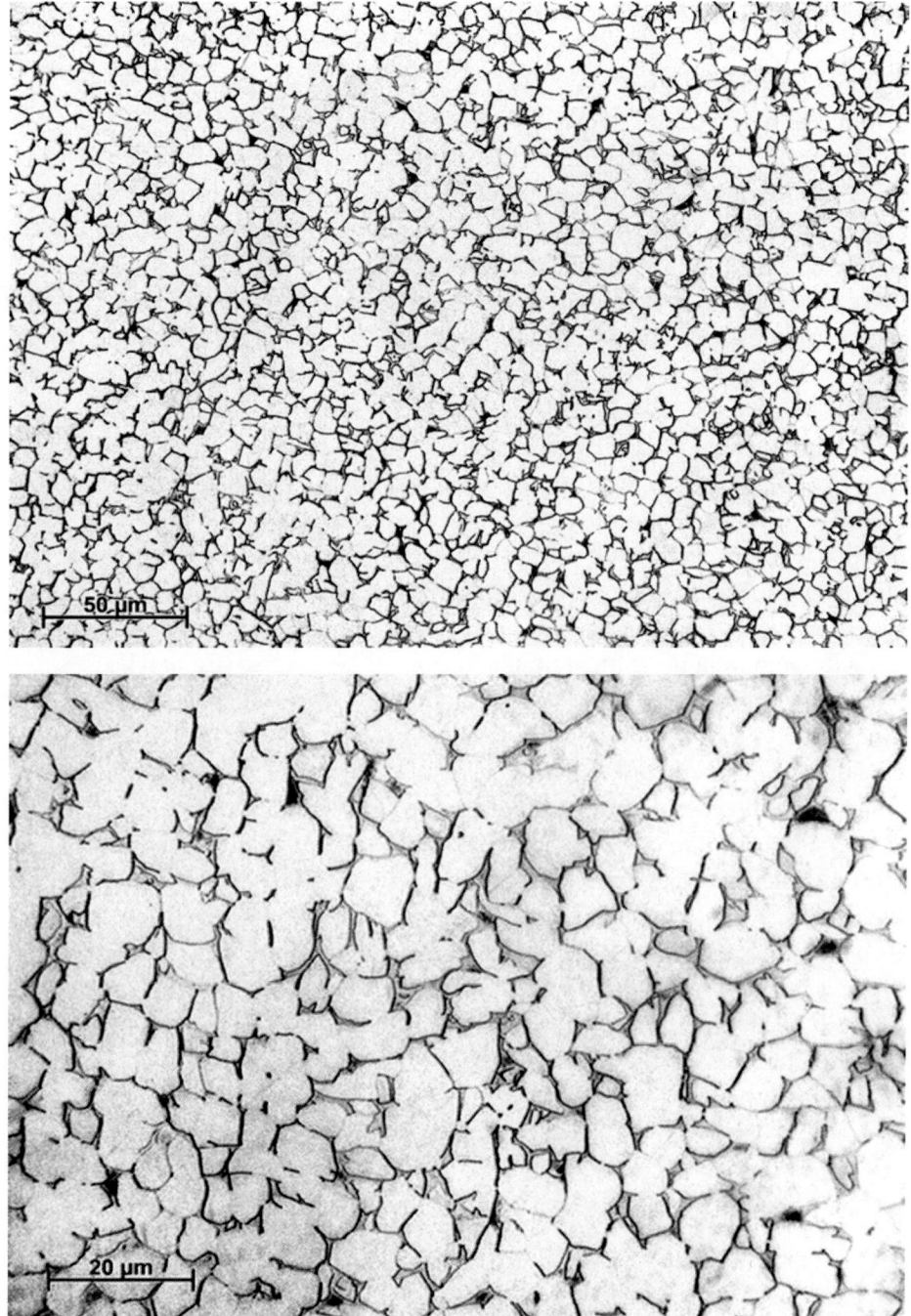

Figura 157. Micrografías de la aleación de titanio Ti6Al4V-R (Arrabal 2017).

Ti6Al4V-F Widmanstätten fina

Composición: Ti-6%Al-4%V.

Procesado: recocido 1050 °C 10 min y enfriamiento al aire.

Ataque: inmersión durante 30-120s en mezcla de ácidos ($HCl+HF+HNO_3$).

Las micrografías muestran una microestructura laminar tipo Widmanstätten, conocida también como *basket weave*, en la que colonias de láminas de fase α están separadas entre sí por fase β retenida (Figura 158). En tres dimensiones, la fase α tiene en realidad forma de disco, siendo las láminas el resultado de su seccionamiento en el plano de pulido. Se intuyen también los límites de grano de la fase β original debido, en parte, a la relativamente gruesa capa de fase α formada durante las primeras etapas del proceso de precipitación.

La microestructura laminar se obtiene habitualmente en muestras que han sido previamente homogeneizadas y laminadas (Etapas I y II en Figura 163). Para ello, se lleva a cabo un recocido de recristalización (Etapa III) tan solo unos 30-50°C por encima de β-transus (999°C), con objeto de controlar el tamaño de grano β, y se enfría la pieza en agua o con corriente de aire en función de su grosor. Conviene mencionar que tras dicha etapa es común llevar a cabo un tratamiento final de eliminación de tensiones residuales (Etapa IV).

La morfología, tamaño y cantidad de láminas de fase α depende fundamentalmente de la velocidad de enfriamiento. En este caso en concreto, la alta velocidad de enfriamiento ha dado lugar a láminas finas y varias colonias de pequeño tamaño en el interior de cada grano. Las láminas de fase α son paralelas en cada colonia pero no-paralelas entre colonias, lo que minimiza las deformaciones elásticas introducidas durante la transformación. Una particularidad de esta estructura Widmanstätten es que en cada grano β solo existen seis tipos de planos no paralelos donde crecen las láminas de fase α. En el caso de que la recristalización se lleve a cabo en presencia de oxígeno (elemento α-estabilizante) es común observar la formación de una capa superficial de granos equiaxiales de fase α y que suele ser perjudicial desde el punto de vista del comportamiento mecánico.

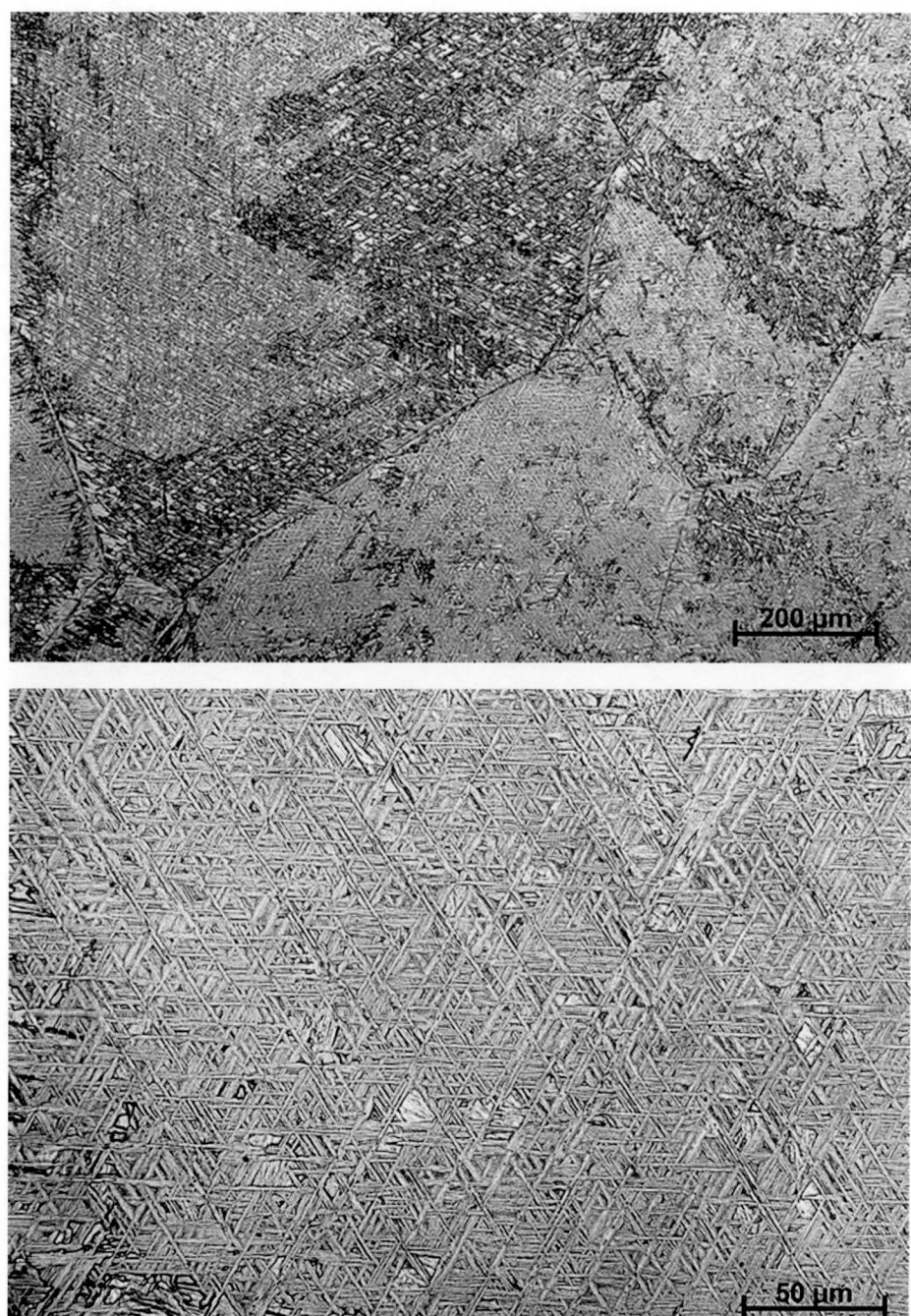

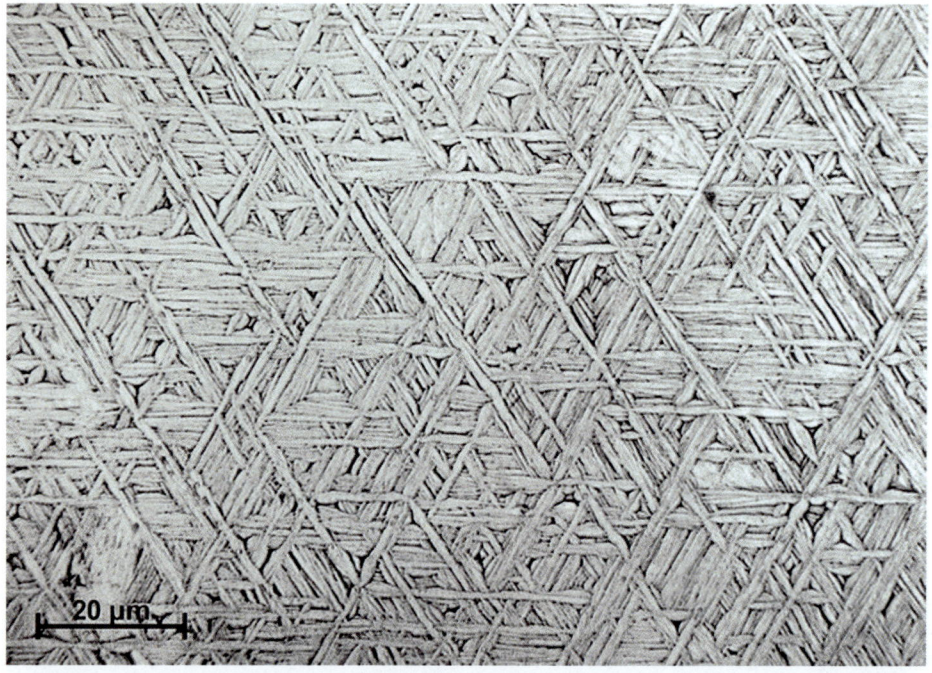

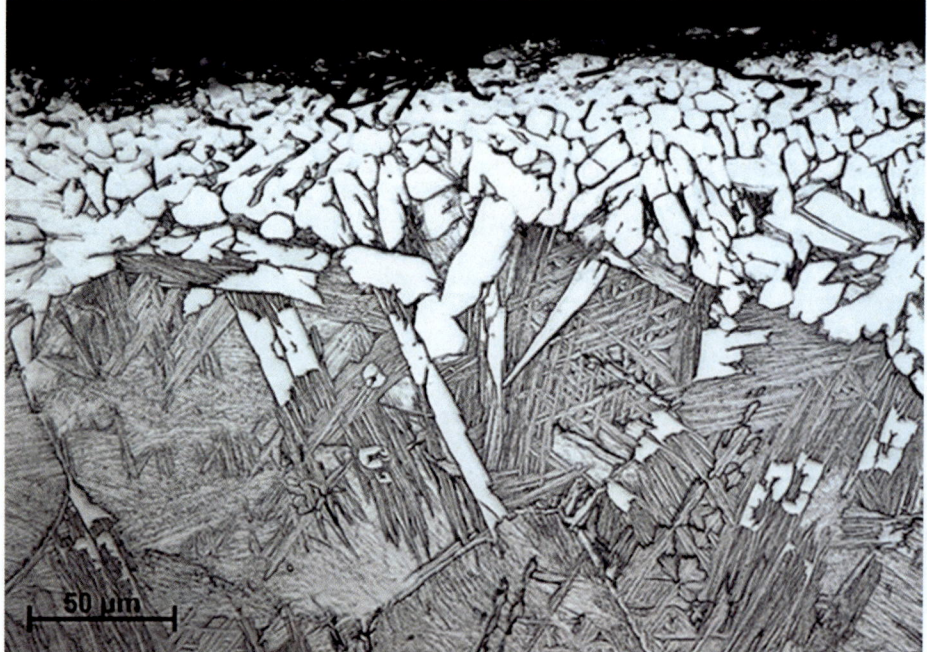

Figura 158. Micrografías de la aleación de titanio Ti6Al4V-F (Arrabal 2017).

Ti6Al4V-G Widmanstätten gruesa

Composición: Ti-6%Al-4%V.

Procesado: recocido a 1050 °C durante 30 min y enfriamiento en horno.

Ataque: inmersión durante 30-120s en mezcla de ácidos (HCl+HF+HNO$_3$).

Las micrografías muestran una microestructura Widmanstätten o tipo «cesta de mimbre» formada por láminas de fase α de mayor espesor y dispuestas en colonias más grandes que las observadas en la muestra Ti6Al4V-F (Figura 159). El crecimiento de tamaño de láminas y colonias α ocurre debido a que el enfriamiento en el horno es más lento que el enfriamiento al aire, favoreciéndose, por tanto, el crecimiento frente a la nucleación.

Asimismo, se aprecia un mayor tamaño de los granos de fase β transformada debido a que el recocido se ha realizado durante un tiempo más prolongado que en el caso anterior. Igual que en el caso de la estructura Widmanstätten fina, la difusión del oxígeno del aire resulta en una microestructura equiaxial de granos α en la parte exterior del material.

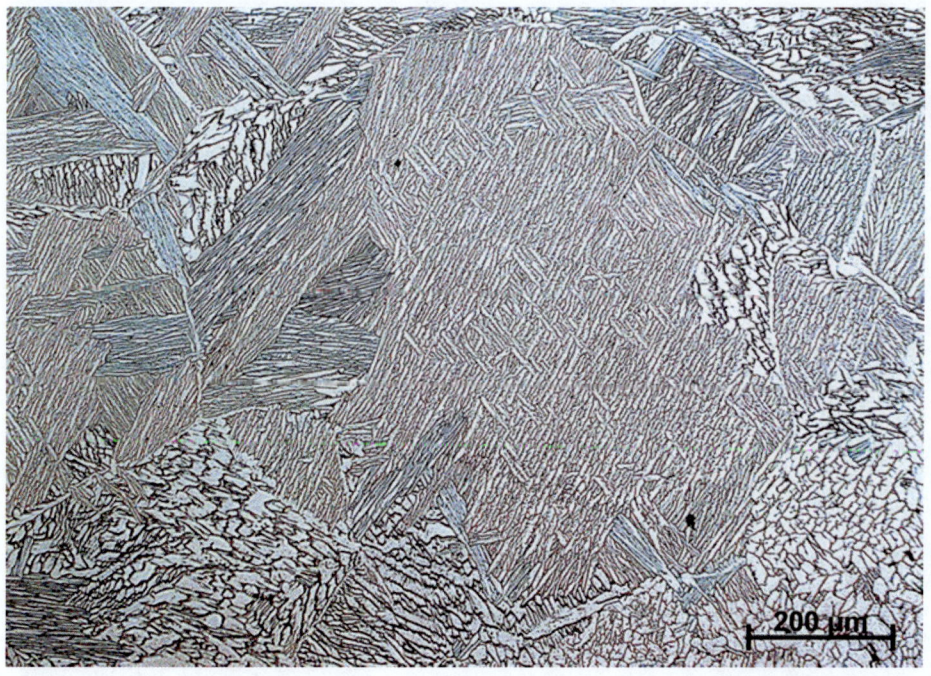

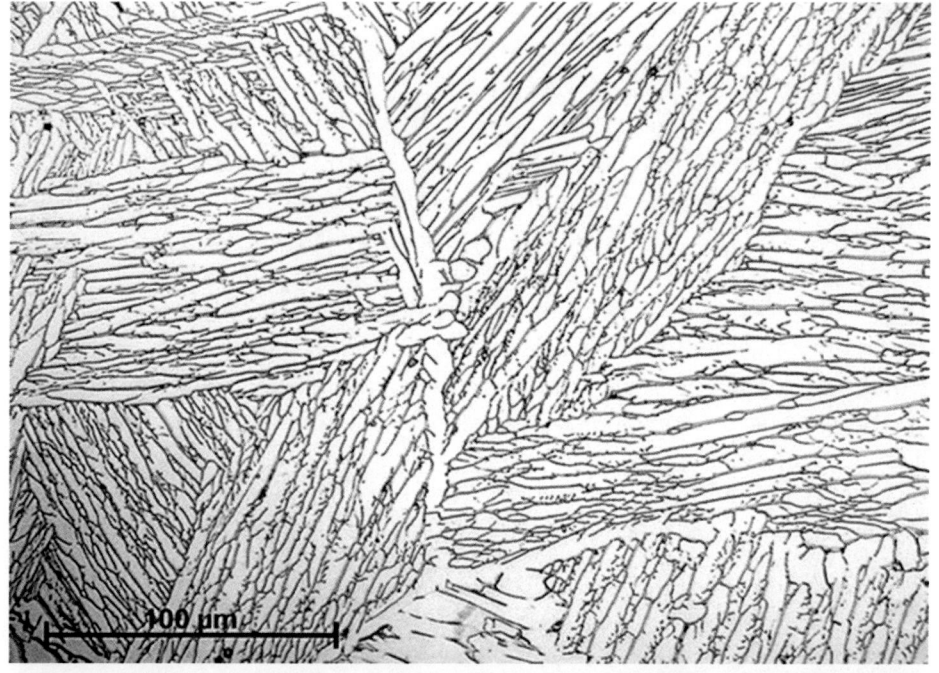

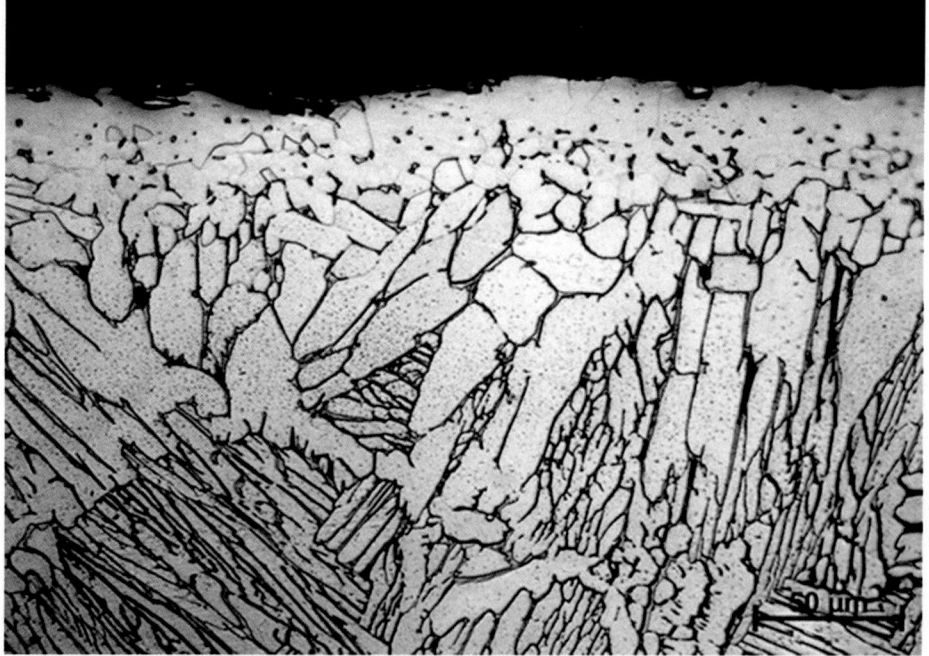

Figura 159. Micrografías de la aleación de titanio Ti6Al4V-G (Arrabal 2017).

Ti6Al4V-D Dúplex o bimodal

Composición: Ti-6%Al-4%V.

Procesado: recocido a 970 °C durante 10 min y enfriamiento al aire.

Ataque: inmersión durante 30-120s en mezcla de ácidos (HCl+HF+HNO$_3$).

Las micrografías muestran una microestructura dúplex o bimodal constituida por granos equiaxiales de fase α primaria (α_p) contenidos en una matriz de agregado laminar α + β (Figura 160). El término dúplex procede precisamente de la doble morfología que presenta la fase α. La velocidad de enfriamiento desde el campo β en la Etapa I del procesado determina la anchura de las láminas de fase α iniciales y estas a su vez el tamaño de los granos equiaxiales que se forman tras la Etapa III. Así, por ejemplo, una velocidad de enfriamiento lenta en la Etapa I da lugar a láminas anchas y granos equiaxiales de fase α_p de tamaño relativamente grande. La temperatura de recristalización y la velocidad de enfriamiento posterior determinan la fracción en volumen de α_p y la anchura de las láminas de fase α que se forman en el interior de los granos de fase β (Figura 161, Figura 164).

Tanto el tamaño como la fracción en volumen de los granos α_p determinan el tamaño de grano de fase β durante la etapa de recristalización. Este parámetro es el factor más determinante en las propiedades mecánicas de la aleación Ti6Al4V dúplex, siendo aconsejable obtener un tamaño de grano pequeño. Comparadas con las aleaciones completamente laminares tipo Widmanstätten, las aleaciones dúplex tienen mayor límite de elasticidad, ductilidad y mejor comportamiento a la fatiga de bajo número de ciclos, todo ello debido al pequeño tamaño de los granos β y de las colonias de α contenidas dentro de ellos. El tamaño de estas últimas determina la longitud de deslizamiento de dislocaciones: cuanto menor, mayor es la resistencia de la aleación a la propagación de grietas, las cuales tienden a nuclear en los granos laminares.

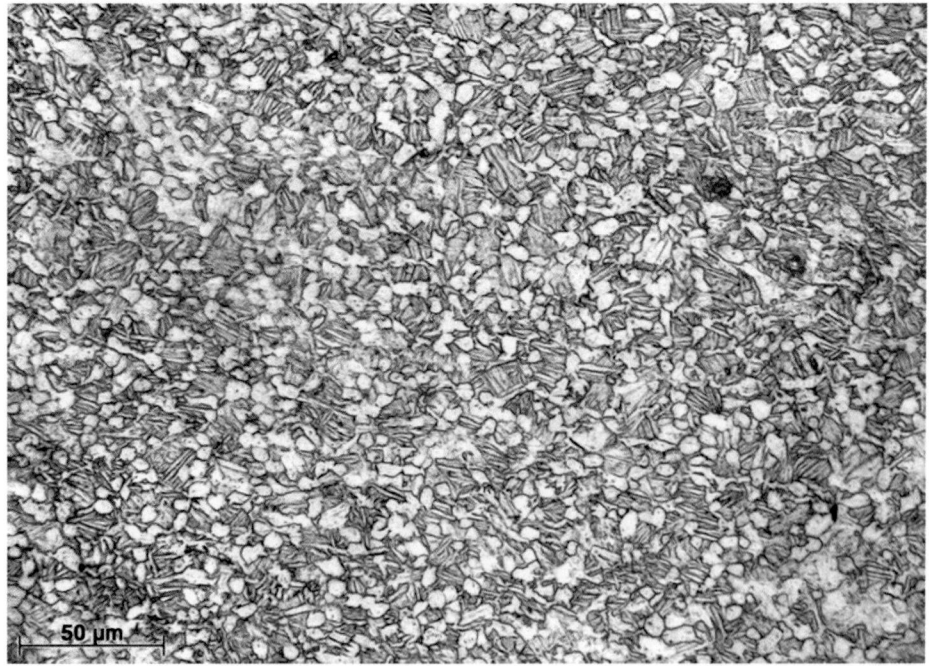

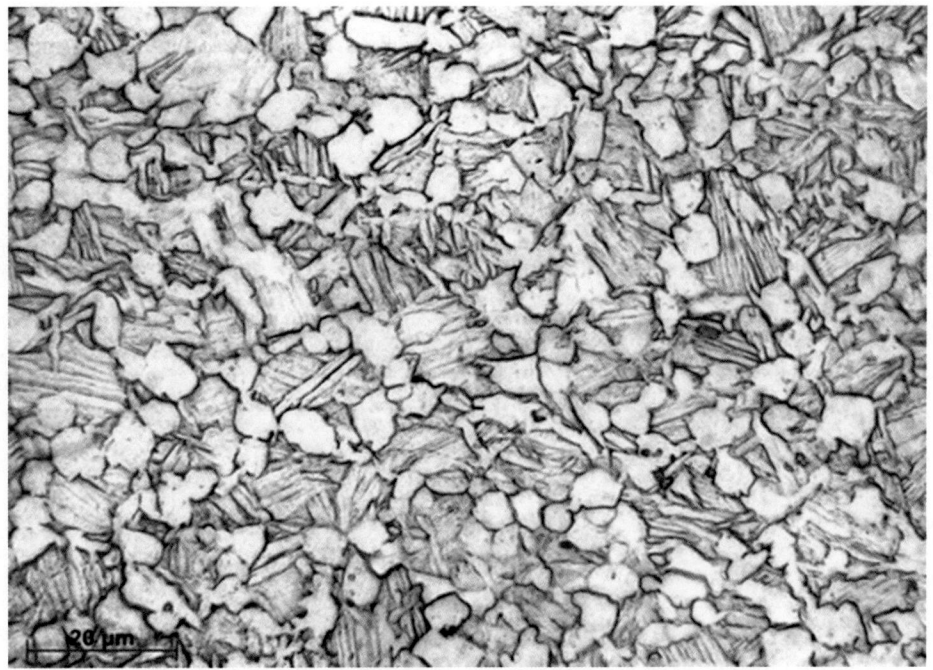

Figura 160. Micrografías de la aleación de titanio Ti6Al4V-D (Arrabal 2017).

Diagramas para aleaciones de titanio

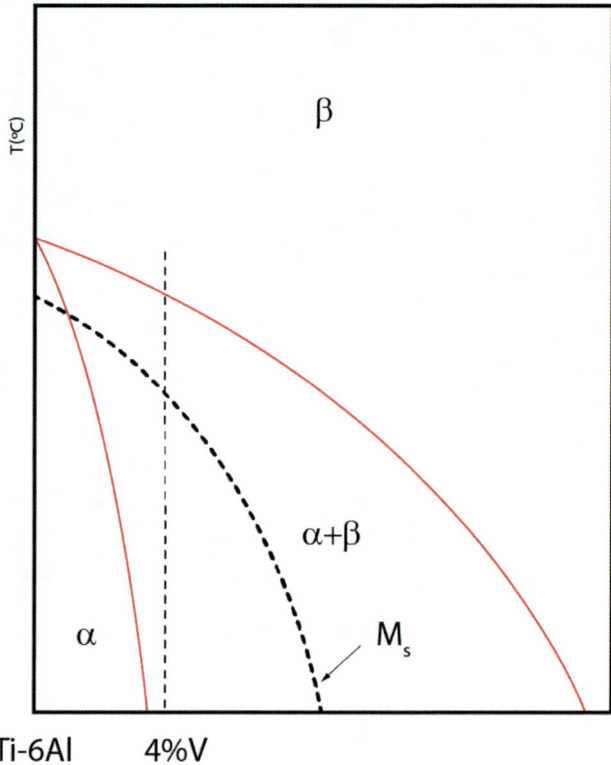

Figura 161. Diagrama de fases simplificado para la aleación Ti6Al4V (Arrabal 2017).

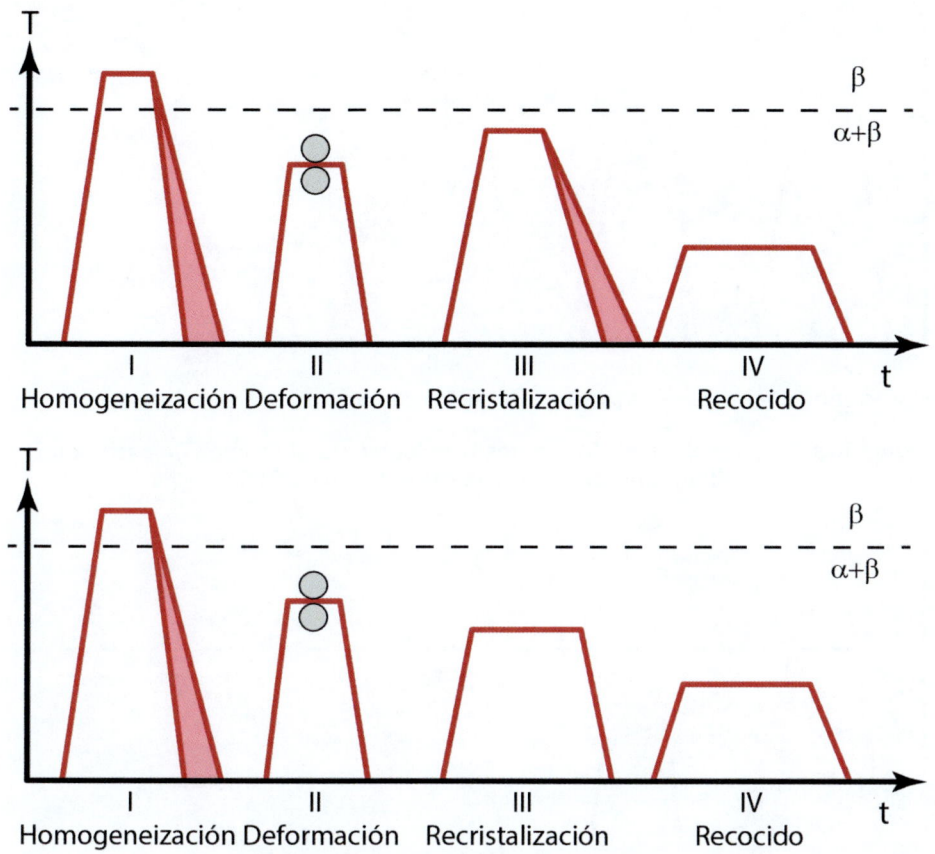

Figura 162. Secuencias de tratamientos térmicos para obtención de estructura equiaxial en Ti6Al4V-R (Arrabal 2017).

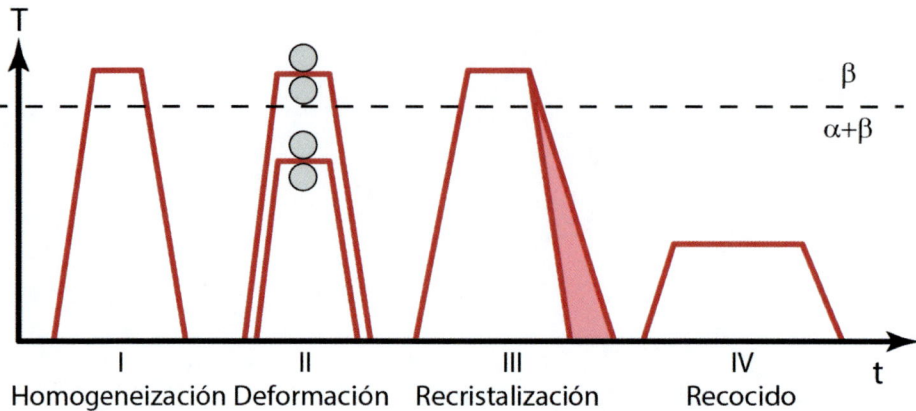

Figura 163. Secuencia de tratamientos térmicos para obtención de estructura Widmanstätten en Ti6Al4V-F (Arrabal 2017).

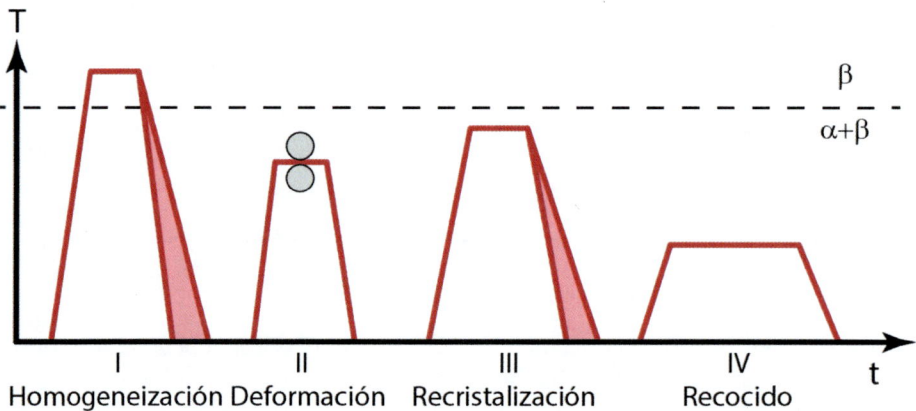

Figura 164. Secuencia de tratamientos térmicos para obtención de estructura bimodal en Ti6Al4V-D (Arrabal 2017).

Preguntas de repaso

Módulo I

1. Conozco las formas alotrópicas del hierro y puedo dar ejemplos de cómo afectan a características tan importantes como solubilidad de aleantes y capacidad de deformación plástica.
2. Sé distinguir entre hierro dulce, aceros y fundiciones y qué diagrama es necesario utilizar en función de la velocidad de enfriamiento.
3. Sé describir las características de los constituyentes principales en aceros (ferrita, cementita, perlita, bainita, martensita, austenita). Asimismo, soy capaz de hacer dibujos esquemáticos de los mismos.
4. Soy capaz de esquematizar los tratamientos de austenización, temple, revenido, normalizado y recocido en una gráfica T, t. Asimismo, sé lo que significan las temperaturas críticas A_3 y A_{cm}.
5. Recuerdo las principales características de los tratamientos térmicos siguientes: recocido, normalizado, temple, revenido.
6. Sé describir el fundamento del temple por inducción. Asimismo, conozco el efecto de la frecuencia sobre la profundidad de temple.
7. Sé analizar una curva de dureza frente a distancia tal y como se pedía en la cuestión 1.
8. Sé qué efectos tiene el temple por inducción sobre el material. Además, conozco otros factores relacionados. Por ejemplo, sé interpretar las figuras asociadas a este fenómeno.
9. Recuerdo los pasos experimentales básicos de la práctica 1. Tratamientos térmicos de aceros.
10. Recuerdo los valores aproximados de dureza obtenidos en la práctica 1. Tratamientos térmicos.
11. Ante una micrografía del acero F114 con tratamiento térmico, soy capaz de reconocer sus constituyentes principales y señalarlos.
12. Entiendo lo que representa el diagrama CCT incluido en el guion y sé correlacionarlo con las microestructuras observadas en el acero F114.
13. Sé describir las microestructuras correspondientes a las probetas AC1, AC2, AC3, AC4, AC5, AC6, AC7, AC8, AC9, AC10 y AC11.

Asimismo, sé describir la microestructura y características del acero Hadfield observado en el laboratorio.

14. Soy capaz de describir las microestructuras de las fundiciones estudiadas en el laboratorio. Asimismo, soy capaz de describir su solidificación a partir del diagrama Fe-C (metaestable y estable).

Módulo II

1. Sé proporcionar una definición del endurecimiento por precipitación y mencionar los dos requisitos necesarios para que se produzca. Asimismo, también soy capaz de esquematizar en un diagrama de fases y una gráfica temperatura-tiempo la secuencia de dicho tratamiento térmico.

2. Soy capaz de escribir la secuencia de precipitación para aleaciones Al-Cu y describir brevemente los mecanismos de endurecimiento en función del tipo de precipitado (permeable, no permeable). Asimismo, también soy capaz de indicar como varía la dureza con el tamaño de los precipitados permeables y no permeables y hacer una gráfica de variación de dureza con el tiempo de tratamiento.

3. Soy capaz de explicar el efecto de la temperatura (mayor/menor) en la respuesta al envejecimiento. También soy capaz de indicar posibles problemas que pueden ocurrir cuando las temperaturas utilizadas en solubilización y envejecimiento no son las adecuadas.

4. Soy capaz de describir las microestructuras de las probetas X14, X15 y X16 y justificar su origen.

5. Soy capaz de proporcionar una explicación de las etapas que ocurren durante un recocido de recristalización. Asimismo, soy capaz de esquematizar como varían ciertas propiedades en función de dichas etapas.

6. Si me dan el espesor inicial y el final, soy capaz de calcular el porcentaje de trabajo en frío. También soy capaz de resolver la cuestión de la práctica 3.

7. Soy capaz de describir microestructuras de cobre deformado, recristalizado y parcialmente recristalizado. Asimismo, soy capaz de describir cómo varía el trazado de la curva de recristalización en función de la temperatura utilizada.

8. Si me proporcionan la composición de las aleaciones, soy capaz de describir las microestructuras de las aleaciones de aluminio estudiadas en el laboratorio.

9. Si me proporcionan la composición de las aleaciones, soy capaz de describir las microestructuras de las aleaciones de cobre estudiadas en el laboratorio.

10. Si me proporcionan la composición de las aleaciones, soy capaz de describir las microestructuras de las aleaciones de magnesio y titanio estudiadas en el laboratorio. Asimismo, soy capaz de trazar el diagrama de fases para explicar las microestructuras de las aleaciones de Ti estudiadas. Además, puedo dibujar los tratamientos térmicos en una gráfica T-t (Etapas I, II, III y IV), especialmente la etapa III, puesto que es la que explica la microestructura final en mayor medida.

Módulo III

1. Conozco la definición de potencial de corrosión. Además, sé cambiar de escala de un electrodo de referencia a otro.

2. Entiendo la definición de fuerza electromotriz. Para un par galvánico de los estudiados en el laboratorio sé qué metal actúa como cátodo y cuál como ánodo. Además, conozco las reacciones que ocurren en cada caso y las coloraciones que se producen. Sé también a que se deben los cambios de color.

3. Comprendo dar ejemplos de heterogeneidades en el metal que dan lugar a la actuación de pilas de corrosión. Soy capaz también de hacer un dibujo esquemático de los clavos estudiados en el laboratorio y marcar zonas anódicas y catódicas.

4. Con ayuda de la ecuación de Nersnt soy capaz de explicar el fenómeno de pilas de aireación diferencial. También puedo hacer un dibujo esquemático de la corrosión que se produce en la gota.

5. Soy capaz de realizar un esquema de una pila de concentración, indicando transporte de electrones e iones así como explicar qué es el puente salino.

6. Soy capaz de realizar un dibujo esquemático del diagrama de Evans obtenido en la práctica de protección catódica. Soy capaz de indicar en dicho diagrama las reacciones que tienen lugar en cada valor de potencial.

7. Puedo dar una explicación de los fundamentos del método de polarización lineal y del de intersección. Asimismo, puedo indicar los parámetros más relevantes en cada caso. De la misma manera, puedo analizar resultados experimentales para obtener dichos parámetros.

8. Soy capaz de hacer un dibujo esquemático de una celda electroquímica, indicando los distintos electrodos y otros elementos.

9. Puedo esquematizar las capas de óxidos que se forman en la oxidación de acero a elevadas temperaturas. Además, sé la temperatura de formación de wustita.

10. Soy capaz de proporcionar un dibujo esquemático del mecanismo de corrosión por picadura junto a una explicación breve del mismo. Asimismo, soy capaz de explicar el papel que juega el medio en el ensayo realizado. Análogamente, soy capaz de hacer lo mismo para el caso de corrosión en resquicio.

11. Sé interpretar una curva de polarización cíclica y puedo obtener parámetros característicos como potencial de corrosión, potencial de picadura y potencial de repasivación. Soy capaz de esquematizar trazados de tipos principales de curvas de polarización cíclica (ej. con repasivación, sin repasivación, sin picadura).

12. Puedo diferenciar surco, dual y escalón en fotografías ópticas de aceros inoxidables ensayados según la norma ASTM A262-método A. En relación con esta norma, conozco sus fundamentos y cuáles son sus principales características.

13. Puedo explicar el proceso de decapado. Asimismo, a partir de fotos de un calibre y datos de masas, área y tiempo puedo calcular la velocidad de corrosión en mg cm^{-2} d^{-1} y convertirla a mm/año.

14. Soy capaz de explicar el fenómeno de corrientes vagabundas.

15. Para cada caso práctico visto en el laboratorio, soy capaz de: describir el aspecto de la muestra, indicar el mecanismo de fallo, explicar la causa de fallo de manera breve, proporcionar una solución al problema que sea razonable.

Módulo IV

1. Conozco los fundamentos de los distintos tipos de ensayos no destructivos (líquidos penetrantes, rayos X, partículas magnéticas). Soy capaz de indicar los tipos de defectos que pueden estudiarse con los mismos y qué materiales son aptos para dichos ensayos. Además, puedo esquematizar conceptos como: etapas en la inspección con líquidos penetrantes, fundamentos partículas magnéticas y ejemplos de defectos observados por rayos X en cordones de soldadura.

2. Conozco los fundamentos de la inspección por ultrasonidos. Sé describir el concepto de curva DAC y puedo esquematizar los procedimientos utilizados en el laboratorio. También se distinguir entre modos A, B y C. Asimismo, puedo responder a preguntas básicas sobre los menús del equipo utilizado.

3. Sé realizar un problema de la segunda ley de Fick para un caso de cementación. Más específicamente, a partir de los datos del problema soy capaz de diferenciar Cs, Cx y Co. Por ejemplo, puedo deducir el valor de Cs a partir del correspondiente diagrama de fases y puedo calcular Cx a partir de Cs y Co. Sé por qué se añade carbonato de bario en el proceso de cementación y soy capaz de describir la microestructura de una muestra cementada (tras recocido y también tras austenización y temple).

4. Estoy capacitado para obtener el diámetro crítico en un problema donde se proporcionen datos como la curva Jominy y la dureza correspondiente al 50% de martensita. Soy capaz de describir la evolución microestructural en la probeta Jominy a partir del correspondiente diagrama CCT.

5. Tengo capacitación para esquematizar el sistema empleado para el moldeo en arena e indicar los nombres de las distintas partes. Asimismo, conozco las características de la arena empleada en la práctica.

6. Soy capaz de describir las principales diferencias entre las microestructuras observadas en el laboratorio. Especialmente en lo relativo a tamaño de dendritas y morfología del eutéctico.

7. Estoy capacitado para esquematizar las celdas utilizadas para niquelado y cobreado. Soy capaz de explicar aspectos relevantes de ambos procesos (ej. efecto del pH, rendimiento, etc.). Tengo capacitación para describir los ensayos realizados en ambas partes de la práctica.

8. Soy capaz de describir y dibujar los elementos que componen la celda de anodizado. Soy además capaz de indicar las reacciones principales del proceso. También puedo proporcionar los detalles básicos de los procesos de coloreado y sellado. Por último, sé cómo resolver las cuestiones planteadas en la práctica.

Referencias bibliográficas

A247-19, ASTM Standard. «Standard Test Method for Evaluating the Microstructure of Graphite in Iron Castings». (ASTM International, West Conshohocken, PA, USA) 2019.

A247-19, ASTM Standard. «Standard Test Method for Evaluating the Microstructure of Graphite in Iron Castings». 2019.

A255-20a, ASTM Standard. *Standard Test Methods for Determining Hardenability of Steel.* ASTM International, West Conshohocken, PA, USA, 2020.

A262-15, ASTM Standard. *Standard Practices for Detecting Susceptibility to Intergranular Attack in Austenitic Stainless Steels.* ASTM International, West Conshohocken, PA, USA, 2021.

Apraiz, José. *Tratamientos térmicos de los aceros.* Dossat, 1949.

Arena, Maurizio, Paolo Ambrogiani, Vincenzo Raiola, Francesco Bocchetto, Tommaso Tirelli, Martina Castaldo. «Design and Qualification of an Additively Manufactured Manifold for Aircraft Landing Gears Applications». *Aerospace* 10, n.º 1 (2023): 69.

Arrabal, Raúl. *Proyecto de Innovación Atlas Metalográfico.* 2017. https://www.ucm.es/atlasmetalografico/ (último acceso: 24 de julio de 2024).

Askeland, D. *The Science and Engineering of Materials.* Stamford: Cengage Learning, 2011.

ASM vol. 4. *ASM Handbook, Vol 4, Heat Treating.* Materials Park, Ohio: American Society for Metals, 1996.

Austral Wright Metals - AZoM. *Metal Alloys - Properties and Applications of Brass and Brass Alloys.* 30 de agosto de 2008. https://www.azom.com/article.aspx?ArticleID=4387 (último acceso: 24 de julio de 2024).

Britton, Jim, Matthew L. Taylor. «Advancements in Cathodic Protection of offshore structures». En *Trends in Oil and Gas Corrosion Research and Technologies*, editado por A.M. El-Sherik, 593-612. Woodhead Publishing, 2017.

Callister, William y David Rethwisch. *Ciencia e Ingeniería de materiales.* Barcelona: Reverté, 2016.

https://dx.doi.org/10.5209/docm.001.06
Laboratorio Integrado. Raúl Arrabal Durán. © Ediciones Complutense, 2025.

Chen, Zhipei, Dessi Koleva, Klaas van Breugel. «A review on stray current-induced steel corrosion in infrastructure». *Corrosion Reviews* 35, n.º 6 (2017): 397-423.

Dolati, Khedmatgozar, Seyed Saman, Nerma Caluk, Armin Mehrabi, Seyed Sasan Khedmatgozar Dolati. «Non-Destructive Testing Applications for Steel Bridges». *Applied Sciences* 11, n.º 20 (2021): 9757.

E112-21, ASTM Standard. *Standard Test Methods for Determining Average Grain Size.* ASTM International, West Conshohocken, PA, USA, 2013.

E140-12B, ASTM Standard. *Standard Hardness Conversion Tables for Metals Relationship Among Brinell Hardness, Vickers Hardness, Rockwell Hardness, Superficial Hardness, Knoop Hardness, Scleroscope Hardness, and Leeb Hardness.* ASTM International, West Conshohocken, PA, USA, 2019.

E18-22, ASTM Standard. *Standard Test Methods for Rockwell Hardness of Metallic Materials.* Norma, ASTM International, West Conshohocken, PA, USA, 2022.

Fularski, Robert, Ryszard Filip. «The Effect of Chip Binding on the Parameters of the Case-Hardened Layer of Tooth Surfaces for AMS 6308 Steel Gears Processed by Thermochemical Treatment». *Materials* 14, n.º 5 (2021): 1155.

G1-03, ASTM International. *Standard Practice for Preparing, Cleaning, and Evaluating Corrosion Test Specimens.* ASTM International, West Conshohocken, PA, USA, 2017.

G59-23, ASTM Standard. *Standard Test Method for Conducting Potentiodynamic Polarization Resistance Measurements.* ASTM International, West Conshohocken, PA, USA, 2023.

H35.1/H35.1M, ANSI Standard. *American national standard alloy and temper designation systems for aluminium.* Arlington: The Aluminium Assosociation, 2017.

Hang, Pengwei, Boshen Zhao, Jiaming Zhou, Yi Ding. «Effect of Heat Treatment on Crevice Corrosion Behavior of 304 Stainless Steel Clad Plate in Seawater Environment». *Materials* 16, n.º 11 (2023): 3952.

Iannuzzi, Mariano. *About Corrosion.* 13 de abril de 2014. https://www.aboutcorrosion. com/2014/04/13/howto-determine-pitting-and-repassivation-potentials/ (último acceso: 24 de julio de 2024).

Jeong, Chanyoung, Jeki Jung, Keith Sheppard, Chang-Hwan Choi. «Control of the Nanopore Architecture of Anodic Alumina via Stepwise Anodization with Voltage Modulation and Pore Widening». *Nanomaterials* 13, n.º 2 (2023): 342.

Kalpakjian, Serope, Schmid, Steven R. *Manufactura, ingeniería y tecnología.* 5 edición. Nueva Jersey: Pearson, 2008.

Kanjanaprayut, Noparat, Thamrongsin Siripongsakul, Piyorose Promdirek. «Intergranular Corrosion Analysis of Austenitic Stainless Steels in Molten Nitrate Salt Using Electrochemical Characterization». *Metals* 14, n.º 1 (2024): 106.

Krooks, Richard M. «Principles of Bipolar Electrochemistry». *ChemElectroChem* 3 (2016): 357.

Landgraf, Pierre, Peter Birnbaum, Enrique Meza-García, Thomas Grund, Verena Kräusel, Thomas Lampke. «Jominy End Quench Test of Martensitic Stainless Steel X30Cr13». *Metals* 11, n.º 7 (2021): 1071.

Lee, Seung-Eun, Jinhyun Park, Hak-Joon Kim, Sung-Jin Song. «Extraction of Flaw Signals from the Mixed 1-D Signals by Denoising Autoencoder». *Applied Sciences* 13, n.º 6 (2023): 3534.

Li, Xiang, Linyi Cui, Jikang Li, Ying Chen, Wei Han, Sara Shonkwiler, Sara McMains. «Automation of intercept method for grain size measurement: A topological skeleton approach». *Materials & Design*, 2022: 111358.

NACE International. *CP 3-Cathodic Protection Technologist Course Manual.* Houston: NACE, 2008.

Nickel Institute. *Nickel plating handbook .* Toronto, 2022.

Ono, Sachiko. «Nanostructure Analysis of Anodic Films Formed on Aluminum-Focusing on the Effects of Electric Field Strength and Electrolyte Anions». *Molecules* 26, n.º 23 (2021): 7270.

Rakhmonov, Jovid, Kun Liu, Paul Rometsch, Nick Parson, X.-Grant Chen. «Rakhmonov, JoviImproving the Mechanical Response of Al–Mg–Si 6082 Structural Alloys during High-Temperature Exposure through Dispersoid Strengthening». *Materials* 13, n.º 22 (2020): 5295.

Reza Abbaschian, Lara Abbaschian, Robert E. Reed-Hill. *Physical Metallurgy Principles.* Stamford: Cengage Learning, 2009.

Roberge, Pierre R. *Handbook of Corrosion Engineering.* 3 edición. Nueva York: McGraw-Hill Education, 2019.

Robson, Joseph, Jiaxuan Guo, Alec Davis. «Modelling the Effect of Deformation on Discontinuous Precipitation in Magnesium-Aluminium Alloy». *Alloys* 1, n.º 1 (2022): 54-69.

Romero, Víctor. *Partículas magnéticas.* 15 de marzo de 2022. https://www.linkedin.com/pulse/part%C3%ADculas-magn%C3%A9ticas-victor-romero-uzcategui/ (último acceso: 24 de julio de 2024).

Say, Dalila, Salah Zidi, Saeed Mian Qaisar, Moez Krichen. «Automated Categorization of Multiclass Welding Defects Using the X-ray Image Augmentation and Convolutional Neural Network». *Sensors* 23, n.º 14 (2023): 6422.

SIJ group. *SIQUAL 7218 Steel.* 2023. https://steelselector.sij.si/steels/VCMO125.html (último acceso: 24 de julio de 2024).

Song, Chengli, Yuanpeng Li, Fan Wu, Jinheng Luo, Lifeng Li, Guangshan Li. «Failure Analysis of the Crack and Leakage of a Crude Oil Pipeline under CO2-Steam Flooding». *Processes* 11, n.º 5 (2023): 1567.

Taiwade, Ravindra V., Akanikumar P. Patil, Suhas J. Patre, Ravin K. Dayal. «A Comparative Study of Intergranular Corrosion of AISI 304 Stainless Steel and Chrome-Manganese Austenitic Stainless Steel». *ISIJ Journal* 52, n.º 10 (2012): 1879-1887.

UNE-EN 13068-1, AENOR. «Ensayos no destructivos. Ensayo por radioscopia. Parte 1: Medida cuantitativa de las características de la imagen». Norma, Asociación Española de Normalización y Certificación (AENOR), 2000.

UNE-EN 16810, AENOR. «Ensayos no destructivos. Ensayos por ultrasonidos. Principios generales. (ISO 16810:2012)». Norma, Asociación Española de Normalización y Certificación (AENOR), 2014.

UNE-EN ISO 16810, AENOR. «Ensayos no destructivos. Ensayos por ultrasonidos. Principios generales (ISO 16810:2012)». Norma, Asociación Española de Normalización y Certificación (AENOR), 2014.

UNE-EN ISO 2409, AENOR. «Pinturas y barnices. Ensayo de corte por enrejado. (ISO 2409:2020)». Norma, Asociación Española de Normalización y Certificación (AENOR), 2021.

UNE-EN ISO 3452-1, AENOR. «Ensayos no destructivos. Ensayo por líquidos penetrantes. Parte 1: Principios generales. (ISO 3452-1:2021)». Norma, Asociación Española de Normalización y Certificación (AENOR), 2022.

UNE-EN ISO 642, AENOR. «Acero. Ensayo de templabilidad por extremo templado (ensayo Jominy). (ISO 642:1999)». Norma, Asociación Española de Normalización y Certificación (AENOR), 2000.

Wriedt, Henry A. «The Fe-O (Iron-Oxygen) System». *Journal of Phase Equilibria* 12 (1991): 170-200.

Otros recursos

Proyectos de Innovación Docente

https://www.ucm.es/atlasmetalografico/. Atlas metalográfico como recurso didáctico en el aprendizaje de microestructuras de aleaciones de interés tecnológico. Proyecto de Innovación n.º 21, Innova-Docencia UCM, Convocatoria 2016/2017.

Descripción: colección de micrografías y su correspondiente descripción de numerosas aleaciones metálicas, incluidas las presentes en este manual. También se encuentra disponible en inglés.

https://www.ucm.es/practicascorrosion/. Catálogo de actividades prácticas sobre corrosión y protección de materiales metálicos para el aprendizaje autónomo. Proyecto de Innovación n.º 250, Innova-Docencia UCM, Convocatoria 2021/2022.

Descripción: conjunto de actividades prácticas con ensayos de corrosión para desarrollar en casa por parte del alumnado. Únicamente se requieren materiales disponibles en cualquier vivienda y un multímetro. Estas prácticas pueden servir como alternativa en aquellos casos de estudiantes con ausencia justificada.

https://www.ucm.es/manual-profesor-laboratoriointegrado/. Manual del profesor como complemento a la asignatura laboratorio integrado de la titulación Ingeniería de Materiales. Proyecto de Innovación n.º 255, Innova-Docencia UCM, Convocatoria 2017/2018.

Descripción: recurso didáctico con archivos para el profesorado del Dpto. Ingeniería Química y de Materiales que imparte las prácticas del Laboratorio Integrado. Incluye presentaciones en *powerpoint* basadas en los contenidos de la asignatura y ejemplos de cuestiones resueltas. La web también incluye tutoriales que pueden ser relevantes para los estudiantes. Algunos ejemplos son la guía de estilo para la elaboración de informes, la guía de manejo del *software* ImageJ para el análisis de imagen y tutoriales de equipos y *software* utilizados en el laboratorio.

Glosario

Listado de figuras

Listado de tablas